黑 龙 江 省 精 品 图 书 出 版 工 程
"十四五" 时期国家重点出版物出版专项规划项目
先 进 制 造 理 论 研 究 与 工 程 技 术 系 列

金属切削过程仿真与参数优化

顾立志　著

U0223487

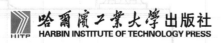
哈尔滨工业大学出版社
HARBIN INSTITUTE OF TECHNOLOGY PRESS

内 容 简 介

金属切削历史悠久,业成经典,积淀厚重。数字化技术、现代检测方法和智能控制理论的发展与应用,使金属切削焕发勃勃生机,从而促进其理论与技术的进步和广泛应用。本书是在作者多年潜心探索和研究的基础上归纳、总结和提炼而成的,内容包含非振动金属切削和振动金属切削系列课题研究成果。本书旨在应用数字化技术仿真金属切削过程,揭示非振动切削和振动切削的规律,实现最佳切削。全书分上篇、中篇和下篇,共计12章,分别阐述金属切削过程仿真理论与技术基础、非振动金属切削过程仿真与切削优化、振动金属切削过程仿真与切削优化。

本书可作为机械工程类专业本科生、研究生和机械制造行业工程技术人员等的参考用书。

图书在版编目(CIP)数据

金属切削过程仿真与参数优化/顾立志著. —哈尔滨:哈尔滨工业大学出版社,2023.3(2023.12 重印)

(先进制造理论研究与工程技术系列)

ISBN 978 - 7 - 5767 - 0507 - 2

Ⅰ.①金… Ⅱ.①顾… Ⅲ.①金属切削-过程-仿真 ②金属切削-参数最优化 Ⅳ.①TG501

中国版本图书馆 CIP 数据核字(2022)第 256182 号

策划编辑	王桂芝 刘 威
责任编辑	张羲琰 谢晓彤 惠 晗
出版发行	哈尔滨工业大学出版社
社 址	哈尔滨市南岗区复华四道街 10 号 邮编 150006
传 真	0451 - 86414749
网 址	http://hitpress.hit.edu.cn
印 刷	哈尔滨圣铂印刷有限公司
开 本	787 mm×1 092 mm 1/16 印张 16 字数 380 千字
版 次	2023 年 3 月第 1 版 2023 年 12 月第 2 次印刷
书 号	ISBN 978 - 7 - 5767 - 0507 - 2
定 价	96.00 元

前　　言

　　金属切削作为具有悠久历史及现代制造业不可或缺的机械制造理论与工艺技术,其发展水平已经成为一个国家制造业强大和先进的标志。金属切削在机械制造中的基础、核心和重要地位,决定了世界各主要工业国家必将勠力研究金属切削规律和广泛应用金属切削理论技术与方法。

　　金属切削技术源于生产实践:切削时,刀具材料应具备基本性能;作为切入条件,刀具后角应大于零;相同工艺条件下,斜角切削比直角切削平稳而轻快;施加恰当的冷却润滑液,可以获得更好的切削效果;切削速度或切削温度对刀具磨损具有显著性影响。诸如此类的体系化知识、经验与方法成为金属切削坚实的实践与技术基础。

　　金属切削作为一种理论方法,涉及的知识体系广泛且复杂。金属切削过程包含物理和化学变化,是一门基于实践,由材料学、加工工艺学、力学、热学、摩擦学等多学科集成的学问,凝练了科学实验和生产实践经验,并升华为揭示金属切削内在规律、独立完整的概念体系和原理方法体系,又反过来指导生产实践。金属切削是在理论上不断进步和在技术上持续发展的。

　　本书旨在应用数字化技术仿真金属切削过程,揭示非振动切削和振动切削的规律,实现切削优化。通过揭示基于实验的金属切削规律,探索常规切削和振动切削获得的不同材料工件、不同材料刀具、不同加工要求,获得从可行直至满意的切削效果;依据工艺系统的具体情况,实现工艺参数的理想匹配。

　　本书的另一目的在于辩证观察、研究、深化发展和广泛应用金属切削理论与技术。例如,金属切削中出现振动被普遍认为是有害的,对加工质量和工艺系统具有消极影响。但是,使振动的方向、大小和频率均为可控,则兴利抑弊,获得可喜而独特的工艺效果,成为金属切削的新成果——振动金属切削,从而进一步丰富和发展了金属切削的理论与技术。

　　本书分为上篇、中篇和下篇,分别阐述金属切削过程仿真理论与技术基础、非振动金属切削过程仿真与切削优化、振动金属切削过程仿真与切削优化。全书共12章,第1章为绪论;第2章为金属切削过程仿真的物理模型与数学模型研究;第3章为金属切削温度场分析;第4章为非振动金属切削过程仿真;第5章为切削钢材的仿真与实验研究;第6章为20钢和45钢切削仿真优化研究;第7章为二维低频圆振动金属切削的理论研究;第8章为二维低频圆振动金属切削的摩擦特性;第9章为二维低频圆振动金属切削振动驱动装置;第10章为二维低频圆振动金属切削实验研究与切削优化;第11章为振动金属切削中的应力波传播与成屑;第 12 章为振动金属切削技术应用研究。

  本书基本内容一部分来自研究生课程"金属切削理论及其应用"讲义,另一部分来自作者主持的金属切削科技项目和课题研究成果。本书在撰写过程中得到多位专家和同行的关心、支持和帮助,并获得泉州信息工程学院资助,在此一并表示衷心感谢。

  限于作者水平,书中难免有疏漏及不足之处,敬请读者批评指正。

作 者

2023 年 2 月

目　　录

上篇　金属切削过程仿真理论与技术基础

中篇　非振动金属切削过程仿真与切削优化

上　篇

金属切削过程仿真理论与技术基础

第1章 绪 论

金属切削是零件生产中去除多余金属或余量的基本而重要的方法之一,它所涉及的主要问题包括物理学、力学、弹-塑性理论、金属材料学、化学、传热学和表面科学(摩擦学)等。研究金属切削不论对提高零件质量、降低加工成本、提高生产率和经济效益,还是对金属切削加工自动化、建立自动化生产车间或工厂、建设柔性制造系统(Computer Integrated Manufacturing Systems,CIMS)等都具有十分重要的意义。金属切削的极端重要性和复杂性,使得各国投入大量的人力、物力、财力和时间,对其进行探索和研究,以便掌握它的内在规律,并运用这些规律进一步促进生产和发展。

人类对金属切削的认识和研究,经历了从简单到复杂的过程。随着科学技术的进步与生产力的发展,新的金属切削研究方法不断涌现,所采用的仪器、装置和设备日新月异,特别是计算机的运用,把研究推向了一个更加广泛且深入的境界。

1.1 金属切削研究方法概述

为了能够清楚地认识各种金属切削研究方法、基本原理和功用,有必要对研究方法进行简要回顾。

迄今为止,金属切削研究方法大体上可分为四种:现场观察方法、试验方法、理论分析方法和计算机仿真方法。

1.1.1 现场观察方法

现场观察方法是指在金属切削加工现场,通过人的视觉、嗅觉、听觉、触觉直接感受切削过程所发生的现象,估计出各物理量及它们之间的相互影响,认识其规律。这是一种原始且非常粗糙的方法,带有很强的经验性。经验丰富者和缺乏经验者在观察同一个切削问题时得到的信息和结论会非常不同,对于个别问题,经验丰富者可以得到比较接近实际的信息。一般而言,这种原始的观察往往只能看到对象的表面现象。但是,在生产力水平仍比较低下、科学技术尚不够发达的年代,这种方法发挥了一定的积极作用。人们通过对切屑的形变和切屑颜色的观察,可大体上判断刀具前角是否合适以及切削温度的高低;用手扶在刀架上感受切削振动;从对切屑的卷曲和断屑的观察估量前刀面形式、容屑槽、断屑槽、断屑台是否相宜;从切削振动、切削噪声以及切屑形态和已加工表面情况揣测刀具的磨损程度以及是否需要重磨等。由于切削时情况复杂,诸多因素相互影响,因此有心者常采用单因素观察法——即每一次只改变一个因素,来探索它的影响,以提高观察的可靠性。

随着社会生产力的发展和科学技术的进步,人们越来越感觉到这种凭经验感知的、肤浅层次上的观察方法不能适应对金属切削进行深入、系统的研究需要,开始逐渐探索和发展科学的、更为先进的研究方法。需要指出的是,现场观察方法就金属切削而言已经被淘汰,但对操作者积累经验和帮助指导生产仍有意义;对研究人员来说,为减少和避免研究过程中可能发生的人为错误,粗略验证某些问题的研究结果也是有益的。

1.1.2　试验方法

试验方法是指在金属切削研究中,为了某一课题或一组课题,人为地创造和限制某些条件,在忽略了次要因素后,尽量能够按照实际加工情况,在机床上或试验台上进行实测,进而将数据进行分析和总结,探索和发现金属切削规律的一种研究方法。一般的实验研究离不开必要的和合适的仪器、装置和设备;对于一些要求严格的实验,其成败在相当大的程度上取决于所用的仪器和设备。目前,就金属切削而言,试验方法始终是最接近生产实际、最主要、最可靠,也最重要的研究方法,历来为人们所重视。

一个完整的实验研究,一般包括调研、资料收集、编制实验提纲、实验准备、实验过程、实验数据处理和对结果进行分析验证并撰写研究报告。一个实验研究往往耗时、费力、资金投入大、周期较长,其结果是否具有普适性和适合生产使用,需要在实用条件下进行验证。

1. 关于切削热和切削温度的实验研究

最早对切削热进行实验研究的代表人物是 Rumford,他在 1799 年测量了制造铜炮时所产生的热。他把工件、刀具和切屑浸入一定量水中并测量由投入的机械能所造成的温升。这些实验不仅提供了后来数十年为人们所一致接受的热与机械能转换很好的近似公式,还提供了观察、探索热能本质的新途径。在当时,大多数人仍认为热是被称为卡路里流体的一种特殊形式。Taylor 和 Quinney 分别在 1934 年和 1937 年应用非常精确的测量技术测量金属试棒在扭曲时残留在试棒中的能量,得出结论:残留的变形能的比例下降,而应变能的比例上升。当把这些结论推广到金属切削时发现,除 1‰~3‰ 的切削能消耗在金属晶格的改变上外,其余全部转化为热能。

对于刀具温度的分析,在 20 世纪 20 年代以前还只限于定性的水平;直到 1924 年才由 Shore 改变了这种状态。他运用刀具—工件(后文简称为刀—工)热电偶方法定量地测取前刀面上的平均温度。这种热电偶技术非常重要,对之后的测温方式产生了极大的影响。

热电偶的基本原理是由两种不同金属材料作为导体形成两节点回路,当节点温度变化且存在温差时,回路会产生电流,而电流随温差变化。运用上述热电偶原理,人们发展了自然热电偶、半人工热电偶和人工热电偶技术,并用于金属切削温度的测量。

在对金属切削的研究中,也常常利用红外原理测温。它利用物体的热辐射特性测量温度,特点是不必与被测物体接触,不会因测量而影响温度场的分布,可以有很高的测温上限,实现快速测温。运用红外原理测温主要包括红外点温度计法、热像仪法、光导纤维红外测温法等,此外还有显微结构分析法、示温涂料法、热量计法等测温方法。

2. 关于切削力的实验研究

早在 1951 年,E. G. Loewen 等人就对测力仪的结构和使用进行了较详细的描述。现有的测力传感器有机械的、液压的、电容的、电感的、炭堆电阻的、电阻应变片的和压电晶体的。尽管它们的结构不同,使用的元件相异,但是最根本的一个原理是基于对载荷下刀具挠度的测量。

电阻应变片测力仪灵敏度较高,可测力的瞬时值,易于消除各分力的相互干扰,动特性好、价格低廉、使用和维护方便,且容易制成各种用途的测力仪,是目前国内使用最广泛的测力仪,在车、铣、钻、磨的测力中均有应用。

压电晶体测力仪灵敏度高、受力变形小;不同方向切片的石英晶体产生电荷的力作用方向不同,可测量多向力,并消除分力间的相互干扰;动特性好,自振频率可达 10 kHz。但压电晶体测力仪价格较贵,维修要求比较严格,在瑞士 Kistler 公司出售,国外用此测力仪较多。

应用较多的当属车削测力仪,国内尤以电阻应变片车削测力仪为最,其结构有多种,如麻省理工学院于 20 世纪 60 年代初期研制的三向车削测力仪是整体结构,变形元件为四个水平方向的半八角环;长春第一汽车集团有限公司研制出交叉八角环三向车削测力仪;哈尔滨工业大学研制出立式平行八角形三向车削测力仪等。

3. 关于摩擦、刀具磨损及使用寿命的实验研究

在金属切削工程中,刀具切削部分承受着很大的切削力和很高的切削温度,刀具的前面和后面分别运动着的切屑与已加工表面相互接触和摩擦,使刀具逐渐磨损,并表现出与一般机械摩擦和磨损显著不同的特征。F. W. Taylor 在对刀具的特点进行大量的观察和实验研究的基础上,于 1907 年总结归纳出描述刀具磨损的著名的泰勒公式:

$$VT^n = C \tag{1.1}$$

并首先把它运用于对高速钢的研究。而后,他又得出钨系硬质合金和陶瓷刀具材料的 n 值。上述泰勒公式还可以写成一般的形式:

$$TV^{\frac{1}{n}}f^{\frac{1}{m}}a_{\mathrm{p}}^{\frac{1}{l}} = C' \tag{1.2}$$

式中,T 为刀具使用寿命;f 为进给量;a_{p} 为切削深度;n、m、l 分别为反映切削速度、进给量和切削深度对刀具磨损影响的指数。

实验中发现,由于 $n < m < l$,因此刀具的使用寿命对切削速度的变化最为敏感,其次是进给量。

由于切削过程的复杂性,因此应用非切削试验来评价切削刀具的优劣、工件材料的可切削加工性以及切削液是否恰当的意义值得怀疑。试图加速和缩短刀具使用寿命的实验亦不可取,因为切削温度和压力在切削过程中起着重要而复杂的作用,是难以替代的。

1950 年,Shaw 和 Strang 在 Oak Ridge 实验室做切削经过中子放射处理而具有放射性的 AISI 4027 钢实验时发现,即使有理想的切削液,也还有一小部分工件材料转移到立铣刀切削刃上。Merchant 等人首先使用放射性刀具来研究刀具的磨损率,切削试验持续约 10 s,通过测取可释放 γ 射线的刀具材料转移到切屑上去的量来获取各种不同切削条件下刀具的相对磨损。从那以后,类似的试验进行了多次,但是始终没能找出一个满意的方法来替代通常的切削试验。

对于后刀面磨损的测量,大多应用工具显微镜、读数显微镜及带刻度的放大镜。不同显微镜的放大倍数不同,一般放大 10 倍,读数精确到 0.01 mm。国际标准规定磨损曲线至少要有五个实验点,如不仅要绘出初期磨损、正常磨损和剧烈磨损三阶段曲线,还需要多加若干点。对前刀面磨损的测量,其月牙洼磨损的长度和宽度可用小型工具显微镜测得,深度可用双管显微镜测得,亦可使用立式光学比较仪、机械比较仪及千分表测得。

近二十年间又发展出了各种各样的研究与测量刀具磨损的方法,如用扫描电镜、电子探针仪和俄歇电子能谱仪研究刀具磨损,其中尤以扫描电镜方法为优。对应刀具磨损与破损亦出现了光学摄像检测、切削力变化检测、振动信号检测以及声发射检测(Acoustic Emission,AE)等方法,都已取得了可观成效。

另外,关于刀具使用寿命的研究还有相对磨损试验法、以磨钝标准为函数的磨损方程法、端面车削法、阶梯车削试验法等。这些方法都力图省工省料、加速试验,但代替不了传统试验方法。

4. 对切屑底层及前刀面上的应力的实验研究

如今,已经出现用光弹方法测量应力的例子。在切削时发现,除前角为 $-10°$ 外,在距离刀刃近一半刀具—切屑(后文简称刀—屑)接触的地方,切应力几乎不变,其后切应力逐渐减小;而正应力在刀刃处取得最大值,随着离开刀刃距离的增大,正应力迅速下降。用光弹方法测量纯铝切削时得到:切应力的分布和最大切应力值受前角的影响较小,切向正应力都在正应力范围内变化,法向正应力从压应力变化至拉应力,且最大压应力值随前角的减小而增大,应力分布超过刀—屑接触区长度范围。

另外,对切屑底层及前刀面上的应力研究,还有用组合式车刀测量应力和用前刀面的变形测量应力等方法。

可以看出,研究方法是多种多样的,所用仪器设备也简繁不一。但一般正确地进行实验设计,并运用适当的试验方法和仪器设备严格实验,其结果是可信的。绘制的图表一般来说也是适用的,但适用范围有限,不便分析诸多因素的相互影响,因此常常需要对数据进行处理,通过回归分析等各种分析方法,整理成经验公式或建立相应的数学模型,以便应用和进一步研究。

1.1.3　理论分析方法

由于金属切削实验研究常常耗费大量的人力、物力、财力和时间,又不易分析多个因素之间的相互关系,加之其局限性,因此人们把很大的注意力投向理论分析与研究。

理论分析方法是通过对所研究的对象进行假设、限定、简化等处理,拟出物理数学模型,然后对物理数学模型进行分析,得出相应的结论,再根据原来的假设和研究问题的特殊性进行有限推广。该方法给出定量的分析,并可以比较方便地研究各因素之间的关系和影响,也不必花费大量的人力、物力和时间。但目前来看,这种方法的适用范围很有限,对有些物理过程的描述难以用数学形式来表达,所以对它的理论分析也无从谈起。即使建立了物理数学模型(包括经验公式的建立),一些系数也仍需要用试验的方法获得,并几乎都需要进行必要的修正,需要试验的支持和验证。

1. 关于切削力的理论研究

1945 年,Merchant 提出了计算切削力的图形(图 1.1),主切削力为

$$F_\mathrm{r}\cos\phi = \tau_\phi b_0 \frac{t_0}{\sin\phi} \tag{1.3}$$

式中，τ_ϕ 为剪切面上的切应力；b_0 为切削宽度；t_0 为切削厚度。

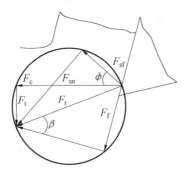

图 1.1 各分量组成的切削力图

随后，许多学者根据几何学原理、最小做功原理以及材料剪切方向与主应力方向成45°角原理等，研究并建立了自己的切削力学模型。

2. 关于切削温度的理论研究

Trigger 和 Chao 在 1951 年首次将理论分析方法用于刀具温度分布的研究；而 Hahn 和 Leone 等人则理论分析了剪切面上的温度。实际上，切削时与三个变形区相对应，存在着三个移动热源。在实际分析中，往往忽略了发热较小的第三个热源，并假设刀具的切削刃为几何直线，剪切面上和刀—屑摩擦面上功的分布是均匀的，且全部转化为热能。

在对刀具上的温度进行计算时，热源被视为固定的(图 1.2、图 1.3)，刀具为四分之一无限体。由此法可获得剪切面上的平均温度、前刀面接触区平均温度、刀具温升平均值和最大值。

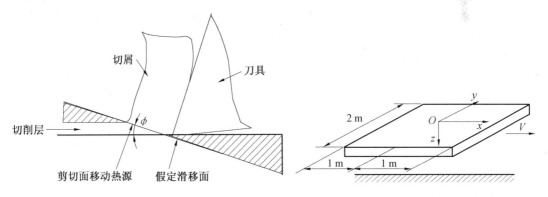

图 1.2 理想化剪切面移动热源   图 1.3 半无限体上的移动热源

对于半无限体上的移动热源(周围绝热)，也可列出相应的偏微分方程，施加条件求解温度场或进行变分分析或求积分分析等求解温度场，但绝大多数的求解方式均为近似的数值分析方法。

3. 关于剪切角 ϕ 的理论研究

剪切角在金属切削研究中很重要，研究切削变形、切屑变形、摩擦面上的力以及计算切削力等都要用到它。

H. Ernst 等人在 1941 年根据合力最小的原则确定剪切角,得出

$$\phi = \frac{\pi}{4} - \frac{\beta}{2} + \frac{\gamma_0}{2} \qquad (1.4)$$

按上式计算的 ϕ 值比实际值大些,需要进行修正。后来,E. H. Lee 和 W. Shaffer 从全塑性体的滑移线场理论出发,导出了如下形式的剪切角计算公式:

$$\phi = \frac{\pi}{4} - \beta + \gamma_0 \qquad (1.5)$$

按照式(1.5)得出的 ϕ 值又比实际值小,也需要修正。

到了 1963 年,P. L. B. Oxley 由变形强化的滑移线场推出剪切角,比较接近实际,但公式复杂,其中若干因素需事先知道或通过实验求出,使用起来也不方便。除此之外,依据不同的理论,形式各异的计算剪切角公式也被推导出来。关于刀具磨损、使用寿命以及已加工表面层质量等的研究,理论分析均发挥了重要的作用。

金属切削问题的数值分析亦属此类,使用较多的是有限元方法,主要模式有两种:拉格朗日模式和尤拉模式。

在拉格朗日模式中,有限元素网格与工件紧密联系在一起,元素随工件运动并经受很大的塑性变形和刚体运动,如此刚度矩阵就取决于网格瞬时的几何形状和匀速时所经受的应力状态。所有计算都要通过对局部坐标的处理来实现,而某一时刻的变形状态成为下一步计算的参考状态。为了简化计算,切屑与刀具在前刀面上的摩擦就建立在一个简单的库仑(Coulomb)定律的基础上。只有当切线方向上的力大于摩擦系数与法向力之积时,相对滑动才发生。Hibbitt 等人运用这种模式,从虚功原理推导出解决大变形问题的有限元平衡方程。Felippa 和 Sharifi 所给出的拉格朗日公式把更高阶的参量引入刚度矩阵,以期释放对变形增量的约束。Needlemen 从 Hill 提供的变分原理中推导并获得了拉格朗日计算公式。Nagtegaal 等人也从传统的虚功增量出发,建立了正切刚度矩阵有限元公式,不同的是他们提出扩张增量的概念,目的在于消除典型的二维或三维有限元素应力—应变场在极限或接近极限载荷时所受的过多优势。

此外,对刀—屑接触长度的研究,对卷屑、断屑的研究,对应力场、温度场、刀具磨损的研究,以及理论预报和数值分析都发挥了重要作用。

另一种金属切削的有限元模式建立在尤拉参考系中。用有限元素划分的网格限定一个控制体积,工件材料由此流过。这种方法要求切屑自由表面的边界是已知的或在仿真过程总可交互调整,加速了从开始切削到稳定切削这一过渡过程,免去了辨别被加工材料是否明显破坏或与刀具表面相脱离的判据,但当工件材料被视为黏塑性体而弹性变形可忽略时是不能预测残余应力的。此方面研究的代表人物包括 Yaghmai 和 Popov。另外,John T. Carroll 等人运用上述两种模式研究正交金属切削,低速切铝时获得了较好的效果。

1.1.4 计算机仿真方法

计算机仿真方法是运用计算机系统存储信息量大、运算速度快而准确、可逻辑思维判

断、便于人机交互并能监视、打印和绘图等特点,根据实验和理论分析,通过对金属切削模拟进行研究和解决问题的方法。计算机仿真技术出现得比较早,但用于研究金属切削始于 20 世纪 60 年代末和 70 年代初。而最初也只是对金属切削某一方面的问题进行模拟,后来发展成对主要物理过程进行仿真,研究的内容也趋于全面。

1971 年,M. P. Groover 等人报道了用模拟机对一般切削刀具传热过程进行电子计算机数字仿真并由此推导出简单的方程以计算切削温度,标志着金属切削仿真理论研究的开始和相关技术在实际意义上的应用。尽管他们的研究是单一的,但在金属切削研究方面具有划时代的意义,为金属切削研究方法学增添了新内容。这实际上是将金属切削仿真的研究内容加以拓宽,使切削力的理论研究又向前推进一步。Hibbitt 和 Sharifi 等人从虚功原理出发,采用拉格朗日有限元方法推导大型刚度矩阵方程组,不仅为金属切削理论研究及离散化的数值计算打下了坚实的基础、提供了可行的方法,而且为金属切削过程仿真奠定了数学基础。K. Srinivasn 等人应用最小误差方法确定计算切削力公式参数的理想值,同时用动态机床计算机仿真系统验证其结论的可靠性。

金属切削仿真基本上基于二维稳态切削过程并对切削过程进行优化。Li 等人研究并提出了计算切削力的铣削加工仿真模型;A. J. Shih 等人的车削力仿真考虑了切削区金属应力率和温度场的影响。目前,在金属切削计算机仿真研究上的代表人物当属 THC Childs。THC Childs 等人的金属切削模拟包括变形区金属应力应变,刀-屑界面的应力、切削力和温度分布等。尽管 Childs 和 Makawa 给出的拉格朗日刚度矩阵包含了形状变形和转动因素,但并没有引入对不可压缩体过多约束的松弛。目前,金属切削计算机仿真方法的研究仍在持续进行,仍有若干理论和技术问题需要解决。但是这种方法以其包容了计算机的优点、实验研究和理论分析的长处而显现出它的生命力,是今后金属切削研究方法的一个发展方向。

1.2 振动金属切削概述

一些学者和专家在研究上述金属切削规律的同时,注意到切削振动问题,并把随机有害的切削振动转化为了可控有益的振动金属切削。振动金属切削加工形成于 20 世纪 60 年代,进而发展成为一种先进制造技术,它在常规的切削刀具、工件或主轴上施加振动,使刀具和工件发生间断性的接触,从而使传统切削模式发生根本性的变化。由于此变化解决了传统切削加工中固有的难题,如切削中的振动和切削热变形等,因此获得了优良的切削效果。

迄今为止,世界各国虽然在振动金属切削某些现象的解释和某些参数的选择上还有一些差别,但它的工艺效果是得到公认的。作为精密机械加工和难加工材料加工中的一种新技术,它已经渗透到各个加工领域,出现了各种复合加工方法,使传统的加工技术有了质的飞跃。研究表明,由于其在一定范围内能够有效地解决难加工材料的加工及其精密切削方面的问题,并在加工中具有一系列的特点,因此越来越引起人们的重视而受到世界各国的瞩目。

普通切削时,固定在车架上的车刀,其刀尖在切削过程中并非处于静止的状态,而是进行以不规则的振动频率、振幅和复杂的振动形式存在的微小振动,切削现象也不断地做无规则变化。振动金属切削的实质就是在传统的切削过程中给刀具或工件附加某种有规律的振动,使切削速度、进给量、切削深度按一定规律变化。振动金属切削改变了工件与刀具之间的时间与空间的分配,从而改变了切削加工机理,达到了减小切削力和切削热,并且提高加工质量和效率的目的。切削速度的变化和加速度的出现,使得振动金属切削具有许多优点,特别是在难加工材料和普通材料难加工工序的加工中,都表现出了极其出色的效果。

从振动频率 f 方面进行研究,可将振动金属切削分为高频振动金属切削和低频振动金属切削两种。通常高频振动金属切削也被称为超声波振动金属切削。高频振动金属切削是指振动频率在 16 kHz 以上,利用超声波发生器、换能器、变幅杆来实现的金属切削。由于 $f \approx 10$ kHz 时的振动会产生可听见的噪声,一般不予采用。振动频率在 200 Hz 以下的振动金属切削称为低频振动金属切削,低频振动金属切削的振动主要靠机械装置实现。机械振动金属切削装置的结构简单、造价低、使用维护都比较方便,振动参数受负载影响较小,所以应用比较广泛。机械振动金属切削装置可形成独立机床部件,原机床不需要进行大的改装就可以与其配套,多用于钻孔、扩孔、铰孔、镗孔和螺纹加工中。低频振动金属切削具有很好的断屑效果,可不用断屑装置,使刀刃强度增加,切削时的总功率消耗比带有断屑装置的普通切削低 40% 左右。

1.2.1　振动金属切削的特殊工艺效果

振动金属切削有着普通切削无法比拟的工艺效果,能够解决普通切削难以解决的、复杂的、困难的,甚至是不能进行的加工作业。由于在振动金属切削过程中,刀具与工件间歇性接触,因此其切削力小、切削温度低。同时,由于破坏了切削瘤的产生条件,加上小的切削力、低的切削温度,因此可以得到满意的表面光洁度和加工精度,并且刀具耐用度得到了显著提高。在切削过程中,如果合理地选择振动参数和切削用量,切屑的大小和形状可以得到有效控制,利于排屑。刀具与工件的非连续接触还能提高切削液的使用效果,且单位切削周期内的切削长度很小,工件表面的耐磨性、耐腐蚀性得到了提高。总之,振动金属切削的工艺效果是优良的。

1.2.2　振动金属切削的应用

针对振动金属切削的特殊工艺效果,其具体应用主要有以下几个方面。

(1)高精度、高表面质量工件的切削加工。

振动金属切削时切屑变形与切削力小,切削温度低,加工表面不产生积屑瘤、鳞刺与表面微裂纹,再加上表面硬化程度较大,表面产生的残余压应力小,切削过程稳定,因此容易加工出高精度与高表面质量的工件。

(2)难加工材料的加工。

难加工材料是指难以进行切削加工的材料,即切削加工性差的材料。从材料的物理力学性能看,硬度高于 250 HBS、强度 $\sigma_b > 0.98$ GPa、延长率 $\delta > 30\%$、冲击韧度 $\alpha_K > 0.98$ MJ/m^2、导热系数 $k < 41.9$ W/(m · ℃)的均属于难加工材料。难加工材料的切削

特点表现为刀具耐用度低、切削力大、切削温度高,加工表面粗糙,精度不易达到要求,切屑难以处理。振动金属切削技术可有效解决上述问题。

(3)难加工零件的切削加工。

复杂结构、复杂形面、薄壁、整体结构、三维型腔、型孔、群孔和窄缝等难加工零件,其加工精度与表面质量要求较高,用普通切削与磨削方式加工很困难,用振动金属切削既可以提高加工质量,又可以提高生产效率。

(4)排屑、断屑比较困难的切削加工。

钻孔、铰孔、攻螺纹、剖断、锯切、拉削等切削加工时,切屑往往处于半封闭或封闭状态,因而常常不得不因为排屑、断屑困难而降低切削用量,这时如果用振动金属切削,则可比较顺利地解决排屑、断屑问题,保证加工质量并提高生产效率。

1.2.3 振动金属切削技术在国内外的研究动态

振动金属切削起源于 20 世纪 50 年代末。日本学者隈部淳一郎深入研究了该技术,并发表了专著《精密加工——振动切削基础与应用》,对促进该技术的应用和发展做出了突出贡献。以隈部淳一郎为首,森胁俊道、社本英二等一批学者把振动加工运用到了车削、磨削、铰孔、攻丝、镗孔、切割及拉丝、拔管等多个领域,并获得了大量的数据。隈部淳一郎建立的"不敏感切削机理"和"零位切削机理"充分证明了切削力的周期性变化对切削过程中工件变形的影响规律,这对进一步进行振动金属切削机理的研究意义重大。

振动加工技术在美国、英国、德国、法国、新加坡、埃及、印度等也有研究。目前,各国正将振动金属切削技术作为一种精密/超精密加工的手段或用于 MEMS 零件制作的一种途径进行研究。

我国的佳木斯大学、清华大学、吉林工业大学、北京航空航天大学、上海交通大学、哈尔滨工业大学、陕西师范大学、中国科学院声学研究所以及华侨大学等科研院所都先后对振动金属切削技术进行了研究,并取得了丰富的数据及理论成果。在理论方面,近年来揭示了振动金属切削的很多工艺特性,具体包括:振动金属切削的运动学特性、消减颤振特性、消减刀瘤特性、断屑特性、消减毛刺特性、精密入钻特性和抑制表面回弹特性等,丰富了振动金属切削理论。在工程应用上,振动金属切削已应用到车削、镗削、钻孔、铰孔、攻丝、电火花加工等多个领域。

内蒙古工业大学的马晓君等人对振动金属切削和普通切削的运动过程进行了理论研究,包括受力分析和运动分析,并且建立了相应的数学模型,同时,基于 Merritt 等人所建立的普通切削系统的闭环模型,合理地建立了低频振动金属切削系统的闭环模型,并且比较了振动金属切削与普通切削机理之间的差异,为振动金属切削机理的完善奠定了基础。佳木斯大学的刘启生等人进行了低频振动金属切削与普通切削的对比研究,分析结果表明,随着振动频率的提高,主切削力明显下降,在结果和理论分析的基础上,给出了低频振动金属切削中正确选择振动参数的方法。华侨大学的顾立志等人对振动金属切削中应力波传播对裂纹的形成、扩展的影响以及成屑机理进行理论分析和研究,揭示了振动金属切削中刀具对工件的作用为应力波影响下的动态冲击,较普通切削更易于萌生起始断裂而成屑,动态应力波对切削裂纹形成的影响及作用是改善切削效果的主要因素;通过对振动金属切削与普通切削理论上进行比较与分析,建立了相应的数学模型。中南大学的王致坚等人从动力学、运动学和弹塑性力学等方面对低频振动攻丝的机理进行分析,从理论上论证了和普通攻丝相比,低频振动攻丝具有攻丝扭矩小、工艺系统刚性强、加工精度高等优良的工艺效果,与国内外大量的切削试验结果一致,为振动攻丝的进一步推广提供了理论依据。中北大学的叶玉刚等人以振动断削机理为理论基础,探索了一些建立低频振动金属切削试验系统的方法,并应用于深孔加工中的双向供油系统(Double Feeder System,DF 系统),分析结果明显优于常规的深孔加工,达到了理想的加工效果。

1.2.4 振动金属切削机理的研究进展

振动金属切削的工艺效果是客观存在的,因此得到了各国学者的一致公认。但对于形成这些效果的原因,目前还没有建立起权威的理论。各种关于振动金属切削机理的观点或理论都是根据各自的试验所发现的现象以及所得到的工艺效果分析所得,这些观点虽然还有待于论证和创新,但是却能描绘出一个关于振动金属切削机理的大概轮廓。迄今为止,关于振动金属切削机理的主要观点,大致有以下几个方面。

(1)摩擦系数降低说。

众多学者认为,振动金属切削特别是超声波振动金属切削,可以降低刀具与工件间的摩擦系数;振动金属切削过程中,冷却液的作用可以得到充分发挥,进一步降低摩擦系数;刀具在脱离切削的瞬间,前刀面会形成一层极薄的氧化层,也能起到降低摩擦系数的作用,摩擦系数的降低最终改善了切削效果。

(2)剪切角增大说。

由切削理论可知,剪切角的大小决定着金属变形范围的大小和变形程度的大小,也影响着切削力。振动金属切削时,刀具冲击材料产生的裂纹大于切削长度,使实际的剪切角增大,剪切面变短,塑性变形力显著减小,剪切角的变化对切削力的改变起主要作用。

(3)工件系统刚性化理论。

基于自动控制理论的数学模型,将工件系统等效为二阶系统,通过分析工件系统对切削力的稳态响应,发现振动金属切削时加工过程趋于稳定,工件刚性化,切削处于较好的平稳状态,工件的表面光洁度和加工精度都得到了提高。

(4)应力和能量传递集中说。

应力和能量的传递集中能够增强刀具的切削能力。苏联学者认为,刀具对被加工材料的冲击作用使变形过程发生很大变化。他们分析,当刀具对零件材料产生动力影响时,应力集中范围比一般切削时小,因而变形分布也小。日本和苏联学者认为,超声波振动使切削力集中在刀刃局部很小的范围内,被切工件材料受力范围很小,能量传递集中,材料原始晶格结构变化小,因此可以得到与母材近似的金相组织和物理特性。

(5)切削速度影响切削效果说。

有学者认为,振动金属切削实际上提高了切削速度。切削速度的提高有助于塑性金属趋向脆性状态及减小塑性变形,从而改善切削状态。另外,根据著名的死谷理论,在常规切削速度范围内,切削温度随着切削速度的提高而升高,直到切削速度提高到一定值之后,切削温度不但不会升高,反而会降低。但各种材料的高速区不尽相同,对某些材料而言,使用振动金属切削时的切削速度能够进入其高速区。

(6)相对净切削时间说。

苏联学者从动态切削理论和冲量平衡理论进行推导,证明净切削时间缩短可以使振动金属切削的切削力减小(切削热也有类似的情况),从而改善切削效果。

1.2.5 振动金属切削试验的进展

振动金属切削试验的目的是使用科学的试验方法,对振动金属切削中切屑的形成和变形、切削力和切削功、切削热和切削温度、刀具的磨损和刀具寿命、工件的表面质量等进行分析,主要有以下几种典型的试验方法和手段。

(1)正交实验法。

正交实验法是利用数理统计学观点,应用正交性原理,从大量的试验中挑选适量的具有代表性、典型性的试验点,根据正交表来合理安排试验的一种科学方法。其优点是能够大幅度减少试验次数,但不会降低试验可信度。

南宁市规划管理局的肖继世等人通过正交实验法对超声波振动金属切削不锈钢材料(Cr18Ni9Ti)进行了研究,得出如下结论:刀具振幅和刀具材料对刀具耐用度的影响都是显著的,而对切削速度的影响不显著。

中国工程物理研究院的陈杰等人在对钨基合金材料进行振动车削加工试验的研究过程中,以车削加工精度为研究对象,使用正交实验法,选定三项影响参数(进给量、切削速度、振动振幅)进行全因素试验,按三因素三水平进行正交实验,得出如下结论:①在切削深度一定的前提下,对于加工圆度影响的主次关系为进给量>振动振幅>切削速度;②对锥度影响的主次关系为振动振幅>切削速度>进给量;③圆度误差随进给量的增大而增大,锥度误差随进给量的增大而减小,且在较低的切削速度下,增大进给量对圆度、锥度的影响显著;④振动振幅的变化对零件加工圆度的影响并不明显,但对零件锥度的影响较显著;⑤振动车削在低速低进给加工方式下的抑振效果并不明显,但随着切削速度、进给量的增大,振动车削的抑振效果显著增强。

吉林大学的高印寒等人使用硬质合金刀具对玻璃纤维增强塑料(Glass Fiber Reinforced Plastic,GFRP)进行了超声波振动精密切削的研究,得出相对于角度 θ(横向纤维束与竖向纤维束在各点与切削速度的夹角)变化的九个正交表,由正交表经计算得出相对应于振幅 A、切削速度 V、进给量 f、切削深度 a_p、角度 θ 五个参数变化情况下对表面粗糙度(Rz)的影响规律。试验结果表明,超声波振动金属切削可以使 GFRP 的加工表面粗糙度减少一半,加工质量得以提高。

(2)对比试验法。

对比试验法是指设置两个或两个以上的试验组,通过分析对比结果,来探究各种因素与试验对象的关系。将振动金属切削与普通切削作为两个试验组,进行对比试验,从而分析振动金属切削的特性,是研究振动金属切削的常用手段。

西安铁路职业技术学院的陶若冰在对 Inconel 718 合金同时进行超声波振动金属切削加工和传统车削加工中,研究了切削参数(切削速度、进给量、切削时间)对刀具切削性能的影响。通过对刀具磨损、切屑形态和工件表面粗糙度的研究,发现在进行低速硬态切削时,振动金属切削在切削表面质量和刀具寿命方面均优于传统车削加工。同时,随着刀—工表面接触率(TWCR)的降低,刀具磨损和切削力随之降低,而工件表面质量和刀具寿命得到提高。

佳木斯大学的曹立文等人在数控车床 CK6142 上设计了合理的振动金属切削系统和测试系统,并与普通切削试验数据进行了对比分析,试验结果表明,振动金属切削具有一些普通切削无法比拟的工艺效果,主要表现为切削力减小、加工精度和表面质量得到提高。

上海交通大学的徐可伟等人在振动车削薄壁镜筒的研究过程中,分析了振动车削和普通车削的对比数据,证明了振动车削确实能有效提高薄壁零件的加工质量。

华北工学院的吴雁等人对超声波振动金属切削颗粒增强金属基复合材料 SiCp/Al 的表面物理机械性能(主要是表面残余应力)进行了试验,并与普通切削进行了对比分析。试验结果表明,超声波振动金属切削的表面产生残余压应力,能够提高工件的抗疲劳强度。

河南科技大学的魏冰阳等人进行了普通与超声波研齿的对比试验,试验结果表明,超声波研齿的材料去除率可达到普通研磨的三倍,齿面微切削与塑性流动纹理明显,点蚀深度、划痕长短均匀,齿面质量明显优于普通研磨齿面,即粗糙度低至 $0.2~\mu m$。

北京航空航天大学的张鹏等人进行了振动钻削与普通钻削的对比试验,试验结果表明,与普通钻削相比,振动钻削能提高钻头的使用寿命十几倍以上,并能提高钻头的定心能力和微孔的位置精度。

盐城工学院的孙俊兰等人进行了普通攻丝与振动攻丝的对比试验,试验结果表明,振动攻丝时,切屑能够顺利排出;切削力、切削扭矩小;丝锥寿命延长;加工精度得到提高。

(3)扫描电镜观察。

扫描电镜(Scanning Electron Microscope,SEM)是一种利用电子束扫描样品表面,从而获得样品信息的电子显微镜,能够进行三维形貌的观察和分析,并同时进行微区的成分分析。扫描电镜是研究振动金属切削特性的一种重要试验设备。

佳木斯大学的黄劭楠等人使用聚晶金刚石刃具进行了超声波振动金属切削不锈钢的实验研究,利用 SEM 对切屑微观形貌进行了检测分析,发现振动金属切削时的切屑厚度比普通切削时的切屑厚度小,说明振动金属切削时工件材料的切削变形小,有利于减小切削力并降低切削温度。

哈尔滨工业大学的佟富强等人在进行低频振动金属切削试验的过程中,使用 SEM 观察已加工工件表面,发现振动金属切削中由于刀具的动态冲击作用,切削裂纹更容易产生,加工表面存在各种拉挤、撕裂缺陷较少,形成有规律的划痕,可明显地减少撕裂、皱褶、凸起、犁沟、微裂纹和积屑瘤碎片等缺陷,因此加工表面的质量提高。

上海交通大学的夏靖宇等人研究了超声波振动金属切削金属基复合材料的刀具磨损情况,通过观察刀尖磨损的 SEM 照片,指出采用振动金属切削的方法,在低浓度复合相金属基材料加工中,可以有效地降低刀具磨损,延长刀具的使用寿命。

本书定位二维低频圆振动金属切削,包括二维低频圆振动金属切削理论基础与试验的研究,以及二维低频圆振动金属切削有关振动参数的优化选择研究这两大方面的内容。

通过对二维低频圆振动金属切削理论的研究,建立二维低频圆振动金属切削运动学和动力学模型;通过对二维低频圆振动金属切削摩擦特性的研究,揭示其特殊摩擦机理。在研究现有振动驱动装置的基础上,选择适合二维低频圆振动金属切削的振动驱动装置,为二维低频圆振动金属切削试验系统的建立奠定基础;建立二维低频圆振动金属切削试验系统,并进行二维低频圆振动金属切削试验;利用数据挖掘技术,找出二维低频圆振动金属切削有关振动参数之间的统计学联系,并进行参数的优化选择。

1.3 本书主要内容

1.3.1 目的和意义

金属切削既历史悠久又生机勃勃。切削加工与刀具技术的历史源远流长,可以说是最古老的技术之一。刀耕火种开创了人类文明史,并在之后长期推动着历史的进步。

在人类文明史高度发展的今天,金属切削加工技术发挥着重要的作用。我国国民生产总值中约有 1/4 直接来自于机械制造业,另外还有相当多的产业(如电子、纺织、采矿等)与机械制造技术的发展密切相关。而在机械制造中,95％以上的机械加工工作是由切削加工来完成的。虽然一些特种加工技术(如电加工、激光加工、超声波加工等)也在不断发展,但迄今为止,切削加工在大多数情况下依然是能耗最少、效率最高、最经济的加工方法。进入 21 世纪后,金属切削加工仍占机械加工工作的 90％以上。

以孔表面加工为例。在机械零件中,带孔零件一般占零件总数的 50％~80％。孔的种类也多种多样,有圆柱形孔、圆锥形孔、螺纹形孔和成形孔等。常见的圆柱形孔又有一般孔和深孔之分,深孔很难加工。在孔加工过程中,应避免出现孔径扩大、孔直线度过大、工件表面粗糙度差及钻头磨损过快等问题,以防影响钻孔质量和增大加工成本。孔表面加工应尽量保证以下的技术要求:①尺寸精度——孔的直径和深度尺寸的精度;②形状精度——孔的圆度、圆柱度及轴线的直线度;③位置精度——孔与孔轴线或孔与外圆轴线的同轴度,孔与孔或孔与其他表面之间的平行度、垂直度等。在保证加工质量的前提下,研究高效、低耗、绿色和可循环再利用的技术方法至关重要。

作为机械加工的重要方法,金属切削加工技术方法过去是、现在是、在可以预见的未来仍将是不可或缺和不可替代的。继承和发扬金属切削理论与技术研究应用的成果,在以智能制造为基本标志的第四次工业革命的浪潮中,注入人工智能、传感技术、现代控制论等新科技,必将使其焕发青春活力、绽放切削魅力,更好地服务于生产。

1.3.2 主要内容

本书旨在应用数字化技术仿真金属切削过程,揭示非振动金属切削和振动金属切削的规律,实现切削优化。本书的基本思路和构架如下。

全书分上篇、中篇和下篇,共计 12 章,分别阐述金属切削过程仿真理论与技术基础、非振动金属切削过程仿真与切削优化、振动金属切削过程仿真与切削优化。

上篇为金属切削过程仿真理论与技术基础,包括金属切削与研究方法概述、金属切削变形物理模型与数学模型构建、切削热与温度场模型构建。

中篇为非振动金属切削过程仿真与切削优化，包括金属切削过程仿真、切钢仿真与对比实验研究、20钢等的切削优化研究。

下篇为振动金属切削过程仿真与切削优化，包括振动金属切削及其力学模型、振动金属切削中的应力波传播与成屑、振动金属切削过程仿真与切削优化、振动金属切削技术应用研究。

本 章 小 结

本章在阐明金属切削研究的重要价值和应用金属切削规律于生产实际的工程意义基础上，以人类对金属切削认识、研究和应用的历史沿革视角，从现场观察、试验、理论分析和计算机仿真等四个层面系统地描述金属切削研究方法与理论技术成果，说明了金属切削加工技术方法源于生产实践，升华为理论技术，又服务于生产实践的交叉、渗透、相互作用、螺旋式进步和不断提高的进行式；后半部分介绍了本书的基本结构和主要内容，为了解和使用本书提供有效导读。

第 2 章　金属切削过程仿真的物理模型与数学模型研究

本章主要讨论仿真基本物理模型和数学模型。在金属切削计算机仿真过程中,所模拟的切削过程分析主要依赖于弹—塑性变形分析和切削温度场分析。切削中的切削力是刀具作用于切削区金属时金属微观晶格发生较大的剪切滑移和转动,造成宏观上的弹—塑性变形。对弹—塑性变形问题可采用有限元方法加以分析,基于有限元方法可以将所研究的变形问题的实体划分为有限个数离散的元素,再由有限个元素上的一定点或节点的实际值或它们的导数的连续插值函数来近似未知位移和速度。节点数决定了插值函数的次数。有限元素的形状可以是三角形、四边形或其他形式,本章运用的是二维三节点三角形元素。

2.1　金属切削过程计算机仿真物理模型的建立

2.1.1　正交切削模型

实际金属切削加工过程中,大多数切削区金属的变形是三维或准三维的,塑性变形集中于成屑过程中的剪切面和毗邻前刀面的切屑底层,为了更为精确地进行弹—塑性变形有限元分析,变形程度严重的区域应划分成三维网格。关于切削温度场的分析应包含工件形状和刀具实际尺寸的整个系统,但这样做必然会产生大型刚度矩阵方程组,而且对该方程组的求解计算繁杂。为突出金属切削过程中的主要问题,可以适当忽略某些次要因素,简化求解过程,故拟采用二维变形模型,切屑沿刀刃垂直方向流出,此种状况在实际刨削、插削和铣削中常见,车削加工时亦有类似的情形。如此,可以在很大程度上较好地反映金属切削的本质特征。

2.1.2　连续成屑稳定状态的模拟

传统上,多数金属切削专家认为切削过程是一个连续成屑的过程。为了研究和使用上的方便,可将切屑大体在宏观上分为带状、挤裂、单元和蹦碎切屑。这种分类方法很少涉及切削过程中切屑形成的微观本质特征。

有的学者认为金属切削实际上是控制切屑裂碎的连续过程。切削铸铁、陶瓷等脆性材料时,形成的切屑并不连续。切削中碳钢时,改变切削条件可以得到断续屑;在有积屑瘤存在的条件下切钢,切屑中的部分金属会沉积在刀具前面,这种沉积物也类似于挤裂屑;而即使是形成 C 形、螺卷及带状屑,在发生塑性变形的单元体相接处也可以观察到微小裂纹或明显发生剪切滑移。笔者认为,微观上切屑的微小裂纹(或明显的剪切滑移线)是剪切滑移的结果,或者是工件材料在切削力作用下转变为切屑的瞬间,其变形区的局部区域达到破坏极限。被切材料以很高的频率持续出现这样的微裂纹(可达宏观程度)是一个非连续的过程,应以此为基础,进一步研究金属切削深层次的问题。遗憾的是,目前尚不清楚在较高温度和高应变率条件下裂纹的传播机理。因此,目前仍以被切材料为连续体,连续成屑为物理模型,建立弹-塑性分析和切削温度场分析的数学模型等。

总之,本书所讨论的是二维稳定状态下连续成屑过程,从对刀到稳态的瞬时过程如图2.1所示。对刀状态,刀具接近并抵上工件;切入状态,刀具已切入切削工件材料,并有切屑形成;稳定状态,切屑连续不断地形成,并在前刀面上顺利而平稳地排出。

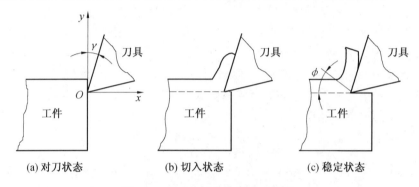

(a) 对刀状态　　　　　　　(b) 切入状态　　　　　　　(c) 稳定状态

图 2.1　从对刀到稳态的瞬时过程

2.2　弹-塑性变形分析数学模型的建立

2.2.1　增量分析原理

由弹-塑性理论可知,如果材料是线弹性的,外力作用下的位移是微小比,则可导出静态有限元平衡方程式:

$$[K]\{u\} = \{F\} \tag{2.1}$$

式中,$[K]$为由元素的刚度矩阵直接相加而成的系统结构刚度矩阵;$\{u\}$为系统位移矢量;$\{F\}$为作用在位移方向上的力矢量。

由于位移是所加载荷矢量$\{F\}$的线性函数,式(2.1)适合结构问题的线性分析。

在塑性变形中,一般材料经受大位移、大转动和大应变,这时的应力-应变关系往往不是线性的。非线性分析的一个基本问题就是要找出所研究的物体在载荷下的平衡关系。在许多问题的分析中,常常只需知道特定载荷条件下或特定时刻的应力和位移。假定外加载荷为一个时间函数,则该系统的平衡条件可表述为

$$^t\{F\} + ^t\{P\} = 0 \tag{2.2}$$

式中,$^t\{F\}$为时刻t的外加节点力;$^t\{P\}$为组成该节点的各元素上应力引起的节点力。

式(2.2)应是在该瞬时变形状态下考虑了所有非线性因素的系统平衡关系的表达。在动态分析中,时间变量作为实际变量,应在实际物理过程模型化时恰当地反映出来。当分析中有依赖历程的非线性几何因素、材料因素或与时间相关联的现象时,式(2.2)应在所考查的整个时间范围内适用,即由增量分析来实现。

假定时刻 t 时的状态是已知的，需要求的是时刻 $t+\Delta t$ 的情形，Δt 是一个适当的时间增量。对于式(2.2)在时刻 $t+\Delta t$ 可写成

$$^{t+\Delta t}\{F\}+{}^{t+\Delta t}\{P\}=0 \tag{2.3}$$

由于时刻 t 的结果为已知，因此有

$$^{t+\Delta t}\{P\}={}^{t}\{P\}+\{\Delta P\} \tag{2.4}$$

式中，$\{\Delta P\}$ 为时刻 t 到时刻 $t+\Delta t$ 与元素的位移和应力增量相对应的节点增量，可由反映时刻 t 的几何和材料因素的正切刚度矩阵 $^{t}[K]$ 来表示：

$$\{\Delta P\}={}^{t}[K]\{\Delta u\} \tag{2.5}$$

式中，$\{\Delta u\}$ 为节点位移增量。

将式(2.4)、式(2.5)代入式(2.3)得

$$^{t+\Delta t}[K]\{\Delta u\}=-{}^{t+\Delta t}\{F\}-{}^{t}\{P\} \tag{2.6}$$

对 $\{\Delta u\}$ 求解，即可得到时刻 $t+\Delta t$ 的位移近似值：

$$^{t+\Delta t}\{u\}={}^{t}\{u\}+\{\Delta u\} \tag{2.7}$$

精确的结果应是与载荷 $^{t+\Delta t}\{F\}$ 相对应的位移。在获得了时刻 $t+\Delta t$ 的位移近似值后，就可以计算该时刻的应力，进而进行下一个时间增量的响应计算。

2.2.2　材料应变率

材料应变率即应变速率，它在弹—塑性分析中占有非常重要的地位。现在在笛卡儿直角坐标系中考查一实体的运动。静止笛卡儿坐标系中物体的运动及描述如图 2.2 所示，在时刻 o，点 p 的坐标为 $(^{o}x, {}^{o}y, {}^{o}z)$，在时刻 t 为 $(^{t}x, {}^{t}y, {}^{t}z)$，而在时刻 $t+\Delta t$ 则为 $(^{t+\Delta t}x, {}^{t+\Delta t}y, {}^{t+\Delta t}z)$。同理，可将时刻 t 和时刻 $t+\Delta t$ 的位移分别表示为 $(^{t}u_x, {}^{t}u_y, {}^{t}u_z)$ 和 $(^{t+\Delta t}u_x, {}^{t+\Delta t}u_y, {}^{t+\Delta t}u_z)$。如此，则有

$$\begin{cases} ^{t}x_i={}^{o}x_i+{}^{t}u_i \\ ^{t+\Delta t}x_i={}^{o}x_i+{}^{t+\Delta t}u_i \\ \Delta u_i={}^{t+\Delta t}u_i-{}^{t}u_i \end{cases} \tag{2.8}$$

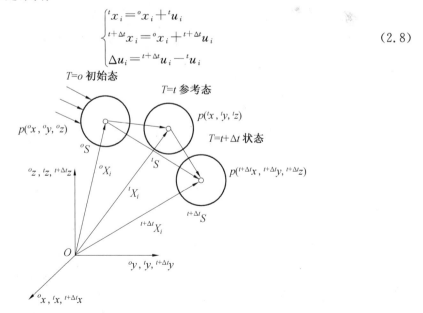

图 2.2　静止笛卡儿坐标系中物体的运动及描述

式中，i 值分别取 x、y、z。

若用 ${}^o\mathrm{d}L$ 表示 PQ 的长度，变形前后的线状元素如图 2.3 所示，${}^o n_x$、${}^o n_y$、${}^o n_z$ 表示它的方向余弦，则在 x、y、z 轴方向上 PQ 的分量分别为

$$\begin{cases} {}^o\mathrm{d}x = {}^o n_x \mathrm{d}L \\ {}^o\mathrm{d}y = {}^o n_y \mathrm{d}L \\ {}^o\mathrm{d}z = {}^o n_z \mathrm{d}L \end{cases} \tag{2.9}$$

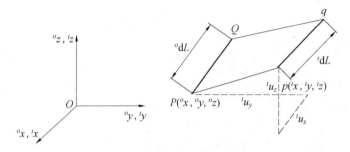

图 2.3　变形前后的线状元素

现令点 P 通过位移 ${}^t u_x$、${}^t u_y$、${}^t u_z$ 到达点 p，而点 Q 通过同样位移移至点 q，用 ${}^t\mathrm{d}L$ 表示 pq 段长度，则 ${}^t\mathrm{d}L/{}^o\mathrm{d}L$ 可写成

$$\frac{{}^t\mathrm{d}L}{{}^o\mathrm{d}L} = {}^t u_x + \frac{\partial {}^t u_x}{\partial {}^o x}\mathrm{d}x + \frac{\partial {}^t u_x}{\partial {}^o y}\mathrm{d}y + \frac{\partial {}^t u_x}{\partial {}^o z}\mathrm{d}z + {}^t u_y + \frac{\partial {}^t u_y}{\partial {}^o x}\mathrm{d}x + \frac{\partial {}^t u_y}{\partial {}^o y}\mathrm{d}y +$$

$$\frac{\partial {}^t u_y}{\partial {}^o z}\mathrm{d}z + {}^t u_z + \frac{\partial {}^t u_z}{\partial {}^o x}\mathrm{d}x + \frac{\partial {}^t u_z}{\partial {}^o y}\mathrm{d}y + \frac{\partial {}^t u_z}{\partial {}^o z}\mathrm{d}z$$

$$\left(\frac{{}^t\mathrm{d}L}{{}^o\mathrm{d}L}\right)^2 = \frac{1}{{}^o\mathrm{d}L}\left[\left({}^o\mathrm{d}x + \frac{\partial {}^t u_x}{\partial {}^o x}\mathrm{d}x + \frac{\partial {}^t u_x}{\partial {}^o y}\mathrm{d}y + \frac{\partial {}^t u_x}{\partial {}^o z}\mathrm{d}z\right)^2 + \right.$$

$$\left({}^o\mathrm{d}y + \frac{\partial {}^t u_y}{\partial {}^o x}\mathrm{d}x + \frac{\partial {}^t u_y}{\partial {}^o y}\mathrm{d}y + \frac{\partial {}^t u_y}{\partial {}^o z}\mathrm{d}z\right)^2 +$$

$$\left.\left({}^o\mathrm{d}z + \frac{\partial {}^t u_z}{\partial {}^o x}\mathrm{d}x + \frac{\partial {}^t u_z}{\partial {}^o y}\mathrm{d}y + \frac{\partial {}^t u_z}{\partial {}^o z}\mathrm{d}z\right)^2\right] \tag{2.10}$$

将式（2.9）代入式（2.10），则有

$$\left(\frac{{}^t\mathrm{d}L}{{}^o\mathrm{d}L}\right)^2 = (1 + 2{}^t_o E_{xx}){}^o n_x^2 + (1 + 2{}^t_o E_{yy}){}^o n_y^2 + (1 + 2{}^t_o E_{zz}){}^o n_z^2 + {}^t_o E_{xy}{}^o n_x^2 {}^o n_y +$$

$$\qquad {}^t_o E_{yz}{}^o n_y^2 {}^o n_z + {}^t_o E_{zx}{}^o n_z^2 {}^o n_x \tag{2.11}$$

式中

$$\begin{cases}
{}_o^t E_{xx} = \dfrac{\partial^t u_x}{\partial^o x} + \dfrac{1}{2}\left[\left(\dfrac{\partial^t u_x}{\partial^o x}\right)^2 + \left(\dfrac{\partial^t u_y}{\partial^o x}\right)^2 + \left(\dfrac{\partial^t u_z}{\partial^o x}\right)^2\right] \\[3mm]
{}_o^t E_{yy} = \dfrac{\partial^t u_y}{\partial^o y} + \dfrac{1}{2}\left[\left(\dfrac{\partial^t u_x}{\partial^o y}\right)^2 + \left(\dfrac{\partial^t u_y}{\partial^o y}\right)^2 + \left(\dfrac{\partial^t u_z}{\partial^o y}\right)^2\right] \\[3mm]
{}_o^t E_{zz} = \dfrac{\partial^t u_z}{\partial^o z} + \dfrac{1}{2}\left[\left(\dfrac{\partial^t u_x}{\partial^o z}\right)^2 + \left(\dfrac{\partial^t u_y}{\partial^o z}\right)^2 + \left(\dfrac{\partial^t u_z}{\partial^o z}\right)^2\right] \\[3mm]
{}_o^t E_{xy} = \dfrac{1}{2}\left[\dfrac{\partial^t u_x}{\partial^o y} + \dfrac{\partial^t u_y}{\partial^o x} + \left(\dfrac{\partial^t u_x}{\partial^o x}\dfrac{\partial^t u_x}{\partial^o y} + \dfrac{\partial^t u_y}{\partial^o x}\dfrac{\partial^t u_y}{\partial^o y} + \dfrac{\partial^t u_z}{\partial^o x}\dfrac{\partial^t u_z}{\partial^o y}\right)\right] \\[3mm]
{}_o^t E_{yz} = \dfrac{1}{2}\left[\dfrac{\partial^t u_y}{\partial^o z} + \dfrac{\partial^t u_z}{\partial^o y} + \left(\dfrac{\partial^t u_x}{\partial^o y}\dfrac{\partial^t u_x}{\partial^o z} + \dfrac{\partial^t u_y}{\partial^o y}\dfrac{\partial^t u_y}{\partial^o z} + \dfrac{\partial^t u_z}{\partial^o y}\dfrac{\partial^t u_z}{\partial^o z}\right)\right] \\[3mm]
{}_o^t E_{zx} = \dfrac{1}{2}\left[\dfrac{\partial^t u_z}{\partial^o x} + \dfrac{\partial^t u_x}{\partial^o z} + \left(\dfrac{\partial^t u_x}{\partial^o z}\dfrac{\partial^t u_x}{\partial^o x} + \dfrac{\partial^t u_y}{\partial^o z}\dfrac{\partial^t u_y}{\partial^o x} + \dfrac{\partial^t u_z}{\partial^o z}\dfrac{\partial^t u_z}{\partial^o x}\right)\right]
\end{cases} \tag{2.12}$$

式(2.12)为格林应变,写成张量形式为

$$_o^t E_{ij} = \frac{1}{2}\left(\frac{\partial^t u_j}{\partial^o x_i} + \frac{\partial^t u_i}{\partial^o x_j} + \frac{\partial^t u_k}{\partial^o x_i}\frac{\partial^t u_k}{\partial^o x_j}\right) \tag{2.13}$$

式中,左边的上标指出应变发生时的状态,左边的下标表示同值参考状态。

如果这两个状态相同,则标记可略去。从式(2.13)可以看出,格林应变张量是对称的。如果位移($^t u_x$,$^t u_y$,$^t u_z$)是微小的,则有

$$_o^t E_{ij} = \frac{1}{2}\left(\frac{\partial^t u_j}{\partial^o x_i} + \frac{\partial^t u_i}{\partial^o x_j}\right) \tag{2.14}$$

这就是柯西微小应变张量。

在本书所用的拉格朗日有限元方法中,变形前某一点的坐标用来确定经受一系列变形时点的原始位置,即作为参考状态。在时刻 $t+\Delta t$ 位移增量为(Δu_x,Δu_y,Δu_z),则当前格林应变增量张量或柯西微小应变增量张量 $\Delta \varepsilon_{ij}$ 可表示为

$$\Delta \varepsilon_{ij} = {}_t^{t+\Delta t}\varepsilon_{ij}({}^{t+\Delta t}u_x, {}^{t+\Delta t}u_y, {}^{t+\Delta t}u_z) - {}^t\varepsilon_{ij}({}^t u_x, {}^t u_y, {}^t u_z) = \frac{1}{2}\left(\frac{\partial \Delta u_j}{\partial^t x_i} + \frac{\partial \Delta u_i}{\partial^t x_j}\right) \quad (2.15)$$

按应变率定义

$$^t\dot{\varepsilon}_{ij} = \lim_{\Delta t \to 0}\frac{\Delta \varepsilon_{ij}}{\Delta t} \tag{2.16}$$

则有

$$^t\dot{\varepsilon}_{ij} = \frac{1}{2}\left(\frac{\partial^t \dot{u}_j}{\partial^t x_i} + \frac{\partial^t \dot{u}_i}{\partial^t x_j}\right) \tag{2.17}$$

式中,$^t\dot{\varepsilon}_{ij}$ 为材料的应变速率张量,表示材料的刚体转动。

2.2.3　Jaumann 应力率分析

一物体实际表面柯西应变如图 2.4 所示。在笛卡儿直角坐标系中,把斜面上向外的单位法矢记为 $\{^t n\}$($\{^t n\} = [\,^t n_x \quad ^t n_y \quad ^t n_z\,]$),内力 $^t\mathrm{d}T$ 作用在 $^t\mathrm{d}S$ 上,则高斯应力张量定义为 $^t\sigma_{ij}$,则有

$$^t\mathrm{d}T_i = {}^t\sigma_{ij}\,{}^t n_j\,{}^t\mathrm{d}S \tag{2.18}$$

式中,$^t\sigma_{ij}$ 可表述为矩阵的形式,即

$$\{^t\sigma\} = \begin{bmatrix} ^t\sigma_x & ^t\tau_{xy} & ^t\tau_{xz} \\ ^t\tau_{yx} & ^t\sigma_y & ^t\tau_{yz} \\ ^t\tau_{zx} & ^t\tau_{zy} & ^t\sigma_z \end{bmatrix} \qquad (2.19)$$

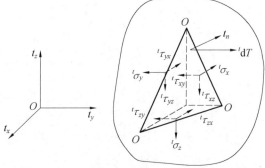

图 2.4　柯西应变

从 $^t\sigma_{ij}$ 所作用的表面平衡关系中可以推导出

$$^t\sigma_{ij} = {}^t\sigma_{ji} \qquad (2.20)$$

在增量拉格朗日方法中,柯西应力率表述为 $^t\sigma_{ij}$ 和 $^{t+\Delta t}\sigma_{ij}$ 之差与时间增量 Δt 之比的极限为

$$^t\dot{\sigma}_{ij} = \lim_{\Delta t \to 0} \frac{\Delta\sigma_{ij}}{\Delta t} \qquad (2.21)$$

式中

$$\Delta\sigma_{ij} = {}^{t+\Delta t}_t\sigma_{ij}(^{t+\Delta t}x, ^{t+\Delta t}y, ^{t+\Delta t}z) - {}^t\sigma_{ij}(^tx, ^ty, ^tz) \qquad (2.22)$$

但是用柯西应力率描述刚体转动情况并不方便。当某一应力状态下的元素只发生转动而形状没有任何变化时,从固定坐标系观察,由于转动,柯西应力发生变化,而应力率不变。

如果将 $^t\dot{\sigma}_{ij}$ 和 $^t\dot{\varepsilon}_{ij}$ 之间的关系表示为

$$^t\dot{\sigma}_{ij} = {}^tD_{ijkl}{}^t\dot{\varepsilon}_{ij} \qquad (2.23)$$

则当物体发生刚体转动时有 $^t\dot{\sigma}_{ij} \neq 0$,这表明 $^t\dot{\sigma}_{ij}$ 和 $^t\dot{\varepsilon}_{ij}$ 并不相容。图 2.5 中的矩形表示刚体转动。当点 B 绕点 A 转动时,AB 按逆时针方向转过的角度为 $\partial^t u_y / \partial^o x$;同样地,$AD$ 逆时针方向的转角为 $-\partial^t u_x / \partial^o y$。取两者的平均值,则矩形 $ABCD$ 转动表示为

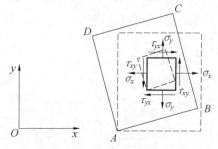

图 2.5　物体转动时应变的变化

$$\,^{t}\theta_{xy} = \frac{1}{2}\left(\frac{\partial^{t}\dot{u}_{y}}{\partial^{o}x} - \frac{\partial^{t}\dot{u}_{x}}{\partial^{o}y}\right) \tag{2.24}$$

$$\,^{t}\omega_{ij} = \frac{1}{2}\left(\frac{\partial^{t}\dot{u}_{j}}{\partial^{t}x_{i}} - \frac{\partial^{t}\dot{u}_{i}}{\partial^{t}x_{j}}\right) \tag{2.25}$$

图 2.6 所示为柯西微小应变的定义。

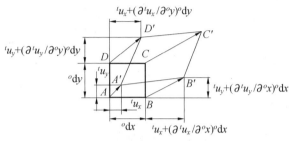

(a) 变形导致的两种状态

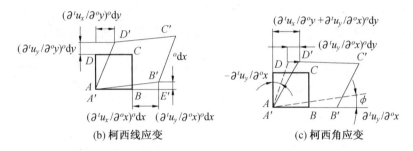

(b) 柯西线应变　　　　　　　　(c) 柯西角应变

图 2.6　柯西微小应变的定义

Jaumann 应力率 $\,^{t}\dot{\sigma}_{ij}$ 是在随转动物体一同转动的笛卡儿直角坐标参考系中观察的，仅就刚体转动而言，它对应变速率 $\,^{t}\dot{\varepsilon}_{ij}$ 没有影响。现在假设三维应力状态中的物体以角速度 $\,^{t}\omega$ 顺时针转动，并把时刻 t 时固定坐标系观察的瞬时柯西应力记为 $[\,^{t}\sigma_{ij}]$，坐标变换矩阵记为 $[\,^{t}n]$，即可得到下面的关系式：

$$[\,^{t}\sigma^{j}] = [\,^{t}n][\,^{t}\sigma][\,^{t}n]^{T} \tag{2.26}$$

$$[\,^{t}\sigma] = [\,^{t}n]^{T}[\,^{t}\sigma^{j}][\,^{t}n] \tag{2.27}$$

将式 (2.27) 对时间求导，得

$$[\,^{t}\dot{\sigma}] = [\,^{t}n]^{T}[\,^{t}\dot{\sigma}^{j}][\,^{t}n] + [\,^{t}\dot{n}]^{T}[\,^{t}\sigma^{j}][\,^{t}n] + [\,^{t}n]^{T}[\,^{t}\sigma^{j}][\,^{t}\dot{n}] \tag{2.28}$$

在时刻 t，上述两个笛卡儿直角坐标系重合，则有

$$\begin{cases} [\,^{t}n] = [I] \\ [\,^{t}\sigma] = [\,^{t}\sigma^{j}] \end{cases} \tag{2.29}$$

式中，$[I]$ 为单位矩阵。

与角速度相对应，柯西矩阵方向余弦的变化率为

$$[\,^{t}\dot{n}] = [\,^{t}\omega] = \begin{bmatrix} 0 & \,^{t}\omega_{xy} & -\,^{t}\omega_{zx} \\ -\,^{t}\omega_{xy} & 0 & \,^{t}\omega_{xy} \\ \,^{t}\omega_{zx} & -\,^{t}\omega_{yx} & 0 \end{bmatrix} \tag{2.30}$$

因$[I]$为单位矩阵,T代表矩阵的转置,将式(2.29)、式(2.30)代入式(2.28),得

$$[{}^t\dot{\sigma}]=[{}^t\dot{\sigma}^j]+[{}^t\omega]^T[{}^t\sigma]+[{}^t\sigma][{}^t\omega] \tag{2.31}$$

或者

$$[{}^t\dot{\sigma}_{ij}]=[{}^t\dot{\sigma}_{ij}]+[{}^t\sigma_{ip}][{}^t\omega_{pj}]+[{}^t\sigma_{jp}][{}^t\omega_{pj}]$$

以及

$$[{}^t\dot{\sigma}]^T=[{}^t\dot{\sigma}]-[{}^t\omega]^T[{}^t\sigma]-[{}^t\sigma][{}^t\omega] \tag{2.32}$$

或者

$$[{}^t\dot{\sigma}_{ij}]^T=[{}^t\dot{\sigma}_{ij}]-[{}^t\sigma_{ip}][{}^t\omega_{pj}]-[{}^t\dot{\sigma}_{jp}][{}^t\omega_{pj}]$$

式(2.31)、式(2.32)给出了${}^t\dot{\sigma}$和${}^t\sigma$之间的关系。现在把${}^t\dot{\sigma}^j$和${}^t\omega_{ij}$的关系式表示为

$$[{}^t\dot{\sigma}^j]=[{}^tD]\{{}^t\dot{\varepsilon}\}$$

或者

$$[{}^t\dot{\sigma}_{ij}^j]=[{}^tD_{ijkl}]\{{}^t\dot{\varepsilon}_{ij}\} \tag{2.33}$$

2.3 弹—塑性变形组成要素方程的建立

本节将应用2.2节讨论的柯西应变、Jaumann应力率等概念,同时应用当量应力、主应力空间、应变速率等概念,推导材料经受同轴引力作用发生弹—塑性变形所用的Prandtl—Reuss方程、弹塑性分析应力—应变矩阵方程式。

2.3.1 Prandtl—Reuss方程的推导

在弹塑性材料受到同轴应力的作用时,它的变形在某一时刻从点A到点B,同轴应力下弹塑性材料的应变变化如图2.7所示,L为应力—应变曲线,总应变增量等于弹性应变和塑性应变增量之和。一般情况下,在塑性变形过程中,不仅塑性应变发生变化,而且弹性应变亦会发生变化。应用应变速率,它们之间的相互关系可以描述为

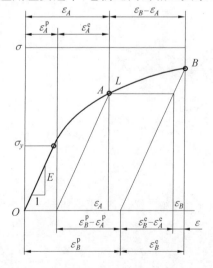

图2.7 同轴应力下弹塑性材料的应变变化

$$\dot{\varepsilon}_{ij} = \dot{\varepsilon}_{ij}^{e} + \dot{\varepsilon}_{ij}^{p} \tag{2.34}$$

式中，$\dot{\varepsilon}_{ij}$ 为应变速率；$\dot{\varepsilon}_{ij}^{e}$ 为弹性应变率；$\dot{\varepsilon}_{ij}^{p}$ 为塑性应变率。

根据胡克定律，$\dot{\varepsilon}_{ij}^{e}$ 与 Jaumann 应力率成正比，并由下式给出：

$$\dot{\varepsilon}_{ij}^{e} = \frac{1}{2G}\dot{\sigma}_{ij}^{J} + \frac{1-2\nu}{E}\dot{\sigma}_{m}^{J}\sigma_{ij} \tag{2.35}$$

式中，G 为剪切模量；$\dot{\sigma}_{ij}^{J}$ 为 Jaumann 应力率偏分量；ν 为泊松比；$\dot{\sigma}_{m}^{J}$ 为静应力率水平分量。

对于各向同性的变形硬化材料，应用 von Mises 屈服判据和 Levy－Mises 流动定律。借助于等效流动应力，该判决可表示为

$$\bar{\sigma} = \sqrt{\frac{3}{2}}\{\sigma_{ij}'\sigma_{ij}'\}^{\frac{1}{2}} \tag{2.36a}$$

$$\bar{\sigma} = \frac{1}{\sqrt{2}}[(\sigma_{x}-\sigma_{y})^{2}+(\sigma_{y}-\sigma_{z})^{2}+(\sigma_{z}-\sigma_{x})^{2}+6(\tau_{yz}^{2}+\tau_{xy}^{2}+\tau_{zx}^{2})] \tag{2.36b}$$

图 2.8 表示了 von Mises 屈服表面在主应力空间内是一个圆柱面。对于塑性材料，Levy－Mises 方程可表示为

$$\dot{\varepsilon}_{ij}^{p} = \dot{\lambda}\sigma_{ij}' \tag{2.37}$$

式中，σ_{ij}' 为应力偏分量；λ 为大于零的有限量，由下面的推导确定。

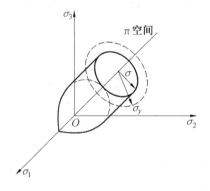

图 2.8　主应力空间中 von Mises 屈服条件的几何表示

$$\dot{\lambda} = \frac{\dot{\varepsilon}_{ij}^{p}}{\sigma_{ij}'} = \frac{\dot{\varepsilon}_{ij}^{p}\sigma_{ij}'}{\sigma_{ij}'\sigma_{ij}'} = \frac{3}{2}\frac{\bar{\sigma}\dot{\bar{\varepsilon}}}{\bar{\sigma}^{2}}$$

在变形过程中，单位时间内消耗的塑性能为

$$\dot{\omega}^{p} = \sigma_{ij}'\dot{\varepsilon}_{ij}^{p} = \bar{\sigma}\dot{\bar{\varepsilon}} \tag{2.38}$$

改写式(2.37)，有

$$\dot{\lambda} = \frac{\dot{\varepsilon}_{ij}^{p}}{\sigma_{ij}'} = \frac{\dot{\varepsilon}_{ij}^{p}\sigma_{ij}'}{\sigma_{ij}'\sigma_{ij}'} = \frac{\dot{\varepsilon}_{ij}^{p}\dot{\varepsilon}_{ij}^{p}}{\sigma_{ij}'\dot{\varepsilon}_{ij}^{p}} \tag{2.39}$$

将式(2.36)和式(2.38)代入式(2.39)，可得

$$\dot{\lambda} = \frac{1}{\sigma_{ij}'}\frac{\bar{\sigma}\dot{\bar{\varepsilon}}}{\sigma_{ij}'} = \frac{\bar{\sigma}\dot{\bar{\varepsilon}}}{\sigma_{ij}'}\frac{1}{\sigma_{ij}'} = \frac{3}{2}\frac{\dot{\bar{\varepsilon}}}{\bar{\sigma}} \tag{2.40}$$

因此，式(2.37)可写成

$$\dot{\varepsilon}_{ij}^{\mathrm{p}} = \frac{3}{2} \frac{\dot{\bar{\varepsilon}}}{\bar{\sigma}} \sigma_{ij}'$$ (2.41)

再将式(2.35)、式(2.41)代入式(2.34),得到材料服从 von Mises 屈服判据的
Prandtl—Reuss 关系式:

$$\dot{\varepsilon}_{ij} = \frac{1}{2G} \dot{\sigma}_{ij}^{\mathrm{J}} + \frac{1-2\nu}{E} \dot{\sigma}_m^{\mathrm{J}} \sigma_{ij} + \frac{3}{2} \frac{\dot{\bar{\varepsilon}}}{\bar{\sigma}} \sigma_{ij}'$$ (2.42)

式中,$\dot{\bar{\varepsilon}}$ 由下式确定:

$$\dot{\bar{\varepsilon}} = \sqrt{\frac{2}{3} \{ \dot{\varepsilon}_{ij}^{\mathrm{p}} \dot{\varepsilon}_{ij}^{\mathrm{p}} \}}$$ (2.43)

将式(2.43)对时间积分便得到等效塑性应变 $\bar{\varepsilon}$,若假设 $\bar{\varepsilon}$ 的值总是与塑性功 W^{p} 一一对应,即

$$W^{\mathrm{p}} = \int \dot{W}^{\mathrm{p}} \mathrm{d}t = \int \bar{\sigma} \dot{\bar{\varepsilon}} \mathrm{d}t = \bar{\sigma} \int \dot{\bar{\varepsilon}} \mathrm{d}t = \bar{\sigma}\bar{\varepsilon}$$ (2.44)

注意到在一般情况下,等效屈服应力 $\bar{\sigma}$ 是等效应变的函数:

$$\bar{\sigma} = H(\bar{\varepsilon})$$ (2.45)

对式(2.45)求导得到变形硬化率 $H'(\bar{\varepsilon})$ 为

$$H'(\bar{\varepsilon}) = \frac{\mathrm{d}\bar{\sigma}}{\mathrm{d}\bar{\varepsilon}}$$ (2.46)

将式(2.46)改写成对时间的导数形式,即

$$\dot{\bar{\sigma}} = H'(\bar{\varepsilon})\dot{\bar{\varepsilon}}$$ (2.47)

它表达了变形硬化规律,并决定着在塑性流动中屈服条件的变化。

2.3.2　应力—应变矩阵的推导

在弹—塑性变形有限元分析中,需要求出式(2.41)的逆阵形式,即描述应力率与应变率关系的矩阵方程式:

$$[\dot{\sigma}'] = [D]\{\dot{\varepsilon}\}$$ (2.48)

式中,$[D]$ 为弹—塑性应力—应变矩阵。

现在假设 $\dot{\bar{\varepsilon}}$、$\bar{\sigma}$ 是存在的,而能耗率由式(2.39)给定。

将 $\dot{W}^{\mathrm{p}}$ 对法向应力求偏导,有

$$\frac{\partial \dot{W}^{\mathrm{p}}}{\partial \sigma_x} = \dot{\bar{\varepsilon}} \frac{\partial \bar{\sigma}}{\partial \sigma_x} = \frac{\dot{\bar{\varepsilon}}}{\bar{\sigma}} \left[\sigma_x - \frac{1}{2}(\sigma_y + \sigma_z) \right]$$ (2.49)

式中,$\dot{\bar{\varepsilon}}$ 为表示塑性变形速率的一个标量,它不依赖应力,由 Levy—Mises 关系式(2.37)可以看出式(2.49)等于 $\dot{\varepsilon}_x^{\mathrm{p}}$:

$$\dot{\varepsilon}_x^{\mathrm{p}} = \dot{\bar{\varepsilon}} \frac{\partial \bar{\sigma}}{\partial \sigma_x}$$ (2.50)

类似地,将 $\dfrac{\partial \dot{W}^{\mathrm{p}}}{\partial \sigma_x} = \dot{\bar{\varepsilon}} \dfrac{\partial \bar{\sigma}}{\partial \sigma_x} = \dfrac{\dot{\bar{\varepsilon}}}{\bar{\sigma}} \left[\sigma_x - \dfrac{1}{2}(\sigma_y + \sigma_z) \right]$ 对剪应力求偏导,则有

$$\dot{\gamma}_{xy}^{\mathrm{p}} = \dot{\overline{\varepsilon}} \frac{\partial \overline{\sigma}}{\partial \tau_{xy}} \tag{2.51}$$

上式可改写成

$$\dot{\varepsilon}_{ij}^{\mathrm{p}} = \dot{\overline{\varepsilon}} \frac{\partial \overline{\sigma}}{\partial \sigma_{ij}} \tag{2.52}$$

现在引入一个势函数 $\varphi(\varphi_1, \varphi_2, \cdots, \varphi_n)$，如果将这个函数对其各自变量求偏导，则得到向量 $\boldsymbol{\psi}$ 的各分量 ψ_i，它与变量 φ_i 相对应：

$$\psi_i = \frac{\partial \varphi}{\partial \varphi_i} \tag{2.53}$$

则将这样的函数 φ 称为势函数。由势函数的定义可知，$\varphi = \overline{\sigma}$ 是个势函数——塑性势函数。将式(2.34)和式(2.52)分别写成矩阵形式：

$$\{\dot{\varepsilon}\} = \{\dot{\varepsilon}^{\mathrm{e}}\} + \{\dot{\varepsilon}^{\mathrm{p}}\} \tag{2.54}$$

$$\{\dot{\varepsilon}^{\mathrm{p}}\} = \left\langle \frac{\partial \overline{\sigma}}{\partial \sigma} \right\rangle \dot{\overline{\varepsilon}} \tag{2.55}$$

类似地，式(2.35)也可写成逆的形式：

$$[\dot{\sigma}^{\mathrm{J}}] = [D^{\mathrm{E}}] \{\dot{\varepsilon}^{\mathrm{e}}\} \tag{2.56}$$

式中，$[D^{\mathrm{E}}]$ 为关于弹性变形应力率与应变率关系的矩阵，由下式给定：

$$[D^{\mathrm{E}}] = \frac{E(1-\nu)}{(1+\nu)(1-2\nu)} \begin{bmatrix} 1 & \dfrac{\nu}{1-\nu} & \dfrac{\nu}{1-\nu} & 0 & 0 & 0 \\[2mm] -\dfrac{\nu}{1-\nu} & 1 & \dfrac{\nu}{1-\nu} & 0 & 0 & 0 \\[2mm] \dfrac{\nu}{1-\nu} & \dfrac{\nu}{1-\nu} & 1 & 0 & 0 & 0 \\[2mm] 0 & 0 & 0 & \dfrac{1-2\nu}{2(1-\nu)} & 0 & 0 \\[2mm] 0 & 0 & 0 & 0 & \dfrac{1-2\nu}{2(1-\nu)} & 0 \\[2mm] 0 & 0 & 0 & 0 & 0 & \dfrac{1-2\nu}{2(1-\nu)} \end{bmatrix} \tag{2.57}$$

由式(2.54)、式(2.56)有

$$[\dot{\sigma}^{\mathrm{J}}] = [D^{\mathrm{E}}] \left(\{\dot{\varepsilon}\} - \left\langle \frac{\partial \overline{\sigma}}{\partial \sigma} \right\rangle \dot{\overline{\varepsilon}} \right) \tag{2.58}$$

对 $\overline{\sigma}$ 进行全微分：

$$\mathrm{d}\overline{\sigma} = \frac{\partial \overline{\sigma}}{\partial \sigma_x} \mathrm{d}\sigma_x + \cdots + \frac{\partial \overline{\sigma}}{\partial \tau_{xy}} \mathrm{d}\tau_{xy} + \cdots + \frac{\partial \overline{\sigma}}{\partial \tau_{zx}} \mathrm{d}\tau_{zx} = \left\langle \frac{\partial \overline{\sigma}}{\partial \sigma} \right\rangle \{\mathrm{d}\sigma\} \tag{2.59}$$

将上式转化为

$$\dot{\overline{\sigma}}^{\mathrm{J}} = \left\langle \frac{\partial \overline{\sigma}}{\partial \sigma} \right\rangle \{\dot{\sigma}^{\mathrm{J}}\} \tag{2.60}$$

再应用式(2.58)、式(2.60)和式(2.47)，即可以得到

$$\dot{\bar{\varepsilon}} = \frac{\left\{\dfrac{\partial \bar{\sigma}}{\partial \sigma}\right\}^{\mathrm{T}} [D^{\mathrm{E}}]}{H'(\bar{\varepsilon}) + \left\{\dfrac{\partial \bar{\sigma}}{\partial \sigma}\right\}^{\mathrm{T}} [D^{\mathrm{E}}] \left\{\dfrac{\partial \bar{\sigma}}{\partial \sigma}\right\}} \{\dot{\varepsilon}\} \tag{2.61}$$

将式(2.61)代入式(2.58),得到$[D^{\mathrm{P}}]$,即

$$[D^{\mathrm{P}}] = [D^{\mathrm{E}}] - \frac{\left\{\dfrac{\partial \bar{\sigma}}{\partial \sigma}\right\}^{\mathrm{T}} [D^{\mathrm{E}}]}{H'(\bar{\varepsilon}) + \left\{\dfrac{\partial \bar{\sigma}}{\partial \sigma}\right\}^{\mathrm{T}} [D^{\mathrm{E}}] \left\{\dfrac{\partial \bar{\sigma}}{\partial \sigma}\right\}} \tag{2.62}$$

对于服从 von Mises 屈服判据的材料,有

$$\left\{\frac{\partial \bar{\sigma}}{\partial \sigma}\right\}^{\mathrm{T}} = \frac{3}{2\bar{\sigma}} \{\sigma'_x, \sigma'_y, \sigma'_z, 2\tau_{xy}, 2\tau_{yz}, 2\tau_{zx}\} \tag{2.63}$$

因而有

$$\begin{cases} \left\{\dfrac{\partial \bar{\sigma}}{\partial \sigma}\right\}^{\mathrm{T}} [D^{\mathrm{E}}] = \dfrac{3G}{\bar{\sigma}} \{\sigma'_x, \sigma'_y, \sigma'_z, \tau_{xy}, \tau_{yz}, \tau_{zx}\} \\[2mm] \left\{\dfrac{\partial \bar{\sigma}}{\partial \sigma}\right\}^{\mathrm{T}} [D^{\mathrm{E}}] \left\{\dfrac{\partial \bar{\sigma}}{\partial \sigma}\right\} = \dfrac{3}{2\bar{\sigma}} \dfrac{3G}{\bar{\sigma}} \dfrac{2}{3} \bar{\sigma}^2 = 3G \\[2mm] [D^{\mathrm{E}}] \left\{\dfrac{\partial \bar{\sigma}}{\partial \sigma}\right\} = \dfrac{3G}{\bar{\sigma}} \{\sigma'_x, \sigma'_y, \sigma'_z, \tau_{xy}, \tau_{yz}, \tau_{zx}\} \end{cases} \tag{2.64}$$

如此,就可以得到关于$[D^{\mathrm{P}}]$的具体表达式为

$$[D^{\mathrm{P}}] = [D^{\mathrm{E}}] - \frac{9G^2}{\bar{\sigma}^2(3G+H')} \begin{bmatrix} \sigma'^2_x & & & & & \\ \sigma'_x\sigma'_y & \sigma'^2_y & & \text{对称} & & \\ \sigma'_x\sigma'_y & \sigma'_y\sigma'_z & \sigma'^2_z & & & \\ \sigma'_x\tau_{xy} & \sigma'_y\tau_{xy} & \sigma'_z\tau_{xy} & \tau^2_{xy} & & \\ \sigma'_x\tau_{yz} & \sigma'_y\tau_{yz} & \sigma'_z\tau_{yz} & \tau_{xy}\tau_{yz} & \tau^2_{yz} & \\ \sigma'_x\tau_{zx} & \sigma'_y\tau_{zx} & \sigma'_z\tau_{zx} & \tau_{xy}\tau_{zx} & \tau_{yz}\tau_{zx} & \tau^2_{zx} \end{bmatrix} \tag{2.65}$$

对于二维变形问题,其轴对称和平面应变情况的弹-塑性应力-应变矩阵可简单地由计算式(2.57)和式(2.65)中有效的行和列来获得。

据此,Prandtl-Reuss 关系式的逆形式可表达为

$$\dot{\sigma}^{\mathrm{J}}_{ij} = D_{ijkl} \dot{\varepsilon}_{kl} \tag{2.66}$$

对于弹性变形,有

$$D_{ijkl} = D^{\mathrm{E}}_{ijkl} = \frac{E}{1+\nu} \left(\delta_{ik}\delta_{jl} + \frac{\nu}{1-2\nu}\delta_{ij}\delta_{kl}\right) \tag{2.67}$$

对于塑性变形,有

$$D_{ijkl} = D^{\mathrm{P}}_{ijkl} = D^{\mathrm{E}}_{ijkl} - \frac{9G^2}{\bar{\sigma}^2[3G+H'(\bar{\varepsilon})]} \sigma'_{ij}\sigma'_{ij} \tag{2.68}$$

2.4 修正拉格朗日有限元公式的建立

本节的目的是通过有限元方法建立起用于弹-塑性变形分析的表达节点位移速率与

节点力率之关系的刚度矩阵方程式。

2.4.1　切屑－工件系统有限元素网格划分

切屑－工件系统有限元素网格划分采用三节点三角形元素。考虑实际切削中刀尖附近及第一变形区和第二变形区金属经受弹性变形和塑性变形明显,是关注的主要区域,因此三角形网格在整个切屑－工件系统中疏密有别,各元素面积大小不等。标识"·"处为将来形成切削初态的刀尖位置,而在该点右上部分将形成相应的切屑,该点附近网格密集,元素面积小。整个网格共有 119 个节点和 184 个元素,仿真前工件有限元素分割网格、元素和节点布局如图 2.9 所示。

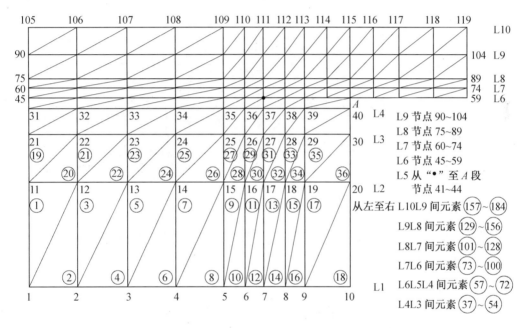

图 2.9　仿真前工件有限元素分割网格、元素和节点布局

2.4.2　节点速率和应变率

假设弹－塑性变形是二维的,并且采用的有限元素为三角形,如图 2.10 所示的恒定应变率三角形元素,其顶点坐标分别记为 (x_i, y_i)、(x_j, y_j) 和 (x_m, y_m),节点的位移速率在 x 轴和 y 轴方向上的分量分别为 $(\dot{u}_i, \dot{v}_i)$、$(\dot{u}_j, \dot{v}_j)$ 和 $(\dot{u}_m, \dot{v}_m)$。三角形中任意一点的速率被认为是线性变化的,可由下面的一次多项式表示:

$$\begin{cases} \dot{u}(x,y) = \alpha_1 + \alpha_2 x + \alpha_3 y \\ \dot{v}(x,y) = \alpha_4 + \alpha_5 x + \alpha_6 y \end{cases} \tag{2.69}$$

将节点的坐标和速率代入式(2.69)即可得到一般性方程。对于 $\dot{u}(x,y)$,有

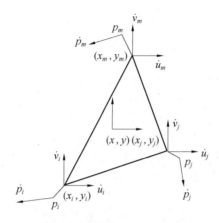

图 2.10 恒定应变率三角形元素

$$\begin{cases} \dot{u}_i(x,y) = \alpha_1 + \alpha_2 x_i + \alpha_3 y_i \\ \dot{u}_j(x,y) = \alpha_1 + \alpha_2 x_j + \alpha_3 y_j \\ \dot{u}_m(x,y) = \alpha_1 + \alpha_2 x_m + \alpha_3 y_m \end{cases} \tag{2.70}$$

解这个方程组,得

$$\alpha_1 = \frac{(x_j y_m - x_m y_j)\dot{u}_i + (x_m y_i - x_i y_m)\dot{u}_j + (x_i y_j - x_j y_i)\dot{u}_m}{(x_j y_m - x_m y_j) + (x_m y_i - x_i y_m) + (x_i y_j - x_j y_i)} = \frac{1}{2A}(a_i \dot{u}_i + a_j \dot{u}_j + a_m \dot{u}_m)$$

$$\tag{2.71a}$$

式中,A 为该三角形元素的面积;$a_i = x_j y_m - x_m y_j$;$a_j = x_m y_i - x_i y_m$;$a_m = x_i y_j - x_j y_i$。

类似地

$$\begin{cases} \alpha_2 = \dfrac{1}{2A}(b_i \dot{u}_i + b_j \dot{u}_j + b_m \dot{u}_m) \\ \alpha_3 = \dfrac{1}{2A}(c_i \dot{u}_i + c_j \dot{u}_j + c_m \dot{u}_m) \end{cases} \tag{2.71b}$$

式中,$b_i = y_j - y_m$;$b_j = y_m - y_i$;$b_m = y_i - y_j$;$c_i = x_m - x_j$;$c_j = x_i - x_m$;$c_m = x_j - x_i$。

故式(2.69)可改写为

$$\begin{cases} \dot{u}(x,y) = \dfrac{1}{2A}\big[(a_i + b_i x + c_i y)\dot{u}_i + (a_j + b_j x + c_j y)\dot{u}_j + (a_m + b_m x + c_m y)\dot{u}_m\big] \\ \dot{v}(x,y) = \dfrac{1}{2A}\big[(a_i + b_i x + c_i y)\dot{v}_i + (a_j + b_j x + c_j y)\dot{v}_j + (a_m + b_m x + c_m y)\dot{v}_m\big] \end{cases}$$

$$\tag{2.72}$$

如此,就可以计算应变速率:

$$\dot{\varepsilon}_x = \frac{\partial \dot{u}_x}{\partial x} = \frac{\partial \dot{u}}{\partial x} = \alpha_2 = \frac{1}{2A}(b_i \dot{u}_i + b_j \dot{u}_j + b_m \dot{u}_m) \tag{2.73}$$

同理,可以计算 $\dot{\varepsilon}_y$ 和 $\dot{\gamma}_{xy}$。综合起来,得到 $\{\dot{\varepsilon}\}$:

$$\{\dot{\boldsymbol{\varepsilon}}\} = \begin{Bmatrix} \dot{\varepsilon}_x \\ \dot{\varepsilon}_y \\ \dot{\gamma}_{xy} \end{Bmatrix} = \begin{Bmatrix} \dfrac{\partial \dot{u}}{\partial x} \\[4pt] \dfrac{\partial \dot{v}}{\partial y} \\[4pt] \dfrac{\partial \dot{u}}{\partial y} + \dfrac{\partial \dot{v}}{\partial x} \end{Bmatrix} = \begin{Bmatrix} \alpha_2 \\ \alpha_6 \\ \alpha_3 + \alpha_5 \end{Bmatrix} = \frac{1}{2A} \begin{bmatrix} b_i & 0 & b_j & 0 & b_m & 0 \\ 0 & c_i & 0 & c_j & 0 & c_m \\ c_i & b_i & c_j & b_j & c_m & b_m \end{bmatrix} \begin{Bmatrix} \dot{u}_i \\ \dot{v}_i \\ \dot{u}_j \\ \dot{v}_j \\ \dot{u}_m \\ \dot{v}_m \end{Bmatrix} \tag{2.74}$$

将式(2.74)写成矩阵的形式为

$$\{\dot{\boldsymbol{\varepsilon}}\} = [B]\{\dot{u}\} \tag{2.75}$$

式中,$\{\dot{u}\} = \{\dot{u}_i \quad \dot{v}_i \quad \dot{u}_j \quad \dot{v}_j \quad \dot{u}_m \quad \dot{v}_m\}^{\mathrm{T}}$ 称为节点速率矢量;$[B]$ 为弹－塑性变形应变率－节点速率矩阵。

由式(2.74)可知,在某一元素中,应变率可以由节点速率的一次多项式来描述,且是个常数。

2.4.3　应变率和应力率

对于平面变形问题,按胡克定律假定 $\dot{\varepsilon}_z = \dot{\gamma}_{yz} = \dot{\gamma}_{zx} = 0$,并且 $\tau_{yz} = \tau_{zx} = 0$,如此,式(2.35)可写成

$$\dot{\varepsilon}_{ij}^{\mathrm{e}} = \frac{1}{2G}\dot{\sigma}_{ij}^{\mathrm{J}} + \frac{1-2\gamma}{E}\dot{\sigma}_m^{\mathrm{J}}\sigma_{ij} = \begin{Bmatrix} \dot{\varepsilon}_x \\ \dot{\varepsilon}_y \\ \dot{\gamma}_{xy} \end{Bmatrix} = \frac{1-\nu^2}{E} \begin{bmatrix} 1 & \dfrac{\nu}{1-\nu} & 0 \\[6pt] -\dfrac{\nu}{1-\nu} & 1 & 0 \\[6pt] 0 & 0 & \dfrac{2}{1-\nu} \end{bmatrix} \begin{Bmatrix} \dot{\sigma}_x^{\mathrm{J}} \\ \dot{\sigma}_y^{\mathrm{J}} \\ \dot{\tau}_{xy}^{\mathrm{J}} \end{Bmatrix} \tag{2.76}$$

将式(2.76)求逆变形后,即可得到 Jaumann 应力率表达式:

$$\{\dot{\sigma}^{\mathrm{J}}\} = [D^{\mathrm{E}}]\{\dot{\boldsymbol{\varepsilon}}\}$$

式中

$$[D^{\mathrm{E}}] = \frac{E(1-\nu)}{(1+\nu)(1-2\nu)} \begin{bmatrix} 1 & \dfrac{\nu}{1-\nu} & 0 \\[6pt] \dfrac{\nu}{1-\nu} & 1 & 0 \\[6pt] 0 & 0 & \dfrac{1-2\nu}{2(1-\nu)} \end{bmatrix} \tag{2.77}$$

细心观察可知,只要把式(2.57)中对于 $\dot{\sigma}_x^{\mathrm{J}}$、$\dot{\sigma}_y^{\mathrm{J}}$、$\dot{\tau}_{xy}^{\mathrm{J}}$ 的行和列取出,便得到式(2.77)。

关于元素塑性变形的应变率－应力率关系式由 Prandtl－Reuss 公式(2.42)给出,其逆形式由式(2.66)、式(2.67)和式(2.68)确定。就平面变形问题,有

$$\{\dot{\sigma}^{\mathrm{J}}\} = [D^{\mathrm{P}}]\{\dot{\boldsymbol{\varepsilon}}\}$$

$$[D^{\mathrm{P}}] = [D^{\mathrm{E}}] - \frac{9G^2}{\bar{\sigma}^2[3G+H'(\bar{\varepsilon})]} \begin{bmatrix} \sigma_x'^2 & \sigma_x'\sigma_y' & \sigma_x'\tau_{xy} \\ \sigma_x'\sigma_y' & \sigma_y'^2 & \sigma_y'\tau_{xy} \\ \sigma_x'\tau_{xy} & \sigma_y'\tau_{xy} & \tau_{xy}^2 \end{bmatrix} \tag{2.78}$$

现在将应力率－应变率关系写成

$$\{\dot{\sigma}^{\text{J}}\} = [D]\{\dot{\varepsilon}\} = [D][B]\{\dot{u}\} \qquad (2.79)$$

式中，$[D]$可以分别取为$[D^{\text{E}}]$和$[D^{\text{P}}]$，分别表示弹性应变矩阵和塑性应变矩阵，且应变率在一个元素内为常数。

2.4.4 应力率和节点力率

假设作用在三角形元素(图 2.11)一个顶点上的力与作用在该顶点相邻两侧边上的力的一半相等。如果作用在三边上的力平衡，则节点力亦平衡。现令单位面积上作用在边 mi 上的 x 轴、y 轴方向分量分别为$(T_x)_{mi}$和$(T_y)_{mi}$，在一个元素内，应力和作用在它周边上的外力有如下平衡关系：

$$\begin{cases} (T_x)_{mi} = \dfrac{-\sigma_x(y_m - y_i) - \tau_{xy}(x_m - x_i)}{\sqrt{(x_m - x_i)^2 + (y_m - y_i)^2}} \\[4mm] (T_y)_{mi} = \dfrac{\sigma_x(x_m - x_i) - \tau_{xy}(y_m - y_i)}{\sqrt{(x_m - x_i)^2 + (y_m - y_i)^2}} \end{cases} \qquad (2.80)$$

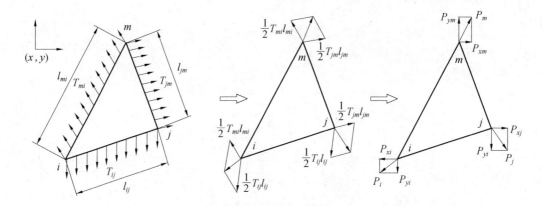

图 2.11 作用在三角形边上的力与节点力的关系

类似地，作用在边 mi 和 ij 上的力相当于施加在节点 i 上的集中载荷，即

$$\begin{cases} p_{xi} = \dfrac{(T_x)_{mi}}{2}l_{mi} + \dfrac{(T_x)_{ij}}{2}l_{ij} = \dfrac{1}{2}\left[-\sigma_x(y_m - y_i) + \tau_{xy}(x_m - x_i) + \sigma_x(y_i - y_j) + \tau_{xy}(x_i - x_j)\right] \\[4mm] \qquad = \dfrac{1}{2}\left[\sigma_x(y_j - y_m) + \tau_{xy}(x_m - x_j)\right] \\[4mm] p_{yi} = \dfrac{1}{2}\left[\sigma_y(x_m - x_j) + \tau_{xy}(y_j - y_m)\right] \end{cases} \qquad (2.81)$$

再计算出各节点其他分量，并应用关系式

$$\begin{cases} b_i = y_j - y_m \\ c_i = x_m - x_j \end{cases}$$

节点力就可以表述为矩阵的形式：

$$\{p\}=\begin{Bmatrix} p_{xi} \\ p_{yi} \\ p_{xj} \\ p_{yj} \\ p_{xm} \\ p_{ym} \end{Bmatrix}=\frac{1}{2}\begin{bmatrix} b_i & 0 & c_i \\ 0 & c_i & b_i \\ b_j & 0 & c_j \\ 0 & c_j & b_j \\ b_m & 0 & c_m \\ 0 & c_m & b_m \end{bmatrix}\begin{Bmatrix} \sigma_x \\ \sigma_y \\ \tau_{xy} \end{Bmatrix} \tag{2.82}$$

即

$$\{p\}=A\,[B]^{\mathrm{T}}\{\sigma\} \tag{2.83}$$

将式(2.83)对时间求导,得

$$\{\dot{p}\}=\dot{A}\,[B]^{\mathrm{T}}\{\sigma\}+A\,[\dot{B}]^{\mathrm{T}}\{\sigma\}+A\,[B]^{\mathrm{T}}\{\dot{\sigma}\} \tag{2.84}$$

式(2.84)把三角形元素的几何形状变形也考虑进来了。比较式(2.39)和式(2.84),前者描述了$\{\dot{\varepsilon}\}$和$[\dot{\sigma}^J]$之间的关系,$[\dot{\sigma}^J]$的值不随刚体的转动而变化。在$[\dot{\sigma}^J]$和$[\dot{\sigma}]$之间存在着如下关系:

$$[\dot{\sigma}]=[\dot{\sigma}^J]+\begin{bmatrix} -2\tau_{xy} & \sigma_x-\sigma_y \\ \sigma_x-\sigma_y & 2\tau_{xy} \end{bmatrix}\omega_{xy} \tag{2.85}$$

将式(2.85)代入式(2.84),得

$$\{\dot{p}\}=\dot{A}\,[B]^{\mathrm{T}}\{\sigma\}+A\,[\dot{B}]^{\mathrm{T}}\{\sigma\}+A\,[B]^{\mathrm{T}}\left\{\{\dot{\sigma}^J\}+\begin{Bmatrix} -2\tau_{xy} \\ 2\tau_{xy} \\ \sigma_x-\sigma_y \end{Bmatrix}\omega_{xy}\right\} \tag{2.86}$$

式(2.86)包含四项,可简写为

$$\{\dot{p}\}=\{\dot{p}_1\}+\{\dot{p}_2\}+\{\dot{p}_3\}+\{\dot{p}_4\}=([k_1]+[k_2]+[k_3]+[k_4])\{\dot{u}\} \tag{2.87}$$

式中,$[k_1]$、$[k_2]$、$[k_3]$、$[k_4]$分别为元素体积变化刚度矩阵、形状变化刚度矩阵、应变刚度矩阵和刚体转动刚度矩阵。

2.4.5 节点力的平衡

式(2.82)描述了一个元素在节点处的受力状态,其节点应力与外力相平衡,即在每个节点处,所有作用在该节点的内力恰好等于作用在该节点上的外力。现在假设节点i与它周围n个元素相联系,F_{xi}和F_{yi}为外力在x轴和y轴方向上的分量。由图 2.12 可以得到下面的平衡方程式:

$$\begin{cases} \sum_{j=1}^{n}(p_{xi})_j=F_{xi} \\ \sum_{j=1}^{n}(p_{yi})_j=F_{yi} \end{cases} \tag{2.88}$$

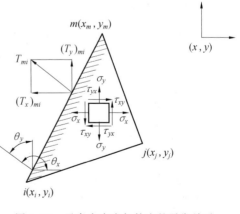

图 2.12 元素内应力与外力的平衡关系

就式(2.88)而言,两边分别对时间求导,即可获得关于节点力率的平衡方程式:

$$
\begin{cases}
\sum_{j=1}^{n} (\dot{p}_{xi})_j = \dot{F}_{xi} \\
\sum_{j=1}^{n} (\dot{p}_{yi})_j = \dot{F}_{yi}
\end{cases}
\tag{2.89}
$$

类似地,三角形其他两个节点 j 和 m 有同样形式的方程。综合这三个节点的情况,可以得到一个三角形元素的平衡方程式:

$$
\begin{bmatrix}
k'_{11} & k'_{12} & k'_{13} & k'_{14} & k'_{15} & k'_{16} \\
k'_{21} & k'_{22} & k'_{23} & k'_{24} & k'_{25} & k'_{26} \\
k'_{31} & k'_{32} & k'_{33} & k'_{34} & k'_{35} & k'_{36} \\
k'_{41} & k'_{42} & k'_{43} & k'_{44} & k'_{45} & k'_{46} \\
k'_{51} & k'_{52} & k'_{53} & k'_{54} & k'_{55} & k'_{56} \\
k'_{61} & k'_{62} & k'_{63} & k'_{64} & k'_{65} & k'_{66}
\end{bmatrix}
\begin{Bmatrix}
\dot{u}_1 \\ \dot{v}_1 \\ \dot{u}_3 \\ \dot{v}_3 \\ \dot{u}_2 \\ \dot{v}_2
\end{Bmatrix}
=
\begin{Bmatrix}
\dot{F}_{x1} \\ \dot{F}_{y1} \\ \dot{F}_{x3} \\ \dot{F}_{y3} \\ \dot{F}_{x2} \\ \dot{F}_{y2}
\end{Bmatrix}
\tag{2.90a}
$$

或者

$$
[k]\{\dot{u}\} = \{\dot{F}\}
\tag{2.90b}
$$

式(2.90b)称为元素刚度矩阵方程式,$[k]$ 为元素刚度矩阵。

下面讨论由元素刚度矩阵综合而成的总体刚度矩阵,假设一个系统划分为 m 个元素,有 n 个节点,每个节点在 x 轴、y 轴方向上各有一个自由度,可见总体刚度矩阵是 $2n \times 2n$ 维的,并且有如下形式:

$$
\begin{bmatrix}
k_{11} & k_{12} & \cdots & k_{12n-1} & k_{12n} \\
k_{21} & k_{22} & \cdots & k_{22n-1} & k_{22n} \\
\vdots & \vdots & \vdots & \vdots & \vdots \\
k_{2n-11} & k_{2n-12} & \cdots & k_{2n-12n-1} & k_{2n-12n} \\
k_{2n1} & k_{2n2} & \cdots & k_{2n2n-1} & k_{2n2n}
\end{bmatrix}
\begin{Bmatrix}
\dot{u}_1 \\ \dot{v}_1 \\ \dot{u}_2 \\ \dot{v}_2 \\ \vdots \\ \dot{u}_n \\ \dot{v}_n
\end{Bmatrix}
=
\begin{Bmatrix}
\dot{F}_{x1} \\ \dot{F}_{y1} \\ \dot{F}_{x2} \\ \dot{F}_{y2} \\ \vdots \\ \dot{F}_{xn} \\ \dot{F}_{yn}
\end{Bmatrix}
\tag{2.91}
$$

由元素的刚度矩阵生成系统总体刚度矩阵的过程在下节中讨论。

2.5 求解弹－塑性变形刚度矩阵方程 SOR 方法的实现

由线性代数可知,对于一个矩阵方程 $\boldsymbol{Ax} = \boldsymbol{b}$,如果 $a_{ij} = 0$,则有 $a_{ij} x_j^{(k)} = 0$ 或 $a_{ij}^{(k+1)} = 0$,由此所造成的后果是难以计算 $x_j^{(k+1)}$。但是利用这一特征可以仅用弹－塑性变形系数矩阵 $[A]$ 非零元素来进行计算。如果系数矩阵为大型且疏松的,则会带来很大便利,可以少占内存,减少计算的迭代次数。为实现 SOR 的求解,非零元素的存储与转移就变得非常重要。

图 2.13 给出了二维有限元网格的一个例子。它有五个节点,将该系统划分为四个元素①～④,每个元素有三个节点:

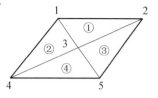

元素①:1,3,2;

元素②:1,4,3;

元素③:2,3,5;

元素④:3,4,5。

图 2.13　四个三角形元素构成的有限元网格

现在用一矩阵 **MCON**(所有元素的个数×3)表示:

$$\mathbf{MCON} = \begin{bmatrix} 1 & 3 & 2 \\ 1 & 4 & 3 \\ 2 & 3 & 5 \\ 3 & 4 & 5 \end{bmatrix} \tag{2.92}$$

对于元素①,有刚度矩阵方程式:

$$\begin{bmatrix} k'_{11} & k'_{12} & k'_{13} & k'_{14} & k'_{15} & k'_{16} \\ k'_{21} & k'_{22} & k'_{23} & k'_{24} & k'_{25} & k'_{26} \\ k'_{31} & k'_{32} & k'_{33} & k'_{34} & k'_{35} & k'_{36} \\ k'_{41} & k'_{42} & k'_{43} & k'_{44} & k'_{45} & k'_{46} \\ k'_{51} & k'_{52} & k'_{53} & k'_{54} & k'_{55} & k'_{56} \\ k'_{61} & k'_{62} & k'_{63} & k'_{64} & k'_{65} & k'_{66} \end{bmatrix} \begin{Bmatrix} \dot{u}_1 \\ \dot{v}_1 \\ \dot{u}_3 \\ \dot{v}_3 \\ \dot{u}_2 \\ \dot{v}_2 \end{Bmatrix} = \begin{Bmatrix} \dot{F}_{x1} \\ \dot{F}_{y1} \\ \dot{F}_{x3} \\ \dot{F}_{y3} \\ \dot{F}_{x2} \\ \dot{F}_{y2} \end{Bmatrix} \tag{2.93}$$

上式中的刚度矩阵存于元素的刚度矩阵 **ESM** 中。

另外引入三个矩阵 **OSM**、**IOSM** 和 **IESM**,分别表示 **OSM** 为非零元素矩阵,它的第一个元素是关于节点刚度矩阵的子式,即对角线元素。当 **ESM** 综合为 **OSM** 时,需要如下辅助信息,即所考虑的节点与其他节点之间关系的状态表 **IOSM** 以及 **ESM**:

$$\mathbf{ESM} = \begin{bmatrix} k^1_{11} & k^1_{12} & k^1_{13} & k^1_{14} & k^1_{15} & k^1_{16} \\ k^1_{21} & k^1_{22} & k^1_{23} & k^1_{24} & k^1_{25} & k^1_{26} \\ k^1_{31} & k^1_{32} & k^1_{33} & k^1_{34} & k^1_{35} & k^1_{36} \\ k^1_{41} & k^1_{42} & k^1_{43} & k^1_{44} & k^1_{45} & k^1_{46} \\ k^1_{51} & k^1_{52} & k^1_{53} & k^1_{54} & k^1_{55} & k^1_{56} \\ k^1_{61} & k^1_{62} & k^1_{63} & k^1_{64} & k^1_{65} & k^1_{66} \end{bmatrix} \tag{2.94}$$

如何向 **OSM** 哪部分转移的描述表 **IESM**。**IOSM** 是一个记录着 **OSM** 中非零元素的节点及节点联系状态的表。**IOSM**$(I,1)$包含了第 I 个节点在内及与之相联系各节点数,每个与节点 I 相联系的节点号码分别计入 **IOSM**$(I,2)$、**IOSM**$(I,3)$,程序清单给出了获得 **IOSM** 的 FORTRAN 过程。由于矩阵 **IOSM** 的第一列用作计数器,在初始化时,对所有的对应元素都置1(语句 1 和 2)。

如果一个元素由 i、j 和 m 三个节点构成,则循环 $IX=1$ 和 $II=2$ 检验在 **IOSM**$(L1～L3)$中的第 j 行是否记录了节点 j。如果检验结果是肯定的,则执行语句 4150。如果回答为否,则将 j 置于 i 行,计数器 $\text{IOSM}(jX,1)$ 加 1,与此同时,将 i 置于 j 行,$\text{IOSM}(mX,1)$ 加 1。循环 $IX=1$ 和 $II=3$,检验的是否记录在 i 行。循环 $IX=2$,$II=3$,检验 m 是否置于 j 行。对每个节点都进行上述步骤。图 2.13 给出了有限元划分,则 IOSM(含本身在内节点数(4)——对节点 1 有 3,2,4,0)为

$$\text{IOSM}=\begin{bmatrix} 4 & 3 & 2 & 4 & 0 \\ 4 & 1 & 3 & 5 & 0 \\ 5 & 1 & 2 & 4 & 5 \\ 4 & 1 & 3 & 5 & 0 \\ 4 & 2 & 3 & 4 & 0 \end{bmatrix} \tag{2.95}$$

IESM 是一个规范,它将元素刚度矩阵的各要素置于 OSM 的适合位置。它记录式(2.94)中 2×2 阶子式,与 IOSM 相联系的对应各节点程序清单给出了获取 IESM 的过程。

现在构造关于元素①的表(仍以图 2.13 为例)。由式(2.92)可知,元素①由三个节点构成,即 $\text{MCON}(1,2)=3$,$\text{MCON}(1,3)=2$。首先,在循环 $IL=1$,$JL=1$ 中,$\text{IESM}(1,1,1)=1$,下一步检查 IOSM 中哪一列节点 $\text{MCON}(1,2)=3$ 与节点 $\text{MCON}(1,1)$ 相对应;接着由式(2.95)可知,行数为 2,则有 $\text{IESM}(1,1,2)=2$,同样循环 $IL=1$ 及 $JL=3$ 时,可得 $\text{IESM}(1,1,3)=3$。对应于第二个节点 $\text{MCON}(1,2)=3$。若循环 $IL=3$ 及 $JL=1\sim3$,则检查其他两个 $(1,2)$ 节点记录在 IOSM 的何列中。循环 $IL=3$ 检查第三个节点 $\text{MCON}(1,3)=2$ 的情况。因此,关于元素①上述步骤即可产生 3×3 阶的 IESM 子矩阵。按图 2.13 有如下 IESM 子矩阵,IESM 是按照有限元网格元素逆时针排列,从小号排起的:

$$\text{IESM}(1)=\begin{bmatrix} 1 & 2 & 3 \\ 2 & 1 & 3 \\ 2 & 3 & 1 \end{bmatrix}$$

同理,可写出

$$\left\{\begin{array}{l} \text{IESM}(2)=\begin{bmatrix} 1 & 2 & 4 \\ 2 & 1 & 3 \\ 2 & 4 & 1 \end{bmatrix} \\ \text{IESM}(3)=\begin{bmatrix} 1 & 3 & 4 \\ 3 & 1 & 5 \\ 2 & 3 & 1 \end{bmatrix} \\ \text{IESM}(4)=\begin{bmatrix} 1 & 4 & 5 \\ 3 & 1 & 4 \\ 2 & 4 & 1 \end{bmatrix} \end{array}\right. \tag{2.96}$$

计算完所有的元素刚度矩阵且构造完 IESM,则可以将 ESM 存储于 OSM 中,程序清单给出了与 IESM 密切相关的 OSM 的组成及构造。下面说明按照式(2.96)元素①刚度矩阵各要素组成 OSM 的过程。

如果 $\text{IESM}(1,1,1)=1$,将 ESM 的子式 $\begin{bmatrix} k'_{11} & k'_{12} \\ k'_{21} & k'_{22} \end{bmatrix}$ 送入

$$\begin{cases} \mathbf{OSM}(1,1)=k'_{11} \\ \mathbf{OSM}(1,2)=k'_{12} \\ \mathbf{OSM}(2,1)=k'_{21} \\ \mathbf{OSM}(2,2)=k'_{22} \end{cases}$$

类似地,将 **ESM** 的子式 $\begin{bmatrix} k'_{13} & k'_{14} \\ k'_{23} & k'_{24} \end{bmatrix}$ 送入

$$\begin{cases} \mathbf{OSM}(1,3)=k'_{13} \\ \mathbf{OSM}(1,4)=k'_{14} \\ \mathbf{OSM}(2,3)=k'_{23} \\ \mathbf{OSM}(2,4)=k'_{24} \end{cases}$$

重复上述过程,则元素①的刚度矩阵各要素转移到 **OSM** 中,形成

$$\mathbf{OSM}=\begin{bmatrix} K'_{11} & K'_{12} & K'_{13} & K'_{14} & K'_{15} & K'_{16} & 0 & 0 & 0 & 0 \\ K'_{21} & K'_{22} & K'_{23} & K'_{24} & K'_{25} & K'_{26} & 0 & 0 & 0 & 0 \\ K'_{55} & K'_{56} & K'_{51} & K'_{52} & K'_{53} & K'_{54} & 0 & 0 & 0 & 0 \\ K'_{65} & K'_{66} & K'_{61} & K'_{62} & K'_{63} & K'_{64} & 0 & 0 & 0 & 0 \\ K'_{33} & K'_{34} & K'_{31} & K'_{32} & K'_{35} & K'_{36} & 0 & 0 & 0 & 0 \\ K'_{43} & K'_{44} & K'_{41} & K'_{42} & K'_{45} & K'_{46} & 0 & 0 & 0 & 0 \\ 0 & 0 & 0 & 0 & 0 & 0 & 0 & 0 & 0 & 0 \\ 0 & 0 & 0 & 0 & 0 & 0 & 0 & 0 & 0 & 0 \\ 0 & 0 & 0 & 0 & 0 & 0 & 0 & 0 & 0 & 0 \\ 0 & 0 & 0 & 0 & 0 & 0 & 0 & 0 & 0 & 0 \end{bmatrix} \qquad (2.97)$$

上述过程再作用于元素②③和④,便得到整体 **OSM**,见式(2.98)。严格地说,式(2.98)并不是纯粹意义上的非零矩阵。然而,由于有限元的刚度矩阵方程式求解的超松弛方法,不仅要参考 **OSM**,亦要参考 **IOSM**,**OSM** 中的非零元素才参与计算。此外,**OSM** 的最大列数一般不超过 20,程序清单给出了按上述步骤获得系数矩阵 **OSM** 以求解方程组的 SOR 方法。

程序清单提供了矩阵方程组的部分准备程序和求解程序:

$$\mathbf{OSM}=\begin{bmatrix} k^1_{11}+k^2_{11} & k^1_{12}+k^2_{12} & k^1_{13}+k^2_{15} & k^1_{14}+k^2_{16} & k^1_{15} & k^1_{16} & k^2_{13} & k^2_{14} & 0 & 0 \\ k^1_{21}+k^2_{21} & k^1_{22}+k^2_{22} & k^1_{23}+k^2_{25} & k^1_{24}+k^2_{26} & k^1_{25} & k^1_{26} & k^2_{23} & k^2_{24} & 0 & 0 \\ k^1_{55}+k^3_{11} & k^1_{56}+k^3_{12} & k^1_{51} & k^1_{52} & k^1_{53}+k^3_{13} & k^1_{54}+k^3_{14} & k^3_{15} & k^3_{16} & 0 & 0 \\ k^1_{65}+k^3_{21} & k^1_{66}+k^3_{22} & k^1_{61} & k^1_{62} & k^1_{63}+k^3_{13} & k^1_{64}+k^3_{24} & k^3_{25} & k^3_{26} & 0 & 0 \\ k^1_{33}+k^2_{55} & k^1_{34}+k^2_{56} & k^1_{31}+k^2_{51} & k^1_{32}+k^2_{52} & k^1_{35}+k^3_{31} & k^1_{36}+k^3_{32} & k^2_{53}+k^4_{13} & k^2_{54}+k^4_{14} & k^3_{35}+k^4_{15} & k^3_{36}+k^4_{16}+k^3_{33}+k^4_{11}+k^3_{34}+k^4_{12} \\ k^1_{43}+k^2_{65} & k^1_{44}+k^2_{66} & k^1_{41}+k^2_{61} & k^1_{42}+k^2_{62} & k^1_{43}+k^3_{65} & k^1_{46}+k^3_{42} & k^2_{63}+k^4_{23} & k^2_{64}+k^4_{24} & k^3_{45}+k^4_{25} & k^3_{36}+k^4_{26}+k^3_{43}+k^4_{21}+k^3_{44}+k^4_{22} \\ k^2_{33}+k^4_{33} & k^2_{34}+k^4_{34} & k^2_{31} & k^2_{32} & k^2_{35}+k^4_{31} & k^2_{36}+k^4_{32} & k^4_{35} & k^4_{36} & 0 & 0 \\ k^2_{43}+k^4_{43} & k^2_{44}+k^4_{44} & k^2_{41} & k^2_{42} & k^2_{45}+k^4_{41} & k^2_{46}+k^4_{42} & k^4_{45} & k^4_{46} & 0 & 0 \\ k^3_{55}+k^4_{55} & k^3_{56}+k^4_{56} & k^3_{51} & k^3_{52} & k^3_{53}+k^4_{51} & k^3_{54}+k^4_{52} & k^4_{53} & k^4_{54} & 0 & 0 \\ k^3_{65}+k^4_{65} & k^3_{66}+k^4_{66} & k^3_{61} & k^3_{62} & k^3_{63}+k^4_{61} & k^3_{64}+k^4_{62} & k^4_{63} & k^4_{64} & 0 & 0 \end{bmatrix}$$

$$(2.98)$$

作为对比，按常规所组成的综合刚度矩阵如下：

$$
\begin{bmatrix}
k_{11}^1+k_{11}^2 & k_{12}^1+k_{12}^2 & k_{15}^1 & k_{16}^1 & k_{13}^1+k_{15}^2 & k_{14}^1+k_{16}^2 & k_{13}^2 & k_{14}^2 & 0 & 0 \\[4pt]
k_{21}^1+k_{21}^2 & k_{22}^1+k_{22}^2 & k_{25}^1 & k_{26}^1 & k_{23}^1+k_{25}^2 & k_{24}^1+k_{26}^2 & k_{23}^2 & k_{24}^2 & 0 & 0 \\[4pt]
k_{51}^1 & k_{52}^1 & k_{55}^1+k_{11}^3 & k_{56}^1+k_{12}^3 & k_{53}^1+k_{13}^3 & k_{54}^1+k_{14}^3 & 0 & 0 & k_{15}^3 & k_{16}^3 \\[4pt]
k_{61}^1 & k_{62}^1 & k_{65}^1+k_{21}^3 & k_{66}^1+k_{22}^3 & k_{63}^1+k_{23}^3 & k_{64}^1+k_{24}^3 & 0 & 0 & k_{25}^3 & k_{26}^3 \\[4pt]
k_{31}^1+k_{51}^2 & k_{32}^1+k_{52}^2 & k_{35}^1+k_{31}^3 & k_{36}^1+k_{32}^3 & \begin{matrix}k_{33}^1+k_{55}^2+k_{33}^3+\\ k_{11}^4+k_{34}^3+k_{12}^4\end{matrix} & k_{34}^1+k_{56}^2 & k_{53}^2+k_{13}^4 & k_{54}^2+k_{14}^4 & k_{35}^3+k_{15}^4 & k_{36}^3+k_{16}^4 \\[8pt]
k_{41}^1+k_{61}^2 & k_{42}^1+k_{62}^2 & k_{45}^1+k_{41}^3 & k_{46}^1+k_{42}^3 & \begin{matrix}k_{43}^1+k_{65}^2+k_{43}^3+\\ k_{21}^4+k_{44}^3+k_{22}^4\end{matrix} & k_{44}^1+k_{66}^2 & k_{63}^2+k_{23}^4 & k_{64}^2+k_{24}^4 & k_{45}^3+k_{25}^4 & k_{46}^3+k_{26}^4 \\[8pt]
k_{31}^2 & k_{32}^2 & 0 & 0 & k_{35}^2+k_{31}^4 & k_{36}^2+k_{32}^4 & k_{33}^2+k_{33}^4 & k_{34}^2+k_{34}^4 & k_{35}^4 & k_{36}^4 \\[4pt]
k_{41}^2 & k_{42}^2 & 0 & 0 & k_{45}^2+k_{41}^4 & k_{46}^2+k_{42}^4 & k_{43}^2+k_{43}^4 & k_{44}^2+k_{44}^4 & k_{45}^4 & k_{46}^4 \\[4pt]
0 & 0 & k_{51}^3 & k_{52}^3 & k_{53}^3+k_{51}^4 & k_{54}^3+k_{52}^4 & k_{53}^4 & k_{54}^4 & k_{55}^3+k_{55}^4 & k_{56}^3+k_{56}^4 \\[4pt]
0 & 0 & k_{61}^3 & k_{61}^3 & k_{63}^3+k_{61}^4 & k_{64}^3+k_{62}^4 & k_{63}^4 & k_{64}^4 & k_{65}^3+k_{65}^4 & k_{66}^3+k_{66}^4
\end{bmatrix}
$$

$$(2.99)$$

本 章 小 结

本章在讨论金属切削实际过程基本特征的基础上，提出了能够较好保持和表示金属切削本质的简化正交切削连续成屑物理模型。为建立与上述物理模型相适应的数学表达式，较为详细地讨论了本书提出和采用的分析方法——增量分析原理；推导了应力-应变关系表达式和弹-塑性变形组成要素方程，获得了修正拉格朗日有限元公式；最后推导出求解弹-塑性变形刚度矩阵方程，这是金属切削过程仿真的重要理论和核心内容之一，在后续章节的探求中经常用到。

第3章 金属切削温度场分析

在金属切削研究中,一个非常重要的内容是关于刀具、工件和切屑的传热及温度场的研究。切削热作为重要的物理现象,对切削过程产生显著影响,它不但导致刀具前后面的磨损,造成温升,而且直接影响工件已加工表面的完整性。

对于切削热的产生与传出,普遍的认识是由切削区金属的弹-塑性变形和刀具前面与切屑、刀具后面与已加工表面之间的摩擦产生热,通过切屑、工件、刀具及周围介质传出热。但对于切削中生热和传热过程的数学描述的报道并不多见。

对于一般的热传递过程,可以用平面问题的偏微分方程加以描述:

$$\rho c \left(\frac{\partial \theta}{\partial t} + \dot{u} \nabla \theta \right) - k \nabla^2 \theta - Q = 0 \tag{3.1}$$

式中,ρ 为材料密度;c 为比热容;k 为热导率;∇ 为算子,$\nabla = \frac{\partial}{\partial x} + \frac{\partial}{\partial y} + \frac{\partial}{\partial z}$;$Q$ 为热源生热率。

特别地,若令

$$\frac{\partial \theta}{\partial t} \equiv 0 \tag{3.2}$$

则式(3.1)所描述的是关于热传递的稳定状态过程。

3.1 热传递控制方程

本书所考虑的问题是工件-切屑-刀具系统连续屑切削的生热和传热过程。该过程具有如下特点:工件材料元素沿流线运动,它们在第一变形区和第二变形区两个区域中经受塑性变形和弹性变形。此外,刀具前面上的元素在成屑前尚经受着强烈摩擦。因此,随切屑而动的元素发挥着两个方面的作用:第一,作为随时间而改变位置和强度的热源;第二,热的对流传递。考虑到刀具本身只发生热传导,因此需要明确如下假设。

(1)温度场是二维的,亦即是说切削热只是在包含了切屑的流动速度和主运动(即切削速度)的平面内传递。

(2)研究对象是稳定连续切削状态下的温度场。

(3)在金属切削过程中,弹性变形、塑性变形和刀具前面与切屑、刀具后面与已加工表面之间所消耗的摩擦功全部转换为热能,忽略在切削层金属发生剪切滑移时用于改变金属晶格所需的 $1\% \sim 3\%$ 的能量损失。

(4)刀具与工件材料的密度和温度特性是均匀的,且不随温度变化。

(5)已加工表面与刀具后面间的摩擦热在总热量中比例较小,故可忽略。

因此,工件-切屑-刀具系统所考虑区域内的温度场,就可以表示为下述能量形式:

$$\rho c\left(\dot{u}_x\frac{\partial\theta}{\partial x}+\dot{u}_y\frac{\partial\theta}{\partial y}\right)-k\left(\frac{\partial^2\theta}{\partial x^2}+\frac{\partial^2\theta}{\partial y^2}\right)-Q=0 \tag{3.3}$$

式(3.3)的变分形式由 M. Hraoka 等人提出,并且在金属切削温度场分析中有过应用。

关于切削温度分布的边界条件(图 3.1、图 3.2),可简化并描述为下面几个方程:

$$\begin{cases} \theta=\theta_s \quad (在\ S_\theta\ 表面) \\ k\dfrac{\partial\theta}{\partial n}=q \quad (在\ S_q\ 表面) \\ -k\dfrac{\partial\theta}{\partial n}\theta=h(\theta-\theta_\infty) \quad (在\ S_h\ 表面) \end{cases} \tag{3.4}$$

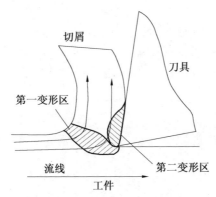

图 3.1　正交切削中的温度场

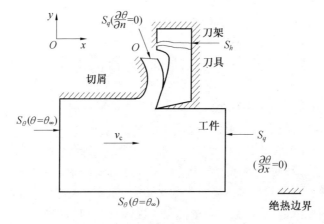

图 3.2　关于计算温度场的边界条件

3.2　有限元素的网格划分及有限元离散化

本节将讨论切削过程生热和传热的数值计算问题,包括对仿真系统的有限元划分,通过切削热分析方程假设边界条件和方程的离散化来求解。

图 3.3(a)和图 3.3(b)表示刀具切削部分的有限元素网格划分。

在所考虑的工件—切屑—刀具系统中,为进行切削温度的分析计算,切屑与工件的有限元素网格划分同 2.5 节中弹—塑性分析中的情况,故此处不再赘述;而对刀具的有限元素的划分,如图 3.3 所示,亦采用三节点三角形元素。

由于在实际切削中,刀尖处及其附近区域承受较大的压力和较高的温度,工作条件恶劣,是需要考虑的重点,故网格划分得较为密集;而离开刀尖越远,网格渐次疏松。刀具网格系统由 81 个节点和 124 个元素组成。

在给定的边界条件下,式(3.3)可以通过下述函数式对 θ 取极值求解:

$$I(\theta) = \int_A \left\{ \rho c \left(\dot{u}_x \frac{\partial \bar{\theta}}{\partial x} + \dot{u}_y \frac{\partial \bar{\theta}}{\partial y} \right) \theta - \frac{k}{2} \left[\left(\frac{\partial \theta}{\partial x} \right)^2 + \left(\frac{\partial \theta}{\partial y} \right)^2 - Q\theta \right] \right\} \mathrm{d}A +$$
$$\int_{S_q} q\theta \, \mathrm{d}S + \int_{S_h} h \left(\frac{1}{2} \theta^2 - \theta\theta_\infty \right) \mathrm{d}S \tag{3.5}$$

式中,$\dfrac{\partial \bar{\theta}}{\partial x}$、$\dfrac{\partial \bar{\theta}}{\partial y}$ 为变分不变量;A 为所考虑的元素面积。

对式(3.5)取极值,有

$$\frac{\partial I}{\partial \theta_i} \equiv 0 \tag{3.6}$$

若把 I^e 记为元素 e 上的 I 值,则有

$$I = \sum_e I^e \tag{3.7}$$

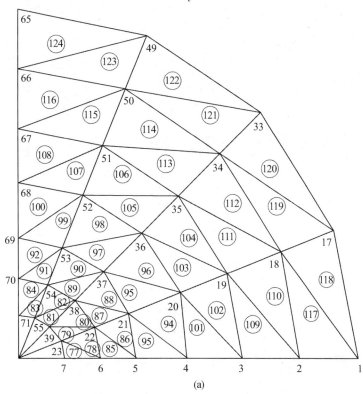

(a)

图 3.3　刀具切削部分的有限元网格划分

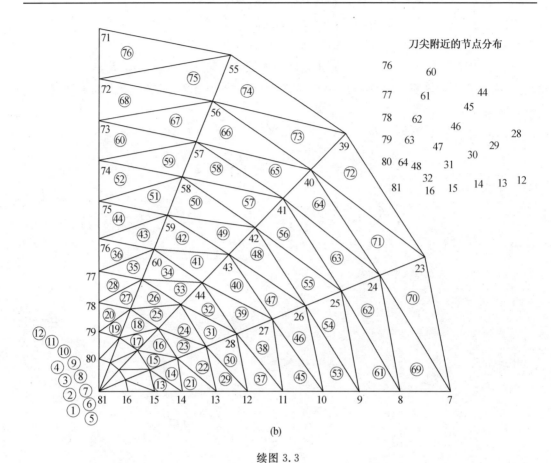

(b)

续图 3.3

$$\frac{\partial I}{\partial \theta_i} = \sum_e \frac{\partial I^e}{\partial \theta_i} \tag{3.8}$$

由式(3.8)即可推导出以元素节点温度$\{\theta\}$为未知量的线性方程组。具体处理如下。

将 I^e 对 θ_i 取微分,有

$$\frac{\partial I}{\partial \theta_i} = H_{1i}^e + H_{2i}^e + F_{1i}^e + F_{2i}^e + H_{3i}^e + F_{3i}^e \tag{3.9}$$

式中

$$\begin{cases} H_{1i}^e = \int_e k \left[\frac{\partial \theta}{\partial x} \frac{\partial}{\partial \theta_i}\left(\frac{\partial \theta}{\partial x}\right) + \frac{\partial \theta}{\partial y} \frac{\partial}{\partial \theta_i}\left(\frac{\partial \theta}{\partial y}\right) \right] \mathrm{d}A \\[2mm] H_{2i}^e = \int_e \rho c \left(\dot{u}_x \frac{\partial \bar{\theta}}{\partial x} + \dot{u}_y \frac{\partial \bar{\theta}}{\partial y} \right) \frac{\partial \theta}{\partial \theta_i} \mathrm{d}A \\[2mm] F_{1i}^e = \int_e Q \frac{\partial \theta}{\partial \theta_i} \mathrm{d}A \\[2mm] F_{2i}^e = \int_{s_q} q \frac{\partial \theta}{\partial \theta_i} \mathrm{d}S \\[2mm] H_{3i}^e + F_{3i}^e = \int_{s_h} h(\theta - \theta_\infty) \frac{\partial \theta}{\partial \theta_i} \mathrm{d}S \end{cases} \tag{3.10}$$

对于一个典型的三角形元素(图 3.4),其上的温度分布可由下述线性多项式表示:

$$\theta = a_1 + a_2 x + a_3 y \tag{3.11}$$

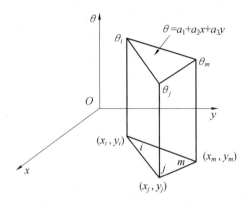

图 3.4　典型的三角形元素

如果该元素三个节点 i、j、m 的温度分别为 θ_i、θ_j、θ_m,则式(3.11)可写成

$$\theta = \frac{1}{2A}\big[(a_i + b_i x + c_i y)\theta_i + (a_j + b_j x + c_j y)\theta_j + (a_m + b_m x + c_m y)\theta_m\big] \tag{3.12}$$

式中

$$a_i = x_j y_m - x_m y_j$$
$$b_i = x_j - y_m$$
$$c_i = x_m - y_j$$

其中,系数可由交换 i、j、m 的顺序获得,A 为元素的面积,即

$$A = \frac{1}{2}\det\begin{bmatrix} 1 & x_i & y_i \\ 1 & x_j & y_j \\ 1 & x_m & y_m \end{bmatrix} \tag{3.13}$$

将式(3.12)和式(3.13)代入式(3.10),就可以得到关于元素 e 的一系列矩阵:

$$\begin{cases} \{H_1\}^e = \{H_{1i}^e, H_{1j}^e, H_{1m}^e\}^{\mathrm{T}} \\ \{F_1\}^e = \{F_{1i}^e, F_{1j}^e, F_{1m}^e\}^{\mathrm{T}} \\ \quad\vdots \end{cases} \tag{3.14}$$

式中

$$\begin{aligned} \{H_{1i}^e\} &= \int_e \left[\frac{1}{2A}(b_i\theta_i + b_j\theta_j + b_m\theta_m)\frac{b_i}{2A} + \frac{1}{2A}(c_i\theta_i + c_j\theta_j + c_m\theta_m)\frac{c_i}{2A}\right]\mathrm{d}A \\ &= \frac{1}{4A}\big[(b_i^2 + c_i^2)\theta_i + (b_j^2 + c_j^2)\theta_j + (b_m^2 + c_m^2)\theta_m\big] \end{aligned} \tag{3.15}$$

$$\{H_1\}^e = \frac{k}{4A}\begin{bmatrix} b_i b_i + c_i c_i & b_j b_i + c_j c_i & b_m b_i + c_m c_i \\ b_i b_j + c_i c_j & b_j b_j + c_j c_j & b_m b_j + c_m c_j \\ b_i b_m + c_i c_m & b_j b_m + c_j c_m & b_m b_m + c_m c_m \end{bmatrix}\begin{Bmatrix} \theta_i \\ \theta_j \\ \theta_m \end{Bmatrix} \tag{3.16}$$

$$H_{2i}^e = \int_e \rho c\left[\dot{u}_x \frac{1}{2A}(b_i\theta_i + b_j\theta_j + b_m\theta_m) + \dot{u}_y \frac{1}{2A}(c_i\theta_i + c_j\theta_j + c_m\theta_m)\right]\frac{1}{2A}(a_i + b_i x + c_i y)\mathrm{d}A \tag{3.17}$$

$$\{H_2\}^e = \frac{\rho c}{6}\begin{bmatrix} \dot{u}_x b_i + \dot{u}_y c_i & \dot{u}_x b_j + \dot{u}_y c_j & \dot{u}_x b_m + \dot{u}_y c_m \\ \dot{u}_x b_i + \dot{u}_y c_i & \dot{u}_x b_j + \dot{u}_y c_j & \dot{u}_x b_m + \dot{u}_y c_m \\ \dot{u}_x b_i + \dot{u}_y c_i & \dot{u}_x b_j + \dot{u}_y c_j & \dot{u}_x b_m + \dot{u}_y c_m \end{bmatrix}\begin{Bmatrix} \theta_i \\ \theta_j \\ \theta_m \end{Bmatrix} \tag{3.18}$$

$$F_{1i}^e = \int_e -\frac{Q}{2A}(a_i + b_i x + c_i y)\mathrm{d}A = -\frac{QA}{3} \tag{3.19}$$

$$\{F_i\}^e = -\frac{QA}{3}\begin{Bmatrix} 1 \\ 1 \\ 1 \end{Bmatrix} \tag{3.20}$$

式中，Q 为热能，在一个元素上为常量。

在塑性变形区，元素单位体积塑性变形功率转化为势能功率：

$$Q = \frac{\bar{\sigma} \cdot \dot{\bar{\varepsilon}}}{J} \tag{3.21}$$

式中，$\bar{\sigma}$ 为等效屈服应力；$\dot{\bar{\varepsilon}}$ 为等效塑性应变率；J 为热功当量。

3.3　刀一屑摩擦界面生热的处理

在刀一屑摩擦界面上会产生摩擦热（图 3.5），把在此界面上单位面积上的生热率记为 q_f。理论分析表明，摩擦生热一部分传入切屑，一部分传入刀具，可以确定传入切屑和传入刀具的份额。在紧密接触区，切屑表面 S_q^c 和刀具表面 S_q^t 相互接触式滑动，从而形成摩擦界面。由连续性原理可知，该界面处刀具上某一点的温度与其切屑上点的温度相等。

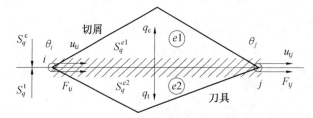

图 3.5　刀一屑界面摩擦热的计算方法

假设元素 ⓔ1 和元素 ⓔ2 分别属于切屑和刀具，它们具有公共边 $\overline{ij}$，长度为 l。假定温度在 $\overline{ij}$ 边 l 长度上呈线性变化并由下式给出：

$$\theta = \theta_i + \frac{x}{l}(\theta_j - \theta_i) \tag{3.22}$$

如此，对于常热流密度 q 有

$$\int_0^l q\theta \mathrm{d}S = q\int_0^l \left[\theta_i + \frac{x}{l}(\theta_j - \theta_i)\right]\mathrm{d}S = \frac{ql}{2}(\theta_i + \theta_j) \tag{3.23}$$

所以

$$F_{2i}^e = -\frac{ql}{2} \tag{3.24}$$

现假定 q_c 沿元素的边界 S_q^{e1} 流入 ⓔ1，q_t 流入 ⓔ2，同时注意到 q 指向界面时为负值，则

按式(3.24)应有

$$F_{2i}^{e} = -\frac{q_{c}l}{2} \tag{3.25a}$$

同理,对元素⑫有

$$F_{2i}^{e} = -\frac{q_{t}l}{2} \tag{3.25b}$$

将式(3.25a)和式(3.25b)相加,得到最后的表达式为

$$F_{2i}^{e} = -\frac{q_{c}+q_{t}}{2}l$$

$$\{F_2\}^e = -\frac{q_{c}+q_{t}}{2}l \begin{Bmatrix} 1 \\ 1 \\ 0 \end{Bmatrix} \tag{3.26}$$

q_f(即 q_c 与 q_t 之和)由下式确定:

$$q_f = \frac{1}{J}\left(\frac{F_{ti}+F_{tj}}{2}\right)\left(\frac{\dot{u}_{ti}+\dot{u}_{tj}}{2}\right) \tag{3.27}$$

式中,J 为热功当量;F_{ti}、F_{tj} 分别为作用在节点 i 和 j 上的摩擦力;$\dot{u}_{ti}$、$\dot{u}_{tj}$ 分别为节点 i 和 j 的滑移速度。

相似地,可以对边界条件 S_h 进行处理。应用式(3.10)可得

$$H_{3i}^{e} + F_{3i}^{e} = \int_0^l h\left[\theta_i + \frac{x}{l}(\theta_j - \theta_i) - \theta_\infty\right]\left(1 - \frac{x}{l}\right)\mathrm{d}S$$

$$= \frac{hl}{6}(2\theta_i - \theta_j - 3\theta_\infty) \tag{3.28}$$

$$[H_3]^e + [F_3]^e = \frac{hl}{6}\begin{bmatrix} 2 & 1 & 0 \\ 0 & 2 & 1 \\ 0 & 0 & 0 \end{bmatrix}\begin{Bmatrix} \theta_i \\ \theta_j \\ \theta_m \end{Bmatrix} - \frac{hl\theta_\infty}{2}\begin{Bmatrix} 1 \\ 1 \\ 0 \end{Bmatrix} \tag{3.29}$$

如此,对元素⑫有

$$\left\{\frac{\partial I}{\partial \theta}\right\}^e = [H]^e \{\theta\}^e - \{F\}^e \tag{3.30}$$

式中

$$\{\theta\}^e = \{\theta_i \quad \theta_j \quad \theta_m\}^{\mathrm{T}}$$

$$[H]^e = [H_1]^e + [H_2]^e + [H_3]^e$$

$$\{F\}^e = \{F_1 \quad F_2 \quad F_3\}^{\mathrm{T}}$$

对系统中所有元素做同样的处理,再综合结果,即可得到关于切削热的总体方程式:

$$[H]\{\theta\} = \{F\} \tag{3.31}$$

对于式(3.31),按给定的边界条件进行求解即可得出温度场。

3.4　热分析边界条件

在切削生热和温度场分析中,考虑问题的区域及边界条件如图 3.2 所示,其绝大部分外表面是绝热的,即在这些表面上没有对流和辐射造成的热散失。此种假定比较接近于

干切(不加切削液)时的情景,因为空气是热的不良导体,切削温度亦不是特别高。但是,若使用了切削液,则在使用切削液的表面上对传热系数加以修订和限定。

在远离刀尖的切屑出端,温度变化率(温度梯度)趋于零,因此该表面上的边界条件确定为

$$\frac{\partial \theta}{\partial n} = 0$$

类似的条件也施加在工件的出端。而在工件的前端面和下面(假设这两个面与切削变形区相距足够远),工件材料的温度与室温相等。

刀具夹持在刀架上,会有一部分切削热传给刀架。在此种场合下,影响热传递的主要因素是刀具与刀架之间的接触压力、接触表面的性质及特点。将上述各因素综合考虑,可以用传热系数 h_f 来描述。Brunot 和 Buckland 曾做过两固体接触表面热传导的实验,应用他们的实验结果来估算界面处的传热系数,传热系数取值为 10 450 W/(m² · K)。

3.5　切屑温度场的 Weiner 改进模型及其计算

为了能够定性和定量分析切屑上的温度场情况,本书以剪切面和刀—屑界面为边界,确定切屑的温度场。迄今,对剪切面上的温度场主要有两种不同的分析方法:第一种方法注重剪切面上的平均温度;另一种方法是以 Hahn 和 Weiner 为代表的分析方法。Hahn 认为切削加工可视为无限体上移动一个平面热源的过程,该平面热源与切削运动方向成一定角度,其上的温度分布可以直接替代剪切面上的温度场。可以看出,Hahn 的方法没有考虑工件和切屑不同的运动方向。Weiner 在很大程度上避免了这种造成分析模型与实际情况不一致的简化,但是他仍然假定切屑垂直剪切面流出,剪切面与待加工表面相交处的温度为室温。为避免上述不尽合理的简化,以及估计出假定所造成的误差,本书提出新简化边界条件,同时按 Weiner 模型分析计算剪切面上的温度场并对比分析不同前切面上的温度场,分析结果与实际切削温度相吻合。

3.5.1　剪切面上的温度场

图 3.6 给出了正交连续成屑的切削模型。工件相对于切削刃以速度 v_c 运动且与之方向垂直,切削厚度为 h_d,切屑厚度为 h_{ch},切屑在前刀面的流速为 v_{ch}。由材料的连续性有

$$V_t = v_{ch} \times t_c$$

用单一切屑速度代表成屑过程,这就确定了在某一流动应力值下工件材料发生塑性变形。由于切削运动的热源是一均匀的平面热源,可以假定刀—屑界面摩擦生热也为均匀的平面热源。

按照上述切削过程的模型,可进一步设定在运动方向上的传热为 θ。则工件上切削温度控制方程为

$$\frac{\partial^2 \theta}{\partial y^2} = \frac{v}{\alpha} \frac{\partial \theta}{\partial x} \tag{3.32}$$

式中，α 为散热系数；x 为在切削速度方向上的位置坐标；y 为在垂直于切削速度方向上的位置坐标；v 为传热系数。

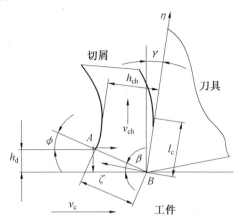

图 3.6　正交连续成屑的切削模型

其初始与边界条件为

$$\begin{cases} \theta = 0 \\ x = 0 \\ 0 < y < \infty \end{cases} \tag{3.33a}$$

$$\begin{cases} -\lambda \cos\ \phi \times \dfrac{\partial \theta}{\partial y} + n \times v_{\mathrm{ch}} \rho \sin\ \phi\theta = q \\ y = \tan\ \phi \times x \end{cases} \tag{3.33b}$$

$$\lim \theta = 0 \tag{3.33c}$$

式中，ρ 为材料密度；λ 为热导率；n 为几何常数，$n = \dfrac{1 - \cos\ \beta}{\cos\ \beta}$；$\phi$ 为剪切角。

在剪切面 AB 上设均一的热流密度 q，则考虑到元素上的热平衡式(3.33b)，给出了边界条件。引入新的参量 $z = y - \tan\ \chi$，进行数学处理可得到满足边界条件方程(式(3.33a)、式(3.33b)、式(3.33c))时的方程(3.32)的解。同理，剪切面上的温度，在 $z = 0$ 时为

$$\theta_{\mathrm{s}}(x, 0) = \frac{q}{v_{\mathrm{c}}\rho\sin\ \phi}\Big(2\mathrm{erf}(\hat{D}\sqrt{x}) + \frac{1 + 2n}{2n(1 + n)}\{1 - \exp[4n(1 + n)\hat{D}^2]\mathrm{erfc}[(1 + 2n)\hat{D}\sqrt{x}]\}\Big) -$$
$$(1 + 2n)\mathrm{erf}(\hat{D}\sqrt{x}) - 2\hat{D}\Big(\frac{\lambda\cos\ \beta}{v_{\mathrm{c}}\rho\sin\ \phi} + n\Big)(\theta_A + \theta_{\mathrm{amb}}) \tag{3.34}$$

式中，$\hat{D} = \dfrac{1}{2}\tan\ \phi\sqrt{\dfrac{v}{x}}$；$\theta_A$ 为 A 点的温度；θ_{amb} 为环境温度；$\mathrm{erf}\ x$ 为误差函数；$\mathrm{erfc}\ x$ 为误差函数的余函数，$\mathrm{erfc}\ x = 1 - \mathrm{erf}\ x$。

对上述问题求解时应用了以 x 为变量的拉普拉斯变换及其逆变换。Weiner 分析只考虑了切屑与剪切面垂直时流出的状态。本书考虑更一般的情况，因此可以说，本书建立的模型是对 Weiner 模型的扩展与精细化。

图 3.7 所示为二维传热剪切面温度场。图中曲线表示出温度沿剪切面快速增长的准

稳定或饱和状态的情况。还可以看到,随着切削速度的提高,达到饱和状态所用的时间减少。因此,切削速度达到某一值时,Rapier 模型中假设剪切面温度为常值是有一定道理的。从图 3.7 中还可以看出,较高的切削速度会导致稳定温度较低。这是因为随着切削速度的提高,切削中热传导占优,在较高的切削速度下,切屑带走的热量的比例较大。

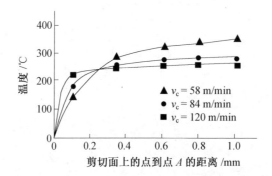

图 3.7　二维传热剪切面温度场

图 3.8 给出了按式(3.34)计算的斜面热源的结果及将切屑流向转化为与剪切面方向垂直的情况下的近似解(图 3.6 中,$\beta = \phi - \gamma = 0$,式(3.34)中,$n = 0$),通过两者的比较可知,这两条温度分布曲线是比较接近的。当采用上述假设时,两者之间的最大偏差不大于 3.5%。

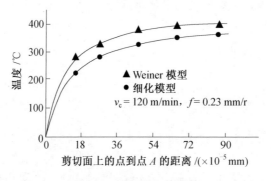

图 3.8　几何设定的影响

应注意切屑与剪切面垂直时流出的假设是剪切角等于刀具前角,即 $\phi = \gamma$。这意味着剪切角是不变的,不必考虑切削中的变化情况。尽管这种假设不切合实际,但上述数值分析表明,这个假设就剪切面温度而言是合理的。

本书采用高灵敏度的红外测温仪测量了车削加工 45 号钢时切屑温度的变化。在此测量系统中,传感器接收红外线后将其转换成电信号,再线性化已获得的想用的温度值。在每个实验中均测取切削热的 3 个分量,并对其进行监控以确保测得的温度值为稳态切削下的测温结果。在正交切削条件下进行实验,点 A 为切屑一工件一剪切面交汇点。在图 3.6 中,各种切削速度下,点 A 的温度都大于 170 ℃,与室温 25 ℃相比,实验曲线与方程(3.33)确定的边界条件很不一致。本书以这个实验为基础对方程(3.33a)加以修正。

$$\begin{cases} \theta_e = \theta_{amb} + (\theta_A - \theta_{amb})\exp(-py) \\ x = 0 \\ y = 0 - \infty \end{cases} \tag{3.33a'}$$

式中，θ_{amb} 为室温；θ_A 为点 A 的测量温度；p 为以剪切能计算切削温度使剪切面平均温度接近或等于实验值的调整常数。

同样的步骤适于按式（3.34）的剪切面温度分布分析，用边界条件（3.33a'）替代（3.33a），则得到关于 θ_s 更为复杂的表达式：

$$\theta_s(x,0) = \left(\frac{q}{v_c\rho c\sin\phi} - n\theta_{amb}\right)\left(2\mathrm{erf}(\hat{D}\sqrt{x}) + \frac{1+2n}{2n(1+n)}\{1 - \exp[4n(1+n)\hat{D}^2 x]\cdot\right.$$

$$\mathrm{erfc}[(1+2n)\hat{D}\sqrt{x}] - (1+2n)\mathrm{erf}(\hat{D}\sqrt{x})\}) -$$

$$\left[2\hat{D}\left(\frac{\lambda\cos\phi p}{v_c\rho\sin\phi} + n\right)(\theta_A - \theta_{amb})\right]\exp(-\hat{D}^2 x)\cdot$$

$$\left\{\frac{\exp(c^2 x)[d - c\mathrm{erf}(c\sqrt{x})] - d\exp(d^2 x)\mathrm{erfc}(d\sqrt{x})}{d^2 - c^2}\right\} +$$

$$(\theta_A - \theta_{amb})\exp\left[-2\left(p\tan\phi - \frac{\alpha p^2}{v_c}\right)\right] \tag{3.34'}$$

式中，$\hat{D} = \frac{1}{2}\tan\phi \times \sqrt{\frac{v_c}{\alpha}}$；$c = \sqrt{\hat{D}^2 - \left(p\tan\phi - \frac{\alpha p^2}{v_c}\right)}$；$d = \hat{D}(1+2n)$。

边界条件的修正对剪切面温度分析会产生影响。可以看出，由方程（3.34'）得出的结果沿剪切面的温度增长比改进的 Weiner 模型快。尽管式（3.33a'）更易于接受，可获得较为适宜的剪切面温度，但点 A 的测量温度仍然是个问题。数值分析表明，θ_A 在 60 ℃内变化时，在点 B 处的温度变化不大于 10 ℃。由式（3.33a）给出合理的边界条件对原有模型的改进效果明显。

3.5.2　切屑温度场

在切削加工中，切削区金属在刀尖至切屑－工件自由表面处的第一变形区经塑性变形而转化为切屑。将工件速度 v_c 转换成切屑速度 v_{ch}。切削区金属热传递的特点在第一变形区是相似的。式（3.32）给出的控制方程适于切屑温度场分析。采用新的 $\eta - \xi$ 笛卡儿坐标系和切削过程参数，则切削温度变化的控制方程有如下形式：

$$\frac{\partial^2\theta}{\partial\xi^2} = \frac{R\partial\theta}{t_c\partial\eta} \tag{3.35}$$

式中，R 为热参数，$R = \frac{\rho c v_{ch} t_c}{k}$，其相应的边界条件为

$$\begin{cases} \theta = \theta(x, z=0) = \theta_i(\xi) \\ \xi = \cos\beta\eta \end{cases} \tag{3.36a}$$

$$\begin{cases} \dfrac{\partial\theta}{\partial\xi} = 0 \\ \xi = t_c \end{cases} \tag{3.36b}$$

$$\frac{\partial\theta}{\partial\xi} = -\frac{R\Delta\theta_e}{l_c} \quad (0 \leqslant \eta \leqslant l_c, \quad \xi = 0) \tag{3.36c}$$

式中,$\Delta\theta_{e}$ 为施于切屑的温度增量。

假定切屑上的热是均匀的,BC 为平面热源。前面得到的剪切面温度 θ_{s} 在此用作一个边界条件。注意到这里取了两个不同的坐标系,应建立起它们之间的联系。考虑点 P,它可以分别在 (x,y) 或 (η,ξ) 下加以表达。这里有

$$\overline{PA}=\overline{AB}-\overline{AP}$$

或

$$\frac{\xi}{\cos\beta}=\frac{t_{c}}{\cos\beta}=\frac{x}{\cos\phi} \tag{3.37}$$

则有 $x=\dfrac{\cos\phi}{\cos\beta}(t_{c}-\xi)$,对于 (η,ξ) 坐标系中 θ_{s} 显式表达,将式(3.37)代入式(3.34),得到细化的 Weiner 模型,即

$$\theta(\eta,\xi)=\theta_{e}(\eta,\xi)+\frac{R\theta_{t}}{2t_{c}l_{c}}\xi^{2}-\frac{R\theta_{t}}{l_{c}}\xi+\frac{\theta_{t}}{l_{c}}\eta \tag{3.38}$$

再经变分,得到

$$\theta_{d}=\sum_{m=1}^{\infty}A_{m}\cos\frac{m\pi\xi}{t_{c}}\exp\left(-\frac{m^{2}\pi^{2}}{Rt_{c}}\eta\right) \tag{3.39}$$

它满足热方程、边界条件以及式(3.36b)和式(3.36c)。如果要满足式(3.36a),则要求式(3.36a)与式(3.39)完全相等,即

$$\theta_{e}(\eta,\xi)=\theta_{d} \tag{3.40}$$

从正切削的观点看,式(3.40)中的系数 A_{m} 的解并不存在,因此可借助数值方法。注意到随着 m 的增加,$\exp(-m^{2}\pi^{2}\tan\beta/Rt_{c})$ 迅速下降,用部分和替代 $\theta_{e}(\eta,\xi)$ 是可行的。如果用 $m+1$ 项作为部分和,则系数 $A_{0},A_{1},A_{2},\cdots,A_{m}$ 可由 $m+1$ 个点的已知 θ_{s} 值代入式(3.40)来确定。如此,切屑温度场为

$$\theta=\frac{R\theta_{t}t_{c}}{2t_{c}l_{c}}\xi^{2}-\frac{R\theta_{t}}{l_{c}}\xi+\frac{\theta_{t}}{l_{c}}\xi+\sum_{m=0}^{M}A_{m}\cos\frac{m\pi\xi}{t_{c}}\exp\left(-\frac{m^{2}\pi^{2}}{Rt_{c}}\tan\beta\xi\right) \tag{3.41}$$

系数 A_{m} 确定后,则切屑温度可视为 Weiner 模型的扩展。这样处理以便将 θ_{s} 应用于式(3.34′),并将结果进行微分,获得笔者提出的修正的剪切面温度分析模型。

图 3.9 给出了图 3.6 中最低切削速度下与剪切面温度相对应的切屑温度场模型及切屑温度场。可以看到,最高温度在刀－屑界面上离开分离点的某一地方,在刀－屑界面附近的温度梯度很大,这是总的趋势,主要原因是刀－屑间存在着强烈的摩擦。

在特殊情况($\beta=0$)下,可假设 θ_{s} 为常量。此时,式(3.40)可简化为

$$\theta=\frac{R\theta_{t}t_{c}}{2t_{c}l_{c}}\xi^{2}-\frac{R\theta_{t}}{l_{c}}\xi=\sum_{m=1}^{M}A_{m}\cos\frac{m\pi\xi}{t_{c}} \tag{3.42}$$

这时的傅里叶级数对应的系数为

$$A_{0}=\theta_{s}+\frac{R\theta_{t}t_{c}}{3l_{c}} \tag{3.43}$$

$$A_{m}=\frac{e}{m^{2}\pi^{2}}\times\frac{R\theta_{t}t_{c}}{l_{c}} \quad (m=1,2,3,\cdots,M) \tag{3.44}$$

将式(3.44)代入式(3.43),并用新参数 $g=l_{t}/t_{c}$,则有

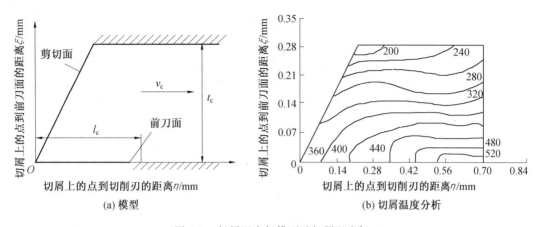

(a) 模型　　　　　　　　　　　　　　(b) 切屑温度分析

图 3.9　切屑温度场模型及切屑温度场

$$\frac{\beta(\theta-\theta_s)}{R\theta_t}=\frac{(t_c\xi)^2}{2t_c^2}+\frac{\eta}{Rt_c}-\frac{1}{6}+\frac{2}{\pi^2}\sum_{m^2=0}^{\infty}\frac{1}{m^2}\cos\frac{m\pi\xi}{t_c}\exp\left(-\frac{m^2\pi^2}{Rt_c}\eta\right) \tag{3.45}$$

由于刀刃的作用,因此切屑边缘的温度比其他部分的温度低。采用红外测温仪直接测取切屑中的温度,可得在 $\xi=t_c$ 时刻的预测温度,这些结果在图 3.10 中给出。切削速度为 84 m/min 和 120 m/min 的实验值和预测值同时在图 3.10 中给出。

按剪切面温度为常量的温度预测大于实验值;而改进的 Weiner 结果在工件—切屑界面自由表面点 A 处的偏差较大。笔者得出的温度场较为准确的估计是基于方程(3.33a)的,结果比实际值稍大。产生误差的原因是假设了切屑底层自由表面是绝热的。对图 3.10 所示的切削情况,两者的趋势是一致的。而本书提出的切屑温度分布模型的精度是够用的。

上述结果表明,本书提出的模型比其他理论分析方法对切屑温度场更为合适,从这个模型出发可以获得较为准确的刀—屑界面温度场。图 3.10 所示三种切削速度下的温度预测值在图 3.11 中给出。从点 B 开始,切削温度呈单调上升,直到切屑离开前刀面。随着切削速度的提高,切削温度亦上升。但是,在切削速度较高时,点 B 附近的温度却较低。这一现象在前面讨论切削速度变化对传热影响部分中给出了说明和解释。

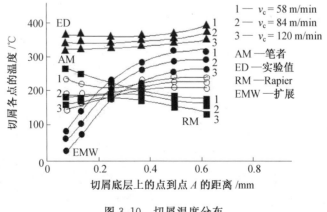

图 3.10　切屑温度分布

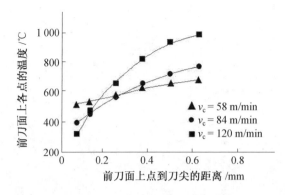

图 3.11 刀－屑界面温度分布

通过上面的分析可以得出以下主要结论。

（1）在以前的模型中假定切屑－工件自由表面为室温，而测得的数据与之有较大差距，本节给出的模型较为切合实际。

（2）为了简化计算，将切屑的流向近似为与剪切面相垂直。

（3）在较高的切削速度下，沿剪切面向刀刃的切削温度迅速达到稳定或饱和状态，在这种情况下，Rapier 提出剪切面温度为常量的简化模型具有一定的合理性。

（4）直接测得的结果表明，采用笔者提出的计算模型，可以得到金属切削温度场较为满意的结果。

本 章 小 结

作为金属切削过程仿真的核心内容之一，金属切削温度场具有特别重要的意义。本章先讨论了一般的热传递控制方程，并在此基础上假定 $\frac{\partial \theta}{\partial t} \equiv 0$，从而得出适合描述金属切削稳态成屑的传递方程；然后将此方程转化为能量形式的方程，将其化为变分，从而实现了离散化。另外，尚有两个问题需要给予特别关注，即刀－屑后面生热及边界条件问题。最后，对于切屑温度场的 Weiner 模型进行改进，从理论上分析了切屑温度场。

中　篇

非振动金属切削过程仿真与切削优化

第4章　非振动金属切削过程仿真

在本章中,主要讨论非振动金属切削过程涉及的主要理论、原理和技术方法,为仿真提供理论与技术基本构架;非振动金属切削过程仿真的基本过程、改进的拉格朗日弹—塑性变形问题的有限元控制方程、收敛迭代方法、实现仿真的几个关键技术;以45钢进行实际模拟。

4.1　非振动金属切削仿真基本过程概述

非振动金属切削又称为常规金属切削或传统金属切削,因其历史悠久、应用广泛,同时又是振动金属切削的基础,因此有必要首先明确和厘清其基本过程、特征和基本规律,从而有效地运用仿真方法和试验方法探求金属切削规律,更好地服务于金属切削加工生产实际。

本书设想当给出基本切削加工条件,如工件参数、刀具情况、机床情况等时,即可按下述仿真思路与过程进行模拟。图4.1所示为应用有限元方法进行金属切削仿真的流程。

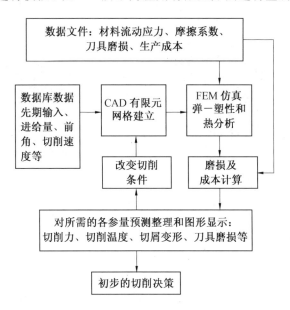

图4.1　应用有限元方法进行金属切削仿真的流程

从整个金属切削过程看,涉及的基础理论和专业知识是综合性的,同时涉及加工生产实践经验与技术方法,简要分述如下。

1. 基础理论部分

金属切削过程复杂,刀具(或工具)直接作用于工件,使工件的几何形态发生改变,进而形成合格零件。在金属切削过程中产生几何学、力学、摩擦学、金属显微组织学、热学、声学、化学甚至光学等多种变化,将该过程全面、细致、完整地描述和刻画是极其困难的。因此对金属切削过程进行分析和适当梳理,分清主从关系,突出主要问题,同时,为使问题便于求解,在大多数解中,忽略若干次要问题。如此处理会导致两个结果:①在给定假设条件下得出相应的表达式或答案,为深入研究提供了可能;②分析过程和答案会出现一定偏差,有些情况下是允许有偏差的,因为在工程应用上通常存在误差,关键是应控制这样的偏差或误差在允许范围之内,抑或通过实验或试验或生产经验对结果进行一定的修正。

将研究对象限于物化的机械加工过程,从而将加工现场一次抽象为机床-夹具-工件-刀具工艺系统;更进一步,从上述工艺系统分离出刀具-工件偶件,而将机床、夹具等因素作为对刀具或工件的作用施加在两者之上,从而使问题得到简化;而当讨论工件的变形问题或刀具的磨损问题时,再把刀具或工件作为作用施加在工件或刀具之上,如此,单一自由体便产生了,对应的运动学与动力学就适用了。

就一般金属切削过程而论,最关心的问题是如何加工出合格零件,这是金属切削的出发点和落脚点,是应保证的基础和核心问题。因此,有理由将工件问题视为首先应关注的问题,其次是刀具问题。当然,当研究机床问题时,是以保证工件的加工精度、加工出合格零件为前提条件的,丝毫没有动摇工件是第一要务的基础和核心地位。再考虑到加工过程出现的振动、噪声、温升、磨损等现象无不与切削变形相关。因此,探究工件的受力变形、刀具的受热/受力磨损规律,即是抓到了根本。弹-塑性理论、传热学就成为其中的基础理论了。

2. 专业知识部分

就工艺系统而言,研究金属切削过程,须对机床、刀具、夹具和工件等拥有系统而深刻的认识、理解和掌握。例如,通用车床 CA6140A 的工艺范围和经济精度决定了加工工件的适用性;车加工中心可加工的形面和一次装夹下的工位和工步情况、刀库容量等,为抽象物理模型、力学模型和数学模型奠定了基础。

就刀具的专业知识而论,从刀具材料,工具钢-高速钢-硬质合金-陶瓷-CBN/金刚石/超硬复合材料其物性(含强度、硬度、冲击韧性、线胀系数、高温硬度、化学稳定性等),到刀具的几何参数(角度、韧性、刃区剖面形式、刀面形式),刀具与工件的配伍关系,再到各类刀具的结构组成和切削特性等,均是研究和应用刀具的基础。

不可或缺的专业知识是对切削液的把握和应用。一般情况下,切削液的基本功用是润滑和冷却;在很多情况下,切削液用于清洗和防锈。传统切削理念下,切削刃和刀面作用于加工变形区,刀刃与前后刀面作用在工件上,犹如木工用锯切割木料,摩擦产生大量的热,直接造成工件和刀具的温升,形成热锯锯切,带来一系列不良后果。德国和日本的专家学者研究和应用冷锯锯切理论与技术,采用"金属陶瓷刀齿+低速切削+大进给+特制油雾切削液"技术,加工效率提高两倍以上,切削温度降至原值的三分之一。近年来出于环保的考虑,人们亦在致力于干切,即不施加液体切削剂的切削加工。

3. 生产实践部分

在金属切削加工过程中,工艺系统状态,尤其是平稳性,是操作者或研究者应关注的。

同等重要的是切屑的形态和断屑行为。从因果关系论,带状屑反映的是切削韧性材料时切削过程比较平稳的情形;当产生崩碎屑时,往往被加工工件为脆性材料,其加工过程的平稳性逊于带状屑切削;而挤裂屑和单元屑则出现在建工过程的平稳性介于上述两者之间的情形。

类似地,切屑的断屑如不另外施加特别的断屑装置,则认为在依靠卷屑槽或断屑台使切屑经历第一变形区的剪切滑移变形和第二变形区的挤压纤维化的基础上,进一步施加了附加变形,从而使切屑在某一局部的塑性变形超过了工件材料的断裂极限。断屑顺畅,则可认为刀具－工件配伍、切削用量、刀头的几何参数、切削液的应用等形成了比较理想的匹配。

如果切削过程中噪声较大,通常是因为工艺系统刚度不足、阻尼缺失等。其中尤其重要的一个原因是刀具－工件间产生了持续振动,此时,最常见的问题是刀具磨损,需要重新刃磨或换刀。当然,工艺系统参数匹配不合理,如切削用量过大也是噪声过大可能的成因。

4. 技术方法部分

技术方法部分主要是加工工艺的设计选用和工艺参数的优化问题。金属切削是在包含了机床、夹具、刀具和工件在内的工艺系统中完成的。下面从两个方面加以说明。

(1)工艺优化。

对给定的切削加工质量目标,如何运用工装和工艺参数,根据生产条件实现切削优化?在比较实用的优化技术方法中,可以按照具体情况选用正交实验法、最小二乘法、回归分析,亦可运用其他优化方法。

具有更为普适意义的最优化问题的规格化如下。

目标函数或评价函数:

$$\min f(X) = \sum_{i=1}^{n} \lambda_i x_i^{i-1}$$

约束:

$$g_i(X) = b_i$$

决策变量,对于实际工程问题,具有非负性:

$$X \geqslant 0$$

(2)刀具评价与选用。

刀具的锋利性是一个比较复杂的实践和理论问题,在较早的金属切削加工实践和理论研究中就已经涉及,但比较笼统而含混。随着机械加工技术的发展,特别是近十几年来精密与超精密切削加工技术的发展及刀具研究的深入,对刀具锋利性的认识提出了进一步的要求,希望有比较明确的衡量指标可资利用,以便为金属切削实践和理论的深入研究服务,初步探索如下。

①刀具锋利性的概念。

在讨论刀具锋利性时,至少有以下几个因素需要考虑。

a.刀具的标注角度。刀具角度特别是前角、楔角等对切削加工过程有直接关系,它表示了在假定刀具安装和运动条件下的切削角度,直接影响刀具的锋利性。

b.实际切削加工中,刀具与工件的相对位置关系。实际工作状态下,刀具的切削角度可能发生变化,导致其锋利程度改变。

c.不同刀具材料的影响。采用相同的几何参数(如果可以这样做的话)而改变刀具的材料,也会在一定程度上改变切削状态,切削轻快程度会不同。

d.切削过程。切削过程中的切屑变形、切削区金属的弹—塑性变形、切削力、切削热、振动等是刀具作用于工件的宏观表象,可以反映刀具是否锋利。

e.刀具磨损。一把刃磨好的刀具经过一段时间的使用,在前后刃面处都会发生磨损,从而使刀具变钝。

考虑到上述因素,认为刀具的锋利性并不仅仅是刀刃的薄厚或锐利程度,而应主要体现刀具本身的情况和实际切削效果。因此提出刀具的锋利性是指采用一定几何参数的刀具,使得切削平稳而轻快的程度。刀具自身情况和安装以外的因素变化造成切削过程平稳及轻快程度变化的不在此列,如其他情况不变,加切削液或改变切削液、改变切削用量等。

②衡量刀具锋利性的基本模式。

由上面提出的刀具锋利性概念可知,刀具锋利性包含刀具角度、安装与运动以及实际加工过程,要给出关于刀具锋利性衡量指标的显示形式比较困难,这里给出如下形式:

$$S = F(g, m, p) \tag{4.1}$$

其中,中间变量为

$$\begin{cases} g = f(\gamma, \beta, r_n, \lambda_s) \\ m = f(\gamma_{oe}, \beta_{oe}, r_{ne}) \\ p = f(v, F) \end{cases}$$

式中,S 为刀具锋利性;g 为刀具几何参数;m 为相对于工件的刀具安装和运动状态下实际前角、楔角和刀刃钝圆半径函数;p 为切削振动情况和切削力函数,一般情况下,可以以某一几何参数的刀具切削加工的状态为基准,而将其他几何参数的刀具进行加工的状态加以比较,从而得出该几何参数的刀具锋利性。如可用 W18Cr4V 刀具切 45 号钢时一定切削角度和安装条件下的切削状态为区分刀具锋利性的参考基准:

$$S_r = \frac{\beta_{oe}}{\gamma_{oe}} r_{ne} + \frac{A \times F_z}{98} \tag{4.2}$$

式中,A 为切削过程中的刀具振幅(μm);F_z 为主切削力(N)。

式(4.2)由两部分组成:第一部分为刀具本身的几何参数在实际切削加工中的体现,β_{oe} 为实际楔角,γ_{oe} 为实际前角,r_{ne} 为实际钝圆半径,第一部分包括了前角和刃倾角的作用;第二部分是采用该几何参数刀具进行切削的效果,主要以振幅和切削力来体现切削过程的平稳性与轻快程度。其实刀具磨损导致切削振动和切削力增加的情况已隐含在第二部分中。

同样,可由式(4.2)计算某把刀具切削时表现出的锋利性,得到 S_i。将 S_i 与基准值 S_r 加以比较,即可得到某把刀具的相对锋利性:

$$S = \frac{S_i}{S_r} \tag{4.3}$$

可见，S 为一无量纲数。

由于用式(4.2)计算出的数值越小，说明刀具越锋利，故由相对锋利性公式可知，当 $S<1$ 时，认为该刀具比较锋利；而 $S>1$ 的刀具则较钝。

③刀具锋利性的基本影响因素。

a. 前角。前角的一个主要功用是影响切削区金属的变形程度：若增大刀具前角，可以减小前刀面的摩擦阻力，从而减小了切削力、切削热和功率，使切削过程平稳而轻快。因此，在其他刀具几何参数不变的情况下，增大前角可提高刀具锋利性。但是前角过大会使刀具强度被大幅削弱，因此只能在保证刀具强度的前提下增大前角。

b. 楔角。当不考虑对切削刃进行局部强化处理，而把注意力放在宏观刀具摩擦与流屑时，刀具楔角的作用就非常重要了。在后角大于零（造成必要的切入条件）的基础上，刀具锋利性可部分地由楔角 β 确定。此点与前角对刀具锋利性的影响是相辅相成的，因为

$$\beta_n + \gamma_n + \alpha_n = \frac{\pi}{2} \tag{4.4}$$

楔角越小，刀具越锋利；但也不能过小，它受到刀具强度和散热截面的制约。

c. 刀具钝圆半径 r_n 和刃倾角 λ_s。一般在切削加工中，特别是在精密切削加工中，总希望前刀面和后刀面修磨或研磨得很平滑，这两个刀面的交界即为切削刃，理论几何形状为一直线或曲线。

在实践中这种情况既不可取，也不可能，切削刃总有一定的钝圆。人们把法剖面中刃部视为钝圆半径 r_n 的一段圆柱体。r_n 越小，刀具越锋利。在一般刃磨条件下，对于高速钢刀具，r_n 可小到 $12 \sim 15~\mu m$，对于硬质合金刀具，其 r_n 值可达 $18 \sim 26~\mu m$，而金刚石和立式氮化硼研磨的高速钢刀具，其钝圆半径分别可小至 $7 \sim 8~\mu m$ 和 $5 \sim 6~\mu m$，硬质合金刀具则达不到这样的数值。从这个意义上说，高速钢刀具可比硬质合金刀具磨得锋利。但是，在相同的切削用量条件下，用 YT 类刀具切钢时比用高速钢刀具省力，这也是笔者从刀具本身和实际切削效果两个方面考虑刀具锋利性的原因之一。

切削刃钝圆半径 r_n 对刀具锋利性的影响显著，而 r_n 又受到楔角（倒圆无直接关系）、刃磨条件及切削刃强度的制约，采用适当的倾角可以较好地解决上述问题。刀具的受力方向是在法向上，则抗弯截面取自法剖面。采用刃倾角后，流屑剖面与法剖面分离，实际切削前角增加，实际剪切角增大：

$$\sin \lambda_{oe} = \cos \lambda_s \times \cos \psi_\lambda + \sin \lambda_s \times \sin \psi_\lambda \tag{4.5}$$

$$\cot \phi_\lambda = \cot \phi \times \omega - \tan \lambda_s \sqrt{1-\omega^2} \tag{4.6}$$

式中，ψ_λ 为流屑角；$\omega = \dfrac{\cos \psi_\lambda \times \cos \gamma_n}{\cos \gamma_{oe}}$。

在流屑剖面内，切削刃由法剖面内的一段圆变为一段椭圆，椭圆长轴处的曲率半径即为切削刃实际钝圆半径 r_{ne}：

$$r_{ne} = r_n \times \cos \lambda_s \tag{4.7}$$

将减小。可见，当采用斜角切削，特别是取 λ_s 较大值时，能够显著地提高刀具的锋利性而又不削弱刀具的强度。因此，斜角切削是人为精密切削加工的一个方式和提高刀具锋

利性的一个措施,应加以推广应用。

上文明确地提出了刀具锋利性的基本概念,它兼顾了刀具本身的几何参数及实际切削效果两个方面。从刀具的锋利性概念出发,笔者试图以较少的参数较全面地反映刀具自身锋利情况及切削时的锋利程度。

从刀具锋利性计算公式 $S=\dfrac{S_i}{S_r}$ 及 S_r 可以看出,刀具的楔角和刀刃钝圆半径是影响刀具锋利性的两个重要因素,但又不是唯一的影响因素,刀具前角的作用不可忽视。评价刀具的锋利性具有相对的意义,是相对于另一个具有一定几何参数的刀具在切削中的表现而言的。而提高刀具的锋利性主要受到刀具强度和实际可磨削出的钝圆半径的制约,后者反映刀具材料的微观组织结构。

4.2 弹一塑性变形问题的控制方程建立

4.2.1 问题的引出

采用有限元正切刚度形式分析金属切削中关于平面或空间弹一塑性变形问题时常得到不准确的结果,在塑性变形状态下尤其如此。根据弹性理论和塑性理论,金属变形存在着一个极限载荷,其大小可以精确计算或可以确定其上界。当用通常的有限元方法分析计算时会出现相反的情况,稳定上升的载荷一位移曲线大大超过实际可能的载荷极限。塑性区域中载荷一变形关系曲线具有非真实的极限斜率。

这种情况的出现是因为理想化的材料在极限载荷时的变形通常严格遵从不可压缩原理,使变形元素受到过多约束。特别地,正切刚度有限元分析满足虚功增量原理:

$$\int \dot{F}_i \, \dot{\mu}_i \, \mathrm{d}S = \int \dot{\delta}_{ij} \, \dot{\varepsilon}_{ij} \, \mathrm{d}V \tag{4.8}$$

当达到极限载荷时,有限元素应该能够变形,而不改变体积的大小,且对每个元素都是如此。因此,有必要考查每个元素上所受的约束及这些约束对元素的影响。

首先,考查四节点矩形网格(图 4.2(a))。元素内的某一点位移可以表示为

$$\dot{u} = a + bx + cy + dxy \tag{4.9}$$

式中,a、b、c、d 由节点速度和位置坐标表示。

因此,对于平面变形问题,不可压缩约束具有如下形式:

$$\dot{e}_{xx} + \dot{e}_{yy} = \frac{\partial \dot{u}_x}{\partial x} + \frac{\partial \dot{u}_y}{\partial y} \tag{4.10}$$

即 $\dot{u}=0$、$d=0$ 以及 $bx+cy=0$,共有三个约束。$d=0$ 意味着在极限载荷时,每个元素所具有的变形增量在整个元素上是均匀的。因此,从连续位移的观点出发,所有带星号的元素具有相同的 $\dot{e}_{xx}$,所有带叉号的元素都具有相同的 $\dot{e}_{yy}$。此外,因为 $\dot{e}_{xx}=-\dot{e}_{yy}$,$\dot{e}_{xx}$ 和 $\dot{e}_{yy}$ 在有标记的行和列上获得相同的值,同理适用于其他行和列的元素。如此,$\dot{e}_{xx}=-\dot{e}_{yy}$ 必然在整个网格上都适用(一样),显然这是不合理的。

再考查任意四边形网格的情况(图 4.2(b))。在一个四边形内,尽管剪切应变可能是

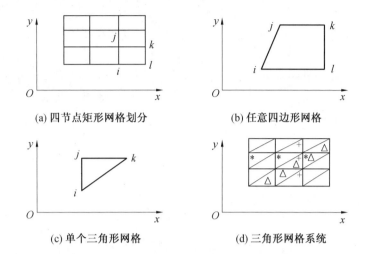

(a) 四节点矩形网格划分　　　　　(b) 任意四边形网格

(c) 单个三角形网格　　　　　(d) 三角形网格系统

图 4.2　有限元素形态与过约束

不均匀的,但过约束的影响更为恶劣。假定其位移增量有如下形式:

$$\dot{\mu}=a+b\eta+c\varepsilon+d\eta\varepsilon \tag{4.11}$$

式中,η 和 ε 由下式定义:

$$\begin{Bmatrix} x \\ y \end{Bmatrix}=\alpha+\beta\eta+\gamma\varepsilon+\delta\eta\varepsilon \tag{4.12}$$

对每个元素进行计算,即可得到关于材料不可压缩的三个约束:

$$\begin{cases} b_x\gamma_y-c_x\beta_y-b_y\gamma_x+c_y\beta_x=0 \\ b_x\delta_y-d_x\beta_y-b_y\delta_x+d_y\beta_x=0 \\ d_x\gamma_y-c_x\delta_y-d_y\gamma_x+c_y\delta_x=0 \end{cases} \tag{4.13}$$

这时,若用三个常数 A、B 和 C 来表示它的解,则

$$\begin{cases} b_x=A\delta_x+B\beta_x, & b_y=C\beta_x-A\beta_y \\ c_x=A\gamma_x+B\gamma_y, & c_y=C\gamma_x-A\gamma_y \\ d_x=A\delta_x+B\delta_y, & d_y=C\delta_x-A\delta_y \end{cases} \tag{4.14}$$

将式(4.14)代入式(4.11),消去 η 和 ε,则有

$$\begin{cases} \dot{\mu}_x=D+Ax+By \\ \dot{\mu}_y=E+Cx+Ay \end{cases}$$

式中,D 和 E 是独立于 A、B 和 C 的常数。因此,当满足不可压缩原理时,任意四边形元素的应变增量在整个元素上为常量。

对于单个三角形(图 4.2(c)),情况类似。实际上,在矩形元素上画出对角线即得三角形(图 4.2(d))。因为 $\dot{e}_{xx}+\dot{e}_{yy}=0$,沿带标记三角号的元素带逐个接以每个元素,在该元素带上每个元素均有同值的 $\dot{e}_{xx}$ 和 $\dot{e}_{yy}$。

为了解决上述问题,提高分析结果的有效性,可尝试进一步精细化有限元素网格,但是,这样做会造成两个相反的影响。

(1)元素上每个节点具有确定的自由度,增加节点数等于增加整个系统的自由度数。

（2）每个元素具有一定的不可压缩约束数，节点数增加，约束数增加，只有当自由度数增加速度超过约束数增加速度时，弹－塑性变形分析与计算才收敛。这种情况限于三节点三角形元素和八节点四边形元素的平面变形问题。

因此，在有限元刚度矩阵方程式中采用松弛因子来增加自由度，更具普遍意义。

图 4.3 给出了刀具有限元素网格划分。在弹－塑性分析中，假定刀具为完全刚体，在工件的前部和下部，其速度等同于切削速度。

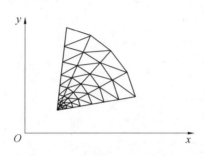

图 4.3　刀具有限元素网格划分

4.2.2　改进的应力－应变矩阵方程式

在金属切削仿真中，直接运用第 2 章导出的服从 von Mises 屈服判据和 Prandtl－Reuss 流动规律的组成要素方程式，以及相应的刚度矩阵方程式，会使弹－塑性变形状态和切削力的大小等与期望值出现较为明显的偏差。会出现此种情况，Nagtegaal 等人认为是由于假设被切金属不可压缩，因此在典型的二维和三维的三角形元素上作用着过多的约束，从而限制了弹－塑性变形。笔者吸收了 Nagtegaal 的思想，在已经推得的弹－塑性变形有限元方程式中引入扩张应变增量，并对应力率和应变率重新定义，从而导出了改进的有限元刚度矩阵方程式。具体推导过程如下。

对于一般的受力与变形过程，满足虚功增量原理的有限元分析式可表述为

$$\int_V \dot{S}_{ij} \delta \dot{e}_{ij} \mathrm{d}V = \int_s \dot{F}_j \delta v_j \mathrm{d}s \tag{4.15}$$

式中，$\dot{S}_{ij}$ 为名义应力率；$\delta \dot{e}_{ij}$ 为名义应变率增量；$\mathrm{d}V$ 为体积微元体；$\dot{F}_j$ 为 $\mathrm{d}s$ 微元面上的外力率矢量；δv_j 为 $\mathrm{d}s$ 微元面上的速率增量。

由有限元近似计算，应变率与节点位移速度之间的关系为

$$\{\dot{e}\} = [B]\{V\} \tag{4.16a}$$

或

$$\dot{e} = V[B]^\mathrm{T} \tag{4.16b}$$

而名义应力率矢量为

$$\{\dot{s}\} = ([D^\mathrm{P}] + [D^\mathrm{G}])\{\dot{e}\} \tag{4.17}$$

将式（4.16a）代入式（4.17），整理并代入式（4.13），得到

$$\int_V \delta V[B]^\mathrm{T}([D^\mathrm{P}] + [D^\mathrm{G}])[B]\{V\}\mathrm{d}V = \int_s \delta V\{\dot{F}\}\mathrm{d}s \tag{4.18}$$

注意到在一个三角形上，上式中的被积式为常量，且 $\int_v \mathrm{d}v = \Delta t$，则上式可写成

$$\Delta t\,[B]^{\mathrm{T}}([D^{\mathrm{P}}]+[D^{\mathrm{G}}])[B]\{v\}=\{\dot{F}\} \tag{4.19a}$$

或者

$$[K]\{v\}=\{\dot{F}\} \tag{4.19b}$$

为了有效减少材料不可压缩原理造成的三角形有限元素上过多的约束,引入扩张应变增量 $\dot{\varphi}$。图 4.4 所示为两个三角形 A 和 B 构成一个四边形。在这对三角形区域上考虑泛函数:

$$I=\int_{V_{\mathrm{A}}}\left(\frac{1}{2}\,\dot{S}'_{ij}\,\dot{e}'_{ij}+K\dot{\varphi}\cdot\dot{u}^{\mathrm{A}}_{k}-\frac{1}{2}K\,\dot{\varphi}^{2}\right)\mathrm{d}V_{\mathrm{A}}+$$

$$\int_{V_{\mathrm{B}}}\left(\frac{1}{2}\,\dot{S}'_{ij}\,\dot{e}'_{ij}+K\dot{\varphi}\cdot\dot{u}^{\mathrm{A}}_{k}-\frac{1}{2}K\,\dot{\varphi}^{2}\right)\mathrm{d}V_{\mathrm{B}}-\int_{S_{\mathrm{A+B}}}\dot{F}_{j}v_{j}\mathrm{d}s \tag{4.20}$$

式中,$\dot{S}'_{ij}\dot{e}'_{ij}$ 为偏应力应变功;$\dot{\varphi}$ 为引入的扩张应变增量,由 $\dfrac{\partial I}{\partial\dot{\varphi}}=0$ 确定。

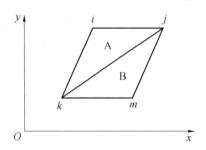

图 4.4 两个三角形构成一个四边形

因此可以导出

$$\dot{\varphi}=\frac{\dot{u}^{\mathrm{A}}_{kk}\Delta A+\dot{u}^{\mathrm{B}}_{kk}\Delta B}{\Delta A+\Delta B} \tag{4.21}$$

从式(4.21)中可以看出,扩张应变增量 $\dot{\varphi}$ 描述了这对三角形 A 和 B 应变增量的平均情况。

同时,需要对应力、应变重新定义,分别记为 $\dot{S}^{\mathrm{mod}}_{ij}$ 和 $\dot{e}^{\mathrm{mod}}_{ij}$,采用 Kronecker 函数 δ_{ij},将所定义的应力、应变表示为

$$\begin{cases}\dot{S}^{\mathrm{mod}}_{ij}=\dot{S}'_{ij}+\dot{K}\varphi\delta_{ij}\\[2mm]\dot{e}^{\mathrm{mod}}_{ij}=\dot{e}'_{ij}+\dfrac{1}{3}\dot{\varphi}\delta_{ij}\end{cases} \tag{4.22}$$

将式(4.21)和式(4.22)代入式(4.20)并加以整理,则有

$$I=\int_{V_{\mathrm{A}}}\frac{1}{2}\,\dot{S}^{\mathrm{mod}}_{ij}\,\dot{e}^{\mathrm{mod}}_{ij}\mathrm{d}V_{\mathrm{A}}+\int_{V_{\mathrm{B}}}\frac{1}{2}\,\dot{S}^{\mathrm{mod}}_{ij}\,\dot{e}^{\mathrm{mod}}_{ij}\mathrm{d}V_{\mathrm{B}}-\int_{S_{\mathrm{A+B}}}\mathrm{d}s \tag{4.23}$$

它与从变分原理出发所给出的方程式

$$I=\frac{1}{2}\int_{V}\dot{S}_{ij}\delta\,\dot{e}_{ij}\mathrm{d}V-\int_{s}\dot{F}_{j}\delta v_{j}\mathrm{d}s \tag{4.24}$$

具有相同的形式。考虑到在一个三角形元素内,$\dot{S}_{ij}\dot{e}_{ij}$ 为常量,对式(4.23)求偏导,即令

$$\frac{\partial I}{\partial v_1} = \frac{\partial I}{\partial v_2} = \frac{\partial I}{\partial v_3} = 0 \qquad (4.25)$$

即可得到与式(4.19b)形式完全相同的有限元刚度矩阵方程式。

4.2.3 收敛迭代方法

在金属切削计算机仿真中,求解方程组所用的数值计算为收敛迭代方法。图 4.5 给出了运用收敛迭代方法计算应力、应变和各节点温度流程,首先将各变量置初值,即元素的等效流动应力为室温下的数值,等效应变率为 $\dot{\bar{\varepsilon}} = 10^{-3}\ \text{s}^{-1}$,而应力、应变均为零。然后,在弹一塑性变形有限元分析中,用时间积累线性增量方法求解节点位移速度与节点力率关系方程组,在此计算过程中达到稳定状态的相应节点位移速度用以制造流线;沿已经修正了的流线对等效流动应变率 $\dot{\bar{\varepsilon}}$ 积分,即可得到各元素的等效应变 $\bar{\varepsilon}$;再用有限元方法对稳态成屑状态下的工件、切屑和切一屑界面上的生热进行分析,得到工件、切屑和刀具的温度分布 θ。将得到的 θ、$\dot{\bar{\varepsilon}}$ 和 $\bar{\varepsilon}$ 代入等效流动应力公式,则可对得到的等效流动应力进行修正,直到它收敛。若所获得的应力、应变、速度和温度场与前一步计算所得相同,则认

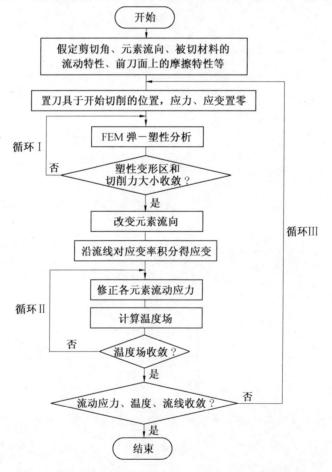

图 4.5 运用收敛迭代方法计算应力、应变和各节点温度流程

为切削过程已经进入稳定状态；否则，需重新调整刀具与工件的相对位置，再一次将应力、应变值置零，重复弹－塑性变形有限元分析计算步骤。但是，工件和切屑元素的 δ 和 H' 的修正值用在下一轮循环中。

等效塑性应变的表达式可以按下述步骤求得，借助于积分式：

$$\bar{\varepsilon} = \int_l d\bar{\varepsilon} = \int_l \frac{d\bar{\varepsilon}}{dl} \qquad (4.26)$$

式中，$d\bar{\varepsilon}$ 为等效塑性应变增量；dl 为元素的代表长；l 为沿元素流线测量的元素长度。

图 4.6 给出了沿流线等效应变积累。由于元素上任意一点处的速度函数满足应变在一个元素内为常量的条件，因此 $\dfrac{d\bar{\varepsilon}}{dl}$ 在一个元素内保持不变。可以通过下面的方程式求应变：

$$\bar{\varepsilon}_1 = \frac{1}{2}\int_{l_1}^{l_2} \frac{d\bar{\varepsilon}}{dl_1}dl = \frac{1}{2}\frac{\Delta\bar{\varepsilon}_1}{\Delta l_1}(l_2 - l_1)$$

$$\bar{\varepsilon}_2 = \bar{\varepsilon}_1 + \frac{1}{2}\int_{l_1}^{l_2}\frac{d\bar{\varepsilon}}{dl_1}dl + \frac{1}{2}\int_{l_2}^{l_3}\frac{d\bar{\varepsilon}}{dl_2}dl = \frac{\Delta\bar{\varepsilon}_1}{\Delta l_1}(l_2 - l_1) + \frac{1}{2}\frac{\Delta\bar{\varepsilon}_2}{\Delta l_2}(l_3 - l_2)$$

$$\bar{\varepsilon}_3 = \frac{\Delta\bar{\varepsilon}_1}{\Delta l_1}(l_2 - l_1) + \frac{\Delta\bar{\varepsilon}_2}{\Delta l_2}(l_3 - l_2) + \frac{1}{2}\frac{\Delta\bar{\varepsilon}_3}{\Delta l_3}(l_4 - l_3)$$

$$\vdots$$

$$\bar{\varepsilon}_n = \sum_{i=1}^{n-1}\frac{\Delta\bar{\varepsilon}_i}{\Delta l_i}(l_{i+1} - l_i) + \frac{1}{2}\frac{\Delta\bar{\varepsilon}_n}{\Delta l_n}(l_{n+1} - l_n) \qquad (4.27)$$

式中，$\bar{\varepsilon}_n$ 为第 n 号元素上积累的等效应变，它在该元素内均一分布。

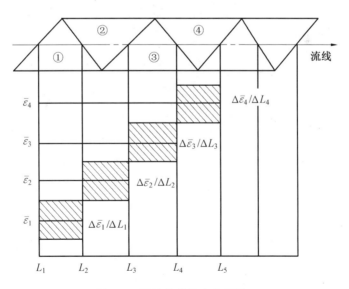

图 4.6　沿流线等效应变积累

4.2.4　流线的改造

数值计算所用的收敛迭代要求所研究的变形体有一个稳定的状态，换句话说，有限元网格结构应使组成流线的元素排列有序。只有当速度场适宜时,弹—塑性分析才能给出有意义的结果;或者说,只有流线合适时,才能得到正确的应力场、应变场和温度场,因为等效应变是沿着流线对 $\dot{\bar{\varepsilon}}$ 积分得来的,温度是依据速度场计算出来的,然后又确定了等效应力 $\bar{\delta} = f(\dot{\bar{\varepsilon}}, \bar{\varepsilon}, \theta)$。当计算得到的流线与期望相违时,就需在收敛迭代中对这些流线加以制约,使其光滑而合理——改造流线。

为了有效地改造流线,设想同一条流线上相邻两节点的坐标可以用它们的节点速度加以修正。假设改造前流线上一元素的代表长为 l,流线上一组相邻元素中有节点 1、2、3和 4(图 4.7 和图 4.8)。改造后相应的节点离开之前的虚线位置,而第二个节点新位置由它相对于前一个节点的方向和位置确定。

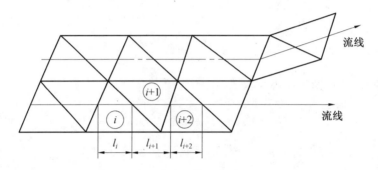

图 4.7 有限元素的代表长

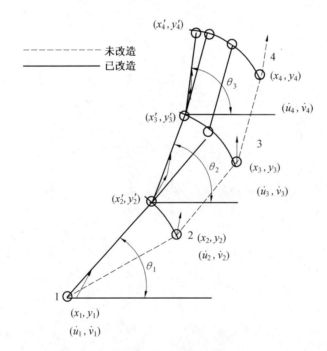

图 4.8 流线的改造

①方向。改造前上一个节点的速度方向,可用位置坐标表示。

②长度。元素的代表长保持不变,即采用改造前流线上元素的长度。

例如,对第 $i+1$ 个节点,它的新坐标为

$$(x'_{i+1}, y'_{i+1}) = (x'_i + r_i \cos \theta_i, y'_i + r_i \sin \theta_i) \tag{4.28}$$

两个节点间的距离为

$$r_i = \sqrt{(x_{i+1} - x_i)^2 + (y_{i+1} - y_i)^2} \tag{4.29}$$

式中,x、y 为修正前的节点坐标;θ_i 为相对于原流线,改造后流线转角,它由下式决定:

$$\theta_i = \arctan \frac{\dot{v}_i + \dot{v}_{i+1}}{\dot{u}_i + \dot{u}_{i+1}}$$

式中,$\dot{u}$、$\dot{v}$ 为节点 i 在 x 轴和 y 轴方向的速度。

4.3　温度场分析有限元刚度矩阵方程式构建

在上一章,已经明确所研究的金属切削计算机仿真是稳定切削的情形,切削热的产生与传出及切削温度分布,亦是稳定状况下的情形,即 $\partial\theta/\partial t = 0$。因此,上一章中的切削热控制方程、边界条件和相应结论完全适用,此处不再赘述。

关于求解弹-塑性变形刚度矩阵方程组,可以采取 SOR 方法。对于一个具有 n 个未知数的 n 维线性方程组,可以写成简洁的矢量方程:

$$[A]\{x\} = \{b\} \tag{4.30}$$

由数值分析可知,当 n 维线性方程组的系数矩阵 $[A]$ 为对称且对角占优时,对于迭代

$$x_i^{(k+1)} = x_i^{(k)} + \beta \cdot \Delta x_i^{(k+1)} \tag{4.31}$$

是收敛的($0 < \beta < 2$);若 $[A]$ 不满足上述条件,则方程组的解是不稳定的。由于弹-塑性变形刚度矩阵中引入了非线性量及摩擦等因素,难以满足稳定收敛条件,故超松弛因子 β 选得比较小,取 $\beta = 1.03$,以保证迭代式(4.31)收敛。收敛判别式如下:

$$\max_{1 < i < n} \left| x_i^{(k+1)} - x_i^{(k)} \right| < \varepsilon_1$$

$$\max_{1 < i < n} \left| \frac{x_i^{(k+1)} - x_i^{(k)}}{x_i^{(k+1)}} \right| < \varepsilon_2$$

取 $\varepsilon_1 = 0.000\ 1$ 和 $\varepsilon_2 = 0.01$,并取最大迭代次数 $N = n \times 15$,以便跳出可能出现的死循环。

关于求解热分析矩阵方程组的 LUD 方法。在本书所考虑的切削热刚度矩阵中,主对角线上元素的值比其他元素小得多,各元素值因速率项不同而不对称,这样 SOR 方法就不适宜了,故可采用 Crout 方法中的 LUD 方法。LUD 方法对于求解系数矩阵为带状的方程组有效,适合本书的问题,同时还可采用部分选主元法。

4.4　摩擦公式与刀具磨损研究

4.4.1　刀-屑界面摩擦公式的建立

在科学技术和生产水平较低的年代,人们把切屑与前刀面上的摩擦现象简单地视为类似机械中摩擦副的摩擦,由此计算出的摩擦力、应力与实际值相差较大,主要原因是忽

略了金属切削中刀—屑间的摩擦发生在高温高压的情况下,而且常有黏结出现。后来有人把此种摩擦划分为内摩擦和外摩擦或紧密接触型摩擦和峰点接触型摩擦,并以此为基础建立相应的数学模型。

本书在以上基础上推导了刀—屑界面摩擦公式,主要推导过程如下。

在金属切削中,切屑与刀具之间的摩擦,发生在刚好转过刀刃的新成屑在前刀面上的滑动处,并且存在着很高的温度和很大的压力。在此种恶劣工况下,切屑中的硬质点划擦和刀面粗糙所造成的耕犁作用不再是主要的摩擦作用,特别是干切时,切屑很容易在前刀面上黏结,因此摩擦力主要来自于黏结面的剪应力。

图 4.9 表示了刀—屑接触表面状态模型。如果两接触表面压力不大,多数情况是点接触,并且这种接触不在整个表面上发生,而是在黏附在前刀面上的金属黏结节和切屑之间的粗糙处。假设剪切发生在切屑的黏结金属中,干切时切屑和刀具接触面上被切金属没有氧化和沉积。A 表示宏观总的接触面积,ΔA 是 A 的一小部分。在 ΔA 上有许多部分接触,黏结点面积由 Δr_1,Δr_2,… 表示。再假定每个黏结节上的平均剪应力为 τ_{t1},τ_{t2},…,ΔA 上的平均法向应力为 σ_{t1},σ_{t2},…,实际接触面上的剪应力在 ΔA 上为常量,记为 τ_{t1},τ_{t2},…。

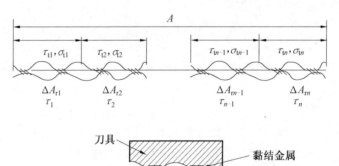

图 4.9 刀—屑接触表面状态模型

运用上述符号和假定,则在微小面积上有

$$\Delta A \tau_{ti} = \Delta A_{ri} \tau_i \tag{4.32}$$

去掉角标,式(4.32)改写为

$$\frac{\Delta A_r}{\Delta A} = \frac{\tau_t}{\tau} \tag{4.32a}$$

再取 H 为实际接触面上的法向应力,则作用在同一面积上的法向力为

$$\Delta A \sigma_H = \Delta A_{ri} H_i \tag{4.32b}$$

改写为

$$\frac{\Delta A_r}{\Delta A} = \frac{\sigma_t}{H} \tag{4.33}$$

如此,摩擦系数 μ 可由下式求得

$$\mu = \frac{\tau_t}{\sigma_t} = \frac{\tau}{H} \tag{4.34}$$

如果 τ/H 是个常数,则式(4.34)表示轻载下滑体摩擦的 Amonton 定律。但是本书所讨论的是切屑在前刀面上的摩擦,是一种重载下滑体摩擦的情形,μ 不是常数,它依赖法向应力,因为摩擦表面存在着浅层的塑性流动。Bow 和 Tabot 建议 τ 的值可以用发生屈服时滑移速度方向上的剪切应力,而不用黏结点上的剪切破坏强度。这意味着 τ 和 H 都依赖屈服条件并服从局部金属强度判据,如所考虑的黏结点上的剪切屈服强度。另外,H 取决于 σ,因为当 σ_t 增加时,$\Delta A_r/\Delta A$ 的值不可能大于 1。

考虑到上述情况,则可拟出下述重载滑体摩擦公式:

$$\tau_t = \frac{\sigma_t}{H}\tau = F(k, \sigma_t) \tag{4.35}$$

事实上,k 即是实际接触面上的剪切屈服应力,它可近似地由发生在切屑一方 ΔA 上总的内部剪切屈服应力来表达。关系式(4.35)应满足以下条件。

①随着 σ_t 的增大,ΔA_r 趋近于 ΔA,换句话说,当 $\sigma_t \to \infty$ 时,$\tau_t \to k$。

②随着 σ_t 的减少,$\Delta A_r/\Delta A \to 0$,这正如 Amonton 定律所述。

下面的函数满足上述条件:

$$\tau_t = k[1 - \exp(-\lambda \sigma_t/k)] \tag{4.36}$$

式中,λ 为反映金属摩擦副情况的一个常量。

可以证明,式(4.36)不但满足第一个条件,亦同时满足第二个条件,因为当 $\sigma_t \to 0$ 时

$$\frac{d\tau_t}{d\sigma_t} = \lambda\exp(-\lambda\sigma_t/k) \approx \lambda(1 - \lambda\sigma_t/k) \approx \lambda \tag{4.37a}$$

图 4.10 所示为摩擦特性方程式图示,给出了式(4.36)的函数曲线及对它的求导。如果特性常数 λ 可由切削条件下的应力 σ_t、τ_{t1} 和 k 唯一确定,则式(4.34)可以认为是刀-屑接触面上摩擦特性的一个表达式。

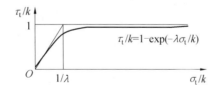

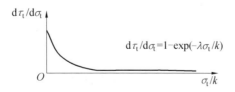

图 4.10　摩擦特性方程式图示

在金属切削弹-塑性变形有限元分析中,摩擦情况表述为下面的关系式:

$$\dot{F}_x = \mu \dot{F}_y \tag{4.37b}$$

式中，$\dot{F}_x$、$\dot{F}_y$ 为作用在刀—屑界面上的摩擦力率和法向力率；μ 则由式(4.36)确定。

4.4.2　刀具磨损计算公式——月牙洼深度公式

在金属切削中，刀具承受着很高的切削温度和很大的压力，并与切屑和加工表面发生剧烈摩擦，因而不可避免地发生磨损。正常情况下，刀具主要在前刀面上造成月牙洼磨损，后刀面上出现一条实际后角为零的磨损带。

造成刀具磨损的原因多而复杂，如黏蚀磨损、扩散磨损、机械擦伤、化学磨损、热电磨损、塑性变形磨损等。一般来说，黏蚀磨损发生在低中速切削中，扩散磨损在高速切削时出现，而断续切削常造成刀具的疲劳破坏、黏屑脱落，工件材料内的硬质点造成机械擦伤，切削难加工材料和采用大的切削用量易于造成刀具塑性变形磨损。另外，对于不同材料的刀具（如高速钢或硬质合金刀具）而言，上述各种磨损在程度上又有很大不同。迄今，一个能够综合反映上述各磨损情况的表达式尚未见报道。

本节采用计算机模拟用硬质合金刀具(YT14)高速连续切削中碳钢的情形，这时热扩散磨损表现为主要特征。当用单位切削长度上的磨损深度表示磨损程度时，有

$$\frac{\mathrm{d}w}{\mathrm{d}l} = C_1\sigma_n\exp\left(-\frac{C_2}{\theta}\right) \tag{4.37c}$$

式中，C_1、C_2 均为特性常数。当切削温度 $\theta > 1\,150$ K 时，刀具磨损主要取决于接触应力 σ_n 和温度 θ，若用数值分析方法求出它们的值，即可计算刀具磨损量的大小。

4.4.3　刀具后面磨损

在金属切削过程中，尤其在切削韧性材料过程中，刀尖、切削刃和后刀面都与变形区金属接触、摩擦，并且由于第三变形区金属的回弹，进一步加剧后刀面磨损。刀具后刀面磨损及其分析、磨损 V_B 值计算（离散分析法和曲线积分法）如图 4.11～4.13 所示。

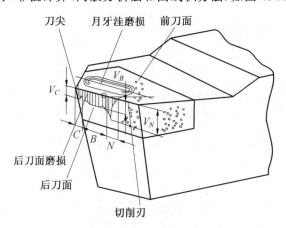

图 4.11　刀具后刀面磨损及其分析

如图 4.11 所示，在运用一段时间后，刀具后刀面上会出现后角基本等于零的小平台，相对于切削刃，它的边界并不规则，根据其形态和位置可大体上分为 C、B 和 N 三个区域，对应三个磨损量。

(1)V_C:后刀面上刀尖附近区域磨损量。

(2)V_B:后刀面中部区域平均磨损量。

(3)V_N:后刀面上接近工件加工表面边界区域磨损量。

因 C 区和 N 区的共同特点是工作条件恶劣、工况复杂多变,在各自区域内切削刃变化急剧,峰值较大;在 B 区,工况条件相对温和,沿切削刃的磨损量变化较为平缓,能够对其分析和预测,可以有两种技术方法。

(1)离散分析法。

对于后刀面中部磨损区,选取有代表性的 5 个型值点,划分为 5 个子区域,分别测定 y 轴方向上的型值点数值 y_i:

$$Y = \{y_1, y_2, y_3, y_4, y_5\} \tag{4.38}$$

同时,取对应的 5 个子区域宽度 Δ_i:

$$\Delta = \{\Delta_1, \Delta_2, \Delta_3, \Delta_4, \Delta_5\} \tag{4.39}$$

则可计算后刀面中部磨损的平均值:

$$V_B = y_{\text{ave}} = \sum_{i=1}^{5} \frac{y_i \times \Delta_i}{L} = \frac{1}{L}(y_1 \times \Delta_1 + y_2 \times \Delta_2 + y_3 \times \Delta_3 + y_4 \times \Delta_4 + y_5 \times \Delta_5) \tag{4.40}$$

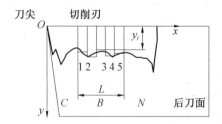

图 4.12　刀具后刀面磨损 V_B 值计算(离散分析法)

(2)曲线积分法。

如果后刀面磨损轮廓(边界)比较规则,可以通过拓片或复映等方法,将 y 曲线固化起来,在应用函数逼近获得在 $[a,b]$ 区间上的 $y(x)$,如图 4.13 所示。此时,可以计算后刀面中部磨损的平均值 V_B:

$$V_B = y_{\text{ave}} = \frac{1}{L} \int_a^b y(x) \mathrm{d}x \tag{4.41}$$

如果难以用一个统一的函数表达后刀面中部磨损的轮廓(边界),可以采取分段函数方法求解。

取有限个函数 $y_i(x)$,$i = 1, 2, 3, \cdots, n$,对应的定义域区间为

$$\{(a_1, a_2), (a_2, a_3), (a_3, a_4), \cdots, (a_{n-1}, b)\}$$

对应的区间长度序列 L 为

$$L = \{L_1, L_2, L_3, \cdots, L_n\}$$

此时,仍可计算后刀面中部磨损的平均值 V_B:

$$V_B = y_{\text{ave}} = \frac{1}{b-a} \sum_{i=1}^{n} y_i(x) \times L_i$$

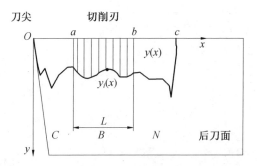

图 4.13 刀具后刀面磨损 V_B 值计算（曲线积分法）

$$= \frac{1}{L}\big[y_1(x) \times (a_2 - a_1) + y_2(x) \times (a_3 - a_2) + y_3(x) \times (a_4 - a_3) + \cdots +$$

$$y_n(x) \times (b - a_{n-1})\big] \tag{4.42}$$

式中，$y_i(x)$ 取各子区域的中值：

$$y_i(x) = y_i \frac{a_{i+1} - a_i}{2} \tag{4.43}$$

4.4.4 刀具磨损的预测

运用刀具磨损的理论模型或经验公式，能够对刀具前刀面的月牙注磨损和后刀面中间区域 V_B 磨损进行预测。

可以采用式(4.37c)进行数值计算，以获得单位切削长度的磨损深度。

刀具后刀面磨损 V_B 值的预测如图 4.14 所示。

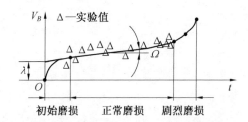

图 4.14 刀具后刀面磨损 V_B 值的预测

构建描述表达式，有

$$V_B = \Omega \times t + \lambda \tag{4.44}$$

所做实验数据：

$$\{V_{B_j}, t_j\} \quad (j = 1, 2, 3, \cdots, m)$$

采用一维线性回归，有损失函数：

$$L_o = \sum_{j=1}^{m} \big[(\Omega t_j + \lambda) - V_{B_j}\big]^2$$

分别令

$$\frac{\partial L_o}{\partial \Omega} = 0, \quad \frac{\partial L_o}{\partial \lambda} = 0$$

则可获得关于 Ω 和 λ 的近似解 Ω^* 和 λ^*。

取 $\Omega=\Omega^*$，$\lambda=\lambda^*$，则获得期望解。式(4.44)可用于对刀具后刀面上中部平均磨损的预测。

4.5　金属切削过程仿真与仿真程序

4.5.1　仿真需考虑的若干问题

1. 速度限定

图 4.15 给出了所考虑的关于弹-塑性变形分析的边界条件。工件前面和下面节点速度已被限定，而相对应的节点力率是未知的。在这种情况下，有必要通过代入保留方程的办法删除那些已具备了特定速度的刚度矩阵方程，从而使刚度矩阵方程组得以简化。

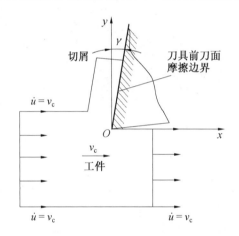

图 4.15　关于弹-塑性变形分析的边界条件

2. 切屑接触长度

理论分析表明，切屑与前刀面的接触长度对切削力和切屑厚度场有影响，并可在它们之间的平衡关系中求出，所以不能事先设定，而是在弹-塑性变形理论分析中判断切屑与刀具的分离从而确定它。根据中值原理，从图 4.16 中可以看到，节点作用在前刀面上的法向力从压缩状态变成拉伸状态时应满足如下条件：

$$N=F_x\cos\alpha+F_y\sin\alpha=0 \tag{4.45}$$

此时，该节点被认为脱离前刀面而进入自由状态，其中，N 是所考虑节点的法向力，F_x 和 F_y 分别是节点力在 x、y 轴方向上的分量。那么刀尖到刚好脱离前刀面的节点的距离视为切屑接触长度。

3. 摩擦边界条件

一般来说，在塑性变形中常会出现工件材料在斜面上滑动而发生摩擦的情况。这种因斜面引起的约束可处理如下。

在系统坐标系中，元素刚度矩阵由坐标转置矩阵 $[n]$ 转置得到：

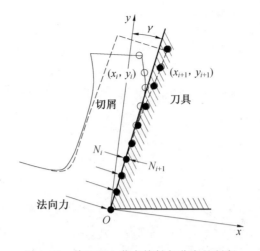

图 4.16 前刀面上节点接触与分离的判断

$$\{\dot{u}^*\} = [n]\{\dot{u}\} \qquad (4.46)$$

$$\{\dot{F}^*\} = [n]\{\dot{F}\} \qquad (4.47)$$

式中，$\{\dot{u}^*\}$ 为局部坐标系中的节点速度；$\{\dot{F}^*\}$ 为局部坐标系中的节点力率。

假定平面上为 Coulomb 摩擦，则在图 4.17 情况下的摩擦约束为

$$\begin{cases} \dot{v}_j^* = 0 \\ \dot{F}_{xj}^* = \mu \cdot \dot{F}_{yj}^* \end{cases} \qquad (4.48)$$

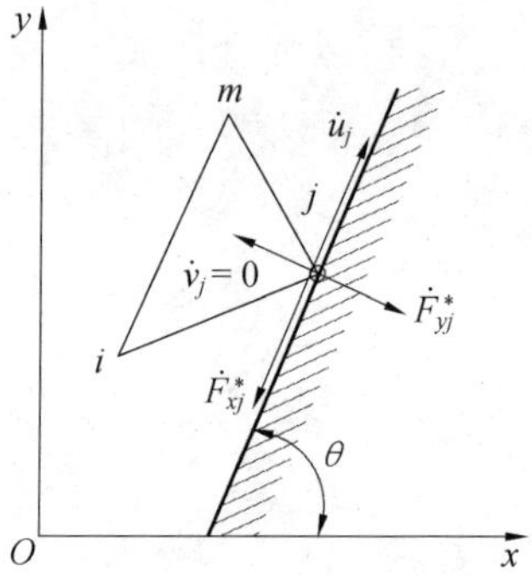

当把式(4.48)加入总刚度方程时，会出现不同坐标系共存的情况，需要将上述量转置统一于总体坐标系中：

$$\{\dot{u}\} = [n]^T\{\dot{u}^*\} \qquad (4.49)$$

图 4.17 斜面上的约束与摩擦

$$\{\dot{F}\} = [n]^T\{\dot{F}^*\} \qquad (4.50)$$

式中，坐标转置矩阵为

$$[n] = \begin{bmatrix} 1 & 0 & 0 & 0 & 0 & 0 \\ 0 & 1 & 0 & 0 & 0 & 0 \\ 0 & 0 & \cos\alpha & \sin\alpha & 0 & 0 \\ 0 & 0 & -\sin\alpha & \cos\alpha & 0 & 0 \\ 0 & 0 & 0 & 0 & 1 & 0 \\ 0 & 0 & 0 & 0 & 0 & 1 \end{bmatrix} \qquad (4.51)$$

4.5.2 关于弹—塑性变形过渡问题

在弹—塑性变形分析的刚度矩阵关系式中包含着非线性量，原因之一是力—应变曲线在屈服点处的斜率不连续。这种情况所引起的问题是比较严重的，因为从弹性区到塑

性区,曲线的斜率是原值若干次幂的关系。现在考虑一个元素在时刻 t 的等效应力 $^t\bar{\sigma}$ 如图 4.18 所示,在增大过程中达到塑性屈服点 σ_y。变形是在假定该元素在过渡增值时处于弹性状态下计算的,而不管它的等效应力是否超过了屈服值。因此,可考虑在时刻 $t+\Delta t$ 等效应力乘以一个引子 r 而刚好将其调整到与 σ_y 相等。取

$$r = \frac{\sigma_y - {}^t\bar{\sigma}}{{}^{t+\Delta t}\bar{\sigma} - {}^t\bar{\sigma}} \tag{4.52}$$

借助于等效应力 $\bar{\sigma}$,可以推得

$$r = \frac{-b + \sqrt{b^2 - ac}}{a} \tag{4.53}$$

式中

$$a = (d\sigma_x - d\sigma_y)^2 + (d\sigma_y - d\sigma_z)^2 + (d\sigma_z - d\sigma_x)^2 + 3d\tau_{xy}^2$$
$$b = (\sigma_x - \sigma_y)(d\sigma_x - d\sigma_y) + (\sigma_y - \sigma_z)(d\sigma_y - d\sigma_z) + (\sigma_z - \sigma_x)(d\sigma_z - d\sigma_x) + 3\tau_{xy}d\tau_{xy}$$
$$c = (d\sigma_x - d\sigma_y)^2 + (d\sigma_y - d\sigma_z)^2 + (d\sigma_z - d\sigma_x)^2 + 3d\tau_{xy}^2 - \sigma_y^2$$

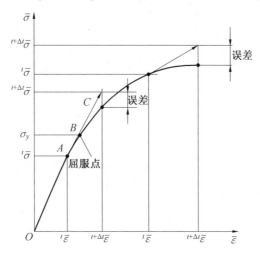

图 4.18　正切刚度增量方法及弹－塑性变形过渡

对所有弹性状态的元素求 r 并选取最小值为实际应用值。如此,保证了具有最小值的元素在时刻 $t+\Delta t$ 首先屈服进入塑性变形状态。

4.6　金属切削过程计算机仿真与仿真程序

应用计算机仿真研究金属切削过程的基本设想如图 4.1 所示,在对这个设想具体化并加以实现时,设计并采用了三个程序:①计算机模拟金属切削加工前的准备程序;②关于弹－塑性变形和切削热的有限元分析计算程序;③计算机对中间结果及最终结果进行处理和图形化显示程序。

4.6.1　准备程序

此程序完成对工件、切屑和刀具的有限元素网格划分并绘出图形,系统模拟初态如图

4.19 所示(详见图 2.9 和图 3.3)。整个工件—切屑—刀具系统由 200 个节点和 309 个元素构成。为了优化切削条件,FEM 仿真随进给量、切削速度或刀具前角的变化而进行多次,每一次切屑和刀具的几何形态都将发生改变。图 4.19(a)表示了工件和切屑模拟前的状态,当给定一个进给量 t_1、一个猜测剪切角和一对前后角,将 $ABDE$ 调整为 t_1,而后再改变其形态,使得 CF 成为剪切面,$CDEF$ 按逆时针方向旋转 90°$-\gamma$ 而形成切屑,再对工件左边的边界加以修正后,最终的工件—切屑—刀具系统切削模型初态就形成了,如图 4.19(b)所示。

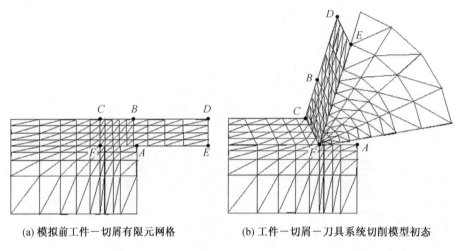

(a) 模拟前工件—切屑有限元网格　　　　(b) 工件—切屑—刀具系统切削模型初态

图 4.19　系统模拟初态

刀具有限元网格形成过程如下。先将刀具楔形径向划分为四部分,再以刀尖为中心按同心圆的方法细化分划,产生的 FEM 网格存于几何形状文件中。

4.6.2　弹—塑性变形和切削热分析计算程序

弹—塑性变形和切削热分析计算程序提供了切削力、支反力、位移量、前刀面上接触应力、摩擦力、工件与切屑各元素应力—应变、节点温度的计算及其结果,机屏显示各元素的变形状态、切屑与前刀面的接触长度和刀具磨损等情况。图 4.5 给出了用收敛迭代方法计算变形和温度的分析仿真系统。首先从各数据文件中读取数据,并将各待计算的变量置初值,然后进入循环Ⅰ:弹—塑性变形分析,包括对元素刚度矩阵的计算、刀—屑界面上摩擦边界条件的处理、总体刚度矩阵的形成和对总体刚度矩阵方程式的求解。如果计算满足饱和条件,检查切屑流向是否与假定方向一致。一般来说,是会出现不一致情况的,所以对流线的改造是必要的。对刚度矩阵方程式求解得到节点位移速度后即可进行应变率和应变的计算了。接下来进入循环Ⅱ:分析计算节点温度。首先访问数据文件,读取金属应变率、等效应变、速率、有限元网格参数、元素参数与节点坐标等,形成元素温度计算的刚度矩阵,在此基础上综合并形成总体刚度矩阵;接着对各节点温度赋初值,计算流动应力和切削生热;计算元素热力矢量并综合形成总体热力矢量;施加边界条件并求解切削温度刚度矩阵方程组,判别温度分布的收敛性,通过多次迭代运算直至达到收敛条件。

弹－塑性变形分析流程和温度分布计算流程分别如图 4.20 和图 4.21 所示。

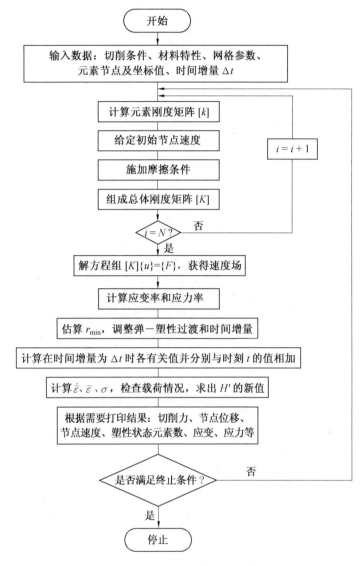

图 4.20 弹－塑性变形分析流程

4.6.3 中间、最终结果整理及图形显示程序

中间、最终结果整理及图形显示程序又称为后处理程序,它根据需要把分析计算出的力学、物理量等加工整理,绘制出直观而形象逼真的图形并显示在机屏或绘于图纸上,以便于进一步研究和使用。绘图内容包括切削过程中各元素的流动轨迹、有限元素网格变化、切屑的弯曲、元素的应力－应变状态、工件－切屑－刀具的温度分布、前刀面上切向应力和法向应力以及刀具的磨损情况等。

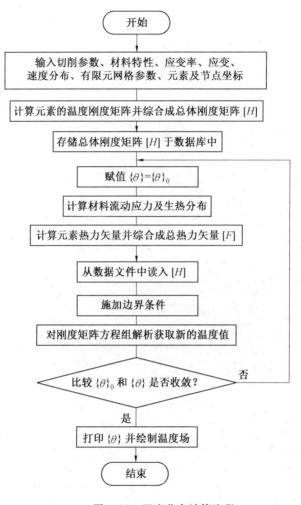

图 4.21　温度分布计算流程

本 章 小 结

　　本章主要讨论了金属切削计算机仿真的实现理论与技术问题,基本内容包括金属切削过程仿真的主要数学模型的构建和仿真软件的研制两个方面。提出并构建了改进的拉格朗日弹－塑性变形控制方程,特别引入扩张应变增量,将传统的三角形元素成对处理,采用最小过渡因子等方法,第一次在理论上成功地解决了变形金属承受载荷达到或接近达到屈服强度的三角形元素过约束、弹－塑性变形过渡误差过大的问题;提出了描述以内摩擦为主的刀－屑界面摩擦公式,用剪切屈服强度作为判据,简洁适用。在本章最后阐述了有限元素网格划分、弹－塑性变形分析、温度场分析、仿真中间结果和最终结果整理及图形显示等仿真程序的研究。

第 5 章　切削钢材的仿真与实验研究

本章将前几章所讨论的基础理论和计算机仿真系统应用于中碳钢切削研究,主要将切削力分量、应力、切削温度场、剪切角、切屑在前刀面上的接触长度等与实验所得比较,目的在于验证仿真软件并应用仿真系统研究金属切削规律。

5.1　实验材料与方法

微机与工作环境:仿真系统所用 PC 应有内存 64 MB 以上,程序语言为 FOR-TRAN77。

实验材料为热轧供应状态的优质碳素结构钢 45,其化学成分、机械性能、物理性能见表 5.1～5.3。

表 5.1　45 钢化学成分(质量分数)　　　　　　　　　　　　　%

C	Si	Mn	P	S	Cr	Ni	Fe
0.42～0.5	0.17～0.37	0.5～0.8	≤0.04	≤0.04	≤0.25	0.25	余量

表 5.2　45 钢机械性能

抗拉强度/MPa	屈服点/MPa	伸长率/%	收缩率/%	硬度(HB)
597.8	352.8	16	40	241

表 5.3　45 钢物理性能

弹性模量 /MPa	切变模量 /MPa	泊松比	密度 /(g·cm^{-3})	比热容 /(J·kg^{-1}·K^{-1})	热导率 /(W·m^{-1}·K^{-1})
206.700	79.461	0.3	7.8	489.9	47.5

实验用刀具以硬质合金刀片 P20(YT14)和 45 钢为刀杆钎焊而成。刀片的性能和化学成分见表 5.4。

所用机床:C620－1/CA6140。

切削液:无(干切)。

表 5.4　刀片的性能和化学成分

比重 /(g·cm^{-3})	硬度 (HRA)	抗弯强度 /MPa	化学成分/%		
			WC	TiC	Co
11.2～12.0	90.5	1 177	78	14	8

5.2 实验结果与分析

切削力测量系统如图 5.1 所示。实验采用立式平行八角环三向车削测力仪 CCLY－Ⅱ，YD－15 型动态电阻应变仪，LZ3A－305 记录仪。

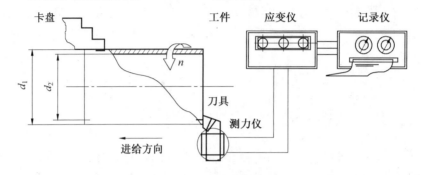

图 5.1 切削力测量系统

切削力测量实验中，切削速度为 5～300 m/min，切削刀具前角为 0°、6°和 12°，后角为 7°～8°，进给量 $f=0.13$ mm/r。被切工件管材尺寸 $d_1=88$ mm，$d_2=84$ mm，管材壁厚 2 mm。图 5.2 给出了车削测力仪的标定曲线，所用电阻应变式测力仪型号为 CCLY－Ⅱ。

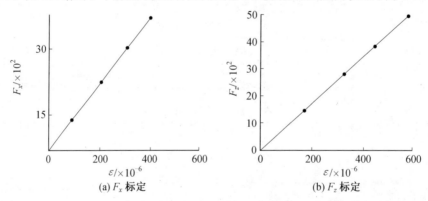

(a) F_x 标定   (b) F_z 标定

图 5.2 车削测力仪的标定曲线

表 5.5 列出了不同切削速度和前角下的切削力实验值。

剪切角和切屑在前刀面上的接触长度的测量是借助金相显微镜进行的。首先，在选定的切削条件下用爆炸式快速落刀装置切取切屑根，并用电木粉在金相镶嵌机上固定，制成试样，再经抛磨获得金相磨片。磨片经腐蚀拍照即成金相照片。

在金相照片中，可以观察到金相组织、晶粒和晶界。在第一变形区和第二变形区，晶格的扭曲、切屑底层金属高度纤维化以及剪切方向等均可明显展现。因此，在照片上或显微镜下可以直接测量剪切角。按前角不同做了两组实验，表 5.6 给出了剪切角实验值。

表 5.5 不同切削速度和前角下的切削力实验值

前角/(°)	0		6		12	
v_c/(m·s^{-1})	F_z	F_x	F_z	F_x	F_z	F_x
0.083	492.45	285.18	464.52	242.53	420.42	196.00
0.500	435.12	256.78	417.48	231.28	375.32	193.06
0.830	430.22	264.60	423.36	233.44	394.94	201.88
1.670	426.30	248.92	418.46	221.48	390.04	191.69
2.500	415.52	238.14	404.74	207.76	376.32	184.24
5.000	382.20	221.48	367.50	196.98	348.88	181.30

表 5.6 剪切角实验值(°)

v_c/(m·s^{-1})	前角/(°)	
	6	12
0.083	18.5	20
0.500	22.5	24
0.830	24	27
1.670	27	28
2.500	29	31

刀—屑接触长度 L_c 是切屑从切削刃开始,沿前刀面向外流出到离开前刀面的一段距离(尖刃单一平面式前刀面),表现在金相照片上为切屑底层平行于前刀面的直线段。测得的刀—屑接触长度实验值列于表 5.7 中。

表 5.7 刀—屑接触长度实验值 L_c(mm)

v_c/(m·s^{-1})	γ/(°)	
	6	12
0.083	0.66	0.80
0.500	0.68	0.68
0.830	0.60	0.66
1.670	0.60	0.46

5.3 仿真结果与实验值比较

仿真系统中有限元分析给出了切削力、前刀面上的应力状态、变形区应力分布、温度场和刀—屑接触长度等,而剪切角基于如下的考虑取自应力场。

在第一变形区,金属的变形和流动以剪切滑移为主要特征。在流动应力场中,剪切滑移区域的应力线稠密,应力值高,应力中心与剪切面相对应。因此,可由该应力场获得剪切角。

图 5.3 给出了稳定状态切削下的切屑形貌,它与图 4.19(b)不同。从图 5.3 可以看到,在仿真进入稳定状态后,切屑在前刀面前自然弯曲。

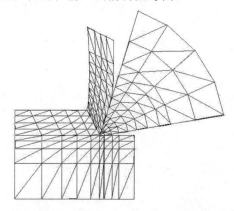

图 5.3　稳定状态切削下的切屑形貌

图 5.4 所示为等效流动应力场与剪切角,从中可以获得剪切角 ϕ 的值。

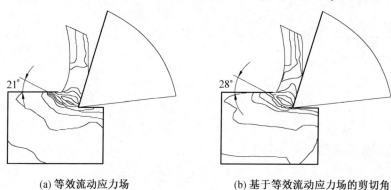

(a) 等效流动应力场　　　　　　(b) 基于等效流动应力场的剪切角

图 5.4　等效流动应力场与剪切角

刀—屑接触长度的计算,是把切屑上脱离前刀面的元素去掉后,切屑底层元素边长之和。图 5.5 给出了刀—屑接触长度的计算值和实验值。

主切削力 F_z 和走刀抗力 F_x 的计算值如图 5.6 所示,图中同时给出了它们的实验值,便于比较。

计算机仿真系统给出的剪切角如前所述,不同切削速度和前角的剪切角如图 5.7 所示。该图还给出了按经典剪切角公式(Lee 和 Shaffer 及 Merchant)计算所得。显而易见,经典剪切角公式给出的值均偏离实验值。

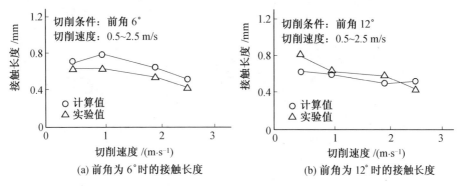

(a) 前角为 6°时的接触长度　　　　　(b) 前角为 12°时的接触长度

图 5.5　刀—屑接触长度的计算值和实验值

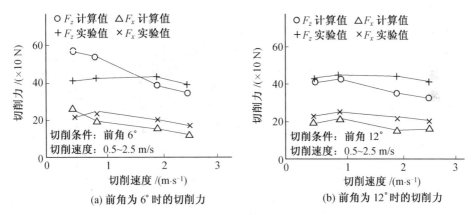

(a) 前角为 6°时的切削力　　　　　(b) 前角为 12°时的切削力

图 5.6　切削力计算值与实验值的比较

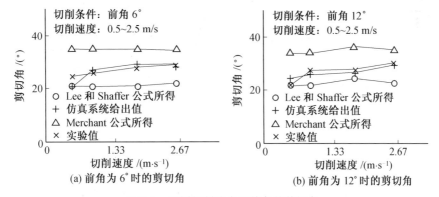

(a) 前角为 6°时的剪切角　　　　　(b) 前角为 12°时的剪切角

图 5.7　不同切削速度和前角的剪切角

与刀具磨损密切相关的前刀面上的正应力和摩擦力分布如图 5.8 所示。

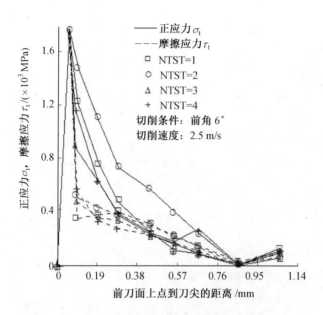

图 5.8 前刀面上的正应力和摩擦力分布

从图 5.9、图 5.10 和图 5.11 可以看出,刀具的温度中心是在离开切削刃一点的地方,与之相对应的刀具磨损最大值亦与刀刃有一段距离,此种情况符合一般刀具磨损。

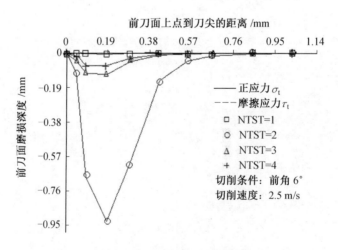

图 5.9 前刀面上的月牙洼磨损

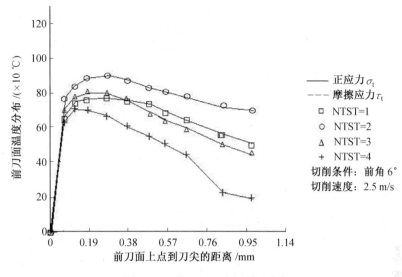

图 5.10　前刀面上的切削温度场

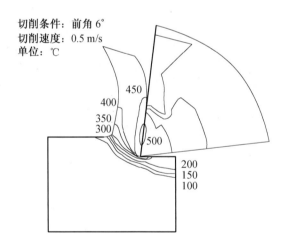

图 5.11　包含了切屑、工件和刀具的温度分布

本 章 小 结

在这一章,主要对钢材进行切削过程仿真,结合实验研究以 45 钢为例进行了比较分析和实验验证。理论分析和实验研究表明,仿真是有效的,系统是稳定的,结果是比较满意的,仿真的结果与实验相符,切削力、应力、温度场等的对比分析尤其证明了这一点。需要特别指出的是,仿真中剪切角的大小是在剪切流动应力场中获得的,即直接在第一变形区的剪切滑移中心——按剪切应力线稠密之处及走向确定,将该结果与 Lee 和 Shaffer 等人的剪切角公式计算所得进行比较,可以看出仿真结果更接近实验值。

第6章　20钢和45钢切削仿真优化研究

本章是金属切削过程仿真的应用篇。在前几章理论分析和实验研究的基础上,通过研制的仿真软件,模拟20钢和45钢的切削过程,寻找切削参数(如切削用量、刀具几何参数等)与切削状态之间的相互关系,发现最适宜的切削条件,获得最优切削效果。

切削优化的具体目标是,在给定的切削参数范围内,主要通过对切削力场、应力场、应变率场和温度场的分析与研究,在兼顾生产率和刀具使用寿命等因数的基础上,达到切削力、应变及温度均为最小或最低,或综合最小的切削参数。

20钢机械性能、化学成分和物理性能分别列于表6.1~6.3中。

表 6.1　20钢机械性能

$\sigma_b/(9.8\ \text{N}\cdot\text{mm}^{-2})$	$\sigma_s/(9.8\ \text{N}\cdot\text{mm}^{-2})$	$\delta_b/\%$	$\psi/\%$	硬度(HB)
42	25	25	55	≤156

表 6.2　20钢化学成分(质量分数)　　　　　　　　　　%

C	Si	Mn	P	S	Cr	Fe
0.17~0.24	0.17~0.39	0.35~0.65	≤0.04	≤0.045	≤0.25	余量

表 6.3　20钢物理性能

弹性模量 /(9.8 N·mm⁻²)	切变模量 /(9.8 N·mm⁻²)	泊松比	密度 /(g·cm⁻³)	比热容 /(J·g⁻¹·℃⁻¹)	导热系数 /(J·cm⁻¹·s⁻¹·℃⁻¹)
21 000	8 100	0.3	7.8	0.112	0.122

模拟切削过程采用的切削参数范围:

$$v_c = 1.0 \sim 5.0 \ \text{m/s}$$

$$f = 0.1 \sim 0.3 \ \text{mm/r}$$

$$a_p = 1.0 \sim 2.0 \ \text{mm}$$

刀具:

$$\text{P20(YT14)}$$

$$\gamma = 0° \sim 20°$$

$$\alpha = 7° \sim 10°$$

6.1　仿真初态到稳态的切屑形貌

图 6.1 所示为从切削初态到稳定切削的仿真,给出了切 20 钢时工件—切屑—刀具在仿真四个循环中的形貌。图 6.1(a)为切入后的仿真初态;图 6.1(b)为第一个模拟循环结束后的状态;图 6.1(c)和图 6.1(d)分别为第二、第三个模拟循环结束后的状态;图 6.1(e)反映的是第四个循环结束时切削过程进入稳定状态的情形。比较图 6.1(d)和图 6.1(e),有限元网格的变化在两幅图中已不明显,切屑在前刀面前方自然弯曲,其弯曲变形程度亦很接近。这些都表明仿真进入了稳态切削阶段。

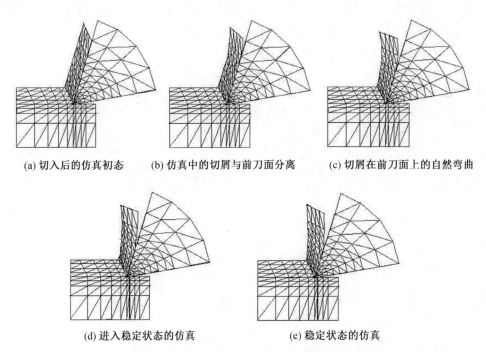

(a) 切入后的仿真初态　　　(b) 仿真中的切屑与前刀面分离　　　(c) 切屑在前刀面上的自然弯曲

(d) 进入稳定状态的仿真　　　(e) 稳定状态的仿真

图 6.1　从切削初态到稳定切削的仿真

本仿真系统一般运行四个循环即达到稳定切削状态,仿真结果取自此时的相关数据和状态。

6.2　切削速度对切削过程的影响及其优化

首先,切削速度直接影响切削温度场。在仿真的切削速度范围内,切削速度越高,前刀面上各点的温度值越高。当切削速度从 1.0 m/s 转变到 1.67 m/s 时,平均各点温度上升了约 150 ℃。采用相同的切削速度且取较低值(<1.34 m/s)时,切 45 钢和切 20 钢时,在前刀面上的各点温度值无明显差异,45 钢的温度中心距切削刃约 0.6 mm,20 钢的温度中心稍有偏离,沿刀具前刀面上的温度场如图 6.2 所示。在切削速度≥1.67 m/s 时,

两者的温度场可见差异。切 20 钢的温度场中心温度比切 45 钢的温度场中心温度高约 100 ℃,这主要归因于它们之间热导率的不同。

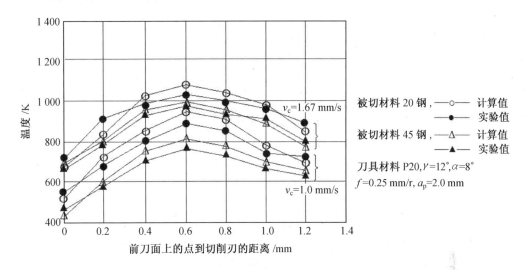

图 6.2　沿刀具前刀面上的温度场

切削速度对切削力也有影响,图 6.3 和图 6.4 分别给出了切 45 钢和切 20 钢时正交切削中切削力随切削速度的变化情况。纵坐标表示去除单位面积金属刀具所受的正压力 N 和摩擦力 F。在正交切削中,切 45 钢比切 20 钢所用的切削力要大些,单位时间内消耗的切削功要多些,另外,前刀面受到的正压力和摩擦力差值较大;切 20 钢的摩擦力更接近正压力。总趋势是随切削速度的提高,这两个方面的切削力下降。在 $v_c = 0.5 \sim 1.0$ m/s 范围内,切削这两种工件材料对于前刀面上的正压力和摩擦力影响不显著。

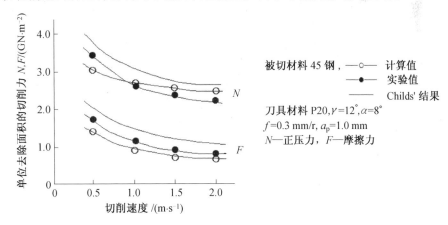

图 6.3　切 45 钢正交切削中切削力随切削速度的变化情况

图 6.5 和图 6.6 所示为以切削速度 $v_c = 1.67$ m/s 切削 45 钢和 20 钢时剪切流动应力场 K 及温度场 θ。它们的流动应力差别不大,但温度场明显不同。

综上,同时考虑生产率和刀具使用寿命,在所讨论的切削速度范围内,切 20 钢推荐值 $v_c^* = 1.0 \sim 1.34$ m/s。

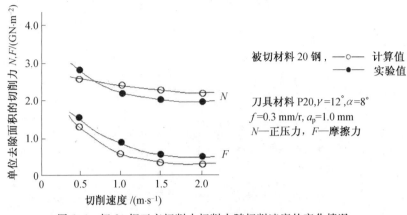

图 6.4 切 20 钢正交切削中切削力随切削速度的变化情况

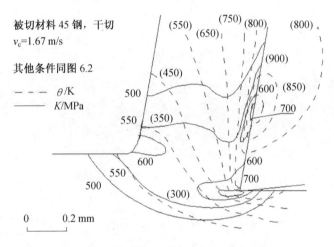

图 6.5 切 45 钢剪切流动应力场 K 及温度场 θ

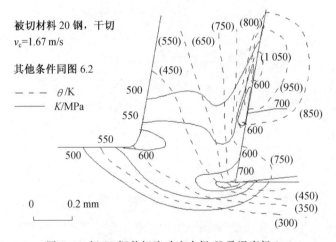

图 6.6 切 20 钢剪切流动应力场 K 及温度场 θ

6.3　进给量对切削过程的影响及其优化

进给量对切削力有显著影响。表 6.4～6.6 分别给出的是 $f=0.13$ mm/r、$f=0.20$ mm/r 和 $f=0.30$ mm/r 时,不同切削速度和前角的切削力仿真值。

表 6.4　$f=0.13$ mm/r 时,不同切削速度和前角的切削力仿真值(N)

前角/(°)	0		6		12		20	
$v_c/(\text{m} \cdot \text{s}^{-1})$	F_z	F_x	F_z	F_x	F_z	F_x	F_z	F_x
0.500	485.30	276.81	468.30	235.56	308.25	175.20	392.02	168.43
0.830	452.60	248.32	431.70	218.35	371.83	168.46	378.04	162.70
1.670	418.62	255.30	399.60	226.40	369.32	182.30	351.73	171.68
2.500	381.73	213.70	375.70	192.73	348.27	172.80	331.62	164.82
5.000	348.16	201.28	345.80	172.40	321.64	149.73	316.25	143.80

表 6.5　$f=0.20$ mm/r 时,不同切削速度和前角的切削力仿真值(N)

前角/(°)	0		6		12		20	
$v_c/(\text{m} \cdot \text{s}^{-1})$	F_z	F_x	F_z	F_x	F_z	F_x	F_z	F_x
0.500	491.2	292.1	489.6	273.5	461.3	256.2	450.6	248.7
0.830	503.6	273.6	462.8	258.4	430.2	239.6	428.7	231.9
1.670	472.5	281.3	432.1	263.9	418.7	241.5	410.5	238.6
2.500	454.8	268.2	408.7	239.2	389.6	220.8	381.2	226.8
5.000	426.3	254.7	380.1	207.6	207.6	362.1	360.8	198.4

表 6.6　$f=0.30$ mm/r 时,不同切削速度和前角的切削力仿真值(N)

前角/(°)	0		6		12		20	
$v_c/(\text{m} \cdot \text{s}^{-1})$	F_z	F_x	F_z	F_x	F_z	F_x	F_z	F_x
0.500	533.2	321.6	521.7	307.8	503.0	284.6	500.1	273.2
0.830	520.6	298.2	493.8	286.7	480.2	268.1	472.8	259.6
1.670	478.6	309.6	479.6	291.8	463.2	270.3	457.2	264.3
2.500	461.8	284.5	454.3	290.3	439.4	256.4	422.6	247.6
5.000	445.3	268.4	420.4	246.3	410.5	224.6	398.4	229.4

由以上三个表可以看出,随着 f 增大,切削力各分量都是增加的。因此,通过切削力的大小确定合理的进给量,主要考虑加工精度、生产率和机床进给系统刚度。进给量对应变场和应变率场亦有影响。图 6.7 和图 6.8 分别给出了 $f=0.13$ mm/r 和 $f=0.25$ mm/r 时最大剪切应变场和应变率场。

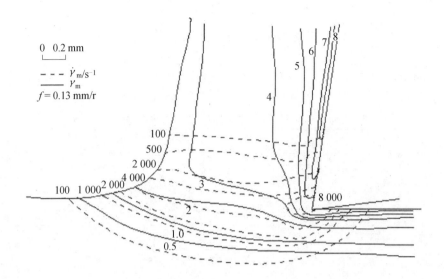

图 6.7 $f=0.13$ mm/r 时最大剪切应变场和应变率场

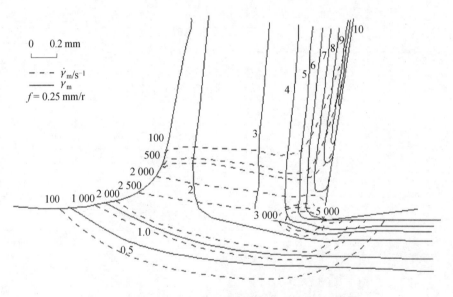

图 6.8 $f=0.25$ mm/r 时最大剪切应变场和应变率场

6.4 切削深度对切削过程的影响及其优化

本书对 $a_p=1.0$ mm 和 $a_p=2.0$ mm 两种切削深度进行了力场和应变场的分析对比。当 a_p 从 1.0 mm 改变到 2.0 mm 时,相应的切削力增加近 1 倍,但又不等于 1 倍,切削深度对切削力的影响如图 6.9 所示。变形区金属的应变也发生一点变化,但变化不大。例如,当采用 $\gamma=10°$、$\alpha=8°$、$v_c=1.67$ m/s、$f=0.13$ mm/r 切削时的应力场各点增加,而应变场与同条件下 $a_p=2.0$ mm 的情况除切屑底层外无显著变化,有限元网格变化,$a_p=$

1.0 mm 和 a_p＝2.0 mm 时，前刀面上正应力 σ_t 及摩擦应力 τ_t 如图 6.10 和图 6.11 所示。

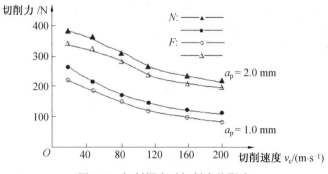

图 6.9　切削深度对切削力的影响

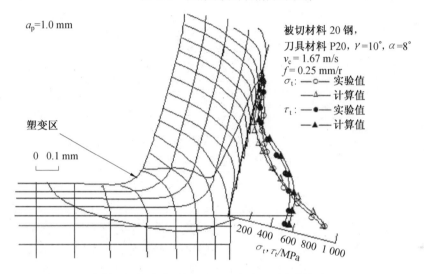

图 6.10　有限元网格变化，前刀面上正应力 σ_t 及摩擦应力 τ_t(a_p＝1.0 mm)

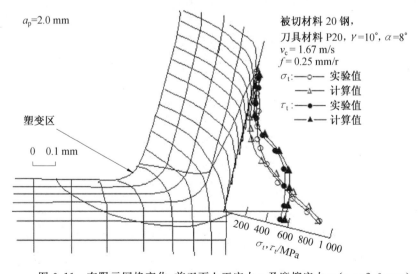

图 6.11　有限元网格变化，前刀面上正应力 σ_t 及摩擦应力 τ_t(a_p＝2.0 mm)

从切削优化的角度看,粗加工时,若机床刚度足够,为提高生产率,则可采用较大的 a_p;精加工时,为获得较好的表面质量,需取较小的切削深度。对于 a_p 的选用,要更好地考虑加工性质和整个工艺系统的关系。

6.5 前角对切削过程的影响及其优化

前角是刀具的一个重要几何参数,它对切削过程有显著影响。沿流线的剪切应变如图 6.12 所示。

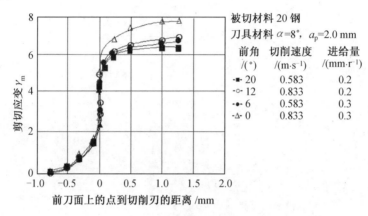

图 6.12 沿流线的剪切应变

从对 20 钢的切削仿真看,在中低切削速度段内,取较大的前角,切削力显著下降,切削变形亦较小;但当前角取值接近或达到 20°时,切削力不再继续下降,由表 6.4、表 6.5 和表 6.6 也可清楚地看到这一点。造成此种情况的一个原因是被切材料剪切流动应力基本处于接近或达到极限状态。此时的剪切应变最小,而剪切角最大。观察图 6.4(20 钢,$a_p = 1.0$ mm)和图 6.13,继续加大前角,切削力也不再下降了。

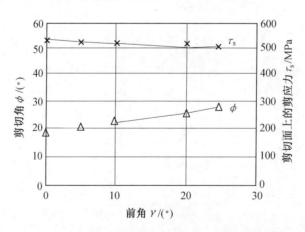

图 6.13 刀具前角对剪切角及剪切面上剪应力的影响

前角对剪切面上的温度场的影响与对剪切角的影响相似。图 6.14 给出了前角对前刀面上温度场的影响。当前角增大时，切削温度下降；而前角达到 20°时，切削温度不再明显下降。考虑到硬质合金刀具抗弯强度和抗冲击韧性相对于高速钢为弱，精加工可选用 $\gamma = 15°$，同时对刀刃采用强固措施；若用高速钢刀具，则其前角可取 $\gamma = 18° \sim 20°$。

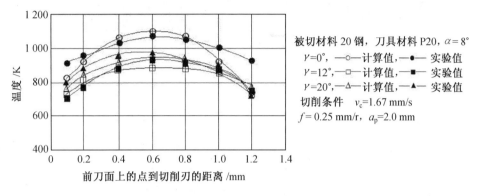

图 6.14　前角对前刀面上温度场的影响

本 章 小 结

本章讨论对 45 钢和 20 钢的切削仿真，主要考查了切削速度、进给量、切削深度和刀具前角对切削过程的影响，特别是对切削力、温度、应力、应变的影响，并把给定仿真和实验范围内的切削使切削力相对小、切削温度相对低，又有较高生产率和刀具使用寿命等因素的切削用量和刀具前角作为优化目标。

从仿真及切削优化看，结果是较为理想的。通过对切削区金属受力、变形、温度变化等因素，特别是应变场、应力场的考查分析，能够获得关于一般金属切削相对理想化的切削用量和刀具前角。尽管本书切削过程仿真暂限于四种钢材，初步的应用表明了这种方法的有效性和实用性。

切削过程仿真尚可用于金属切削研究的其他重要方面，如材料的可切削加工性等的研究，这对研究新材料具有重要的现实意义。通过比较 45 钢和 20 钢可以看出，在采用相同切削参数的条件下，20 钢在切削变形区的应变和应变率具有显著性，在宏观上表现为变形较大、加工硬化程度较大，由此可以较好地说明为什么 20 钢的切削加工性低于45 钢。

下　篇

振动金属切削过程仿真与切削优化

第 7 章　二维低频圆振动金属切削的理论研究

二维低频圆振动金属切削,包括二维低频圆振动金属切削理论基础与试验的研究,以及二维低频圆振动金属切削有关振动参数的优化选择研究这两大方面的内容。通过对二维低频圆振动金属切削理论的研究,建立二维低频圆振动金属切削运动学和动力学模型;通过对二维低频圆振动金属切削摩擦特性的研究,揭示其特殊摩擦机理;在研究现有振动驱动装置的基础上,选择适合二维低频圆振动金属切削的振动驱动装置,为二维低频圆振动金属切削试验系统的建立奠定基础;建立二维低频圆振动金属切削试验系统,并进行二维低频圆振动金属切削试验;利用数据挖掘技术,找出二维低频圆振动金属切削有关振动参数之间的统计学联系,并进行参数的优化选择。

7.1　质点的简谐运动

简谐振动是任何振动金属切削技术中振动刀具的最基本振动形式。简谐振动是最基本也最简单的机械振动。当某物体进行简谐运动时,物体所受的力跟位移成正比,并且总是指向平衡位置。它是一种由自身系统性质决定的周期性运动。

(1)简谐振动的特点。

质点做简谐振动的条件是:在任何时候所受到的力与质点离开平衡位置的位移成正比,其指向与位移相反,始终指向平衡位置。所受的力与位移的关系表达式为

$$F = -kx \tag{7.1}$$

式中,k 为正的常数。对于弹簧振子而言,k 就是弹簧劲度系数。

(2)简谐运动的微分方程及其解。

根据牛顿第二定律,做简谐振动的质点的微分方程可以写成

$$m \frac{\mathrm{d}^2 x}{\mathrm{d}t^2} = -kx \tag{7.2}$$

整理得

$$m \frac{\mathrm{d}^2 x}{\mathrm{d}t^2} + kx = 0 \tag{7.3}$$

进一步可以写成

$$\frac{\mathrm{d}^2 x}{\mathrm{d}t^2} + \frac{k}{m} x = 0 \tag{7.4}$$

也即

$$\frac{\mathrm{d}^2 x}{\mathrm{d}t^2} + \left(\sqrt{\frac{k}{x}} \right)^2 x = 0 \tag{7.5}$$

令 $\omega = \sqrt{k/x}$,则式(7.5)可以写成

$$\frac{\mathrm{d}^2 x}{\mathrm{d}t^2} + \omega^2 x = 0 \qquad (7.6)$$

式中，ω 为简谐运动的圆频率。

对式(7.5)进行求解可得

$$x = A\cos(\omega t + \alpha) \qquad (7.7)$$

这就是简谐运动的运动规律，A 和 ω 为待定参数。

（3）简谐运动的速度和加速度。

做简谐运动的质点，它的速度和加速度很容易得到。只要将式(7.7)对时间分别求导一次和求导两次即可：

$$v = \frac{\mathrm{d}x}{\mathrm{d}t} = -A\omega\sin(\omega t + \alpha) \qquad (7.8)$$

$$a = \frac{\mathrm{d}v}{\mathrm{d}t} = -A\omega^2\cos(\omega t + \alpha) \qquad (7.9)$$

（4）简谐运动的周期 T、频率 f 和圆频率 ω 之间的关系。

$$T = \frac{2\pi}{\omega} \qquad (7.10)$$

$$f = \frac{1}{T} \qquad (7.11)$$

$$\omega = 2\pi f \qquad (7.12)$$

T、f、ω 三者不是独立的，只要知道其中一个，就可以求出其余两个。它们是由振动系统的固有性质决定的，通常称为固有周期、固有频率和固有圆频率。

（5）简谐运动的振幅 A 和初周相 α。

A 和 α 是两个积分常数，可由初始条件决定。将初始条件($t=0$, $x=x_0$, $v=v_0$)代入式(7.7)、式(7.8)，得

$$\begin{cases} x_0 = A\cos\alpha \\ v_0 = -\omega A\sin\alpha \end{cases} \qquad (7.13)$$

解得

$$\begin{cases} A = \sqrt{x_0^2 + \left(\dfrac{v_0}{\omega}\right)^2} \\ \sin\alpha = -\dfrac{v_0}{\sqrt{\omega^2 x_0^2 + v_0^2}} \\ \cos\alpha = -\dfrac{x_0}{\sqrt{x_0^2 + \left(\dfrac{v_0}{\omega}\right)^2}} \end{cases} \qquad (7.14)$$

（6）简谐运动系统的能量。

做简谐运动的质点动能为

$$E_k = \frac{1}{2}mv^2 = \frac{1}{2}m\omega^2 A^2\sin^2(\omega t + \alpha) \qquad (7.15)$$

简谐系统弹性势能为

$$E_\mathrm{p}=\frac{1}{2}kx^2=\frac{1}{2}m\omega^2A^2\cos^2(\omega t+\alpha) \tag{7.16}$$

系统总机械能为

$$E=E_\mathrm{k}+E_\mathrm{p}=\frac{1}{2}m\omega^2A^2 \tag{7.17}$$

动能和势能在一个周期内对时间的平均值分别为

$$\begin{cases} E_\mathrm{k}=\dfrac{1}{2}m\omega^2A^2\dfrac{1}{2\pi/\omega}\displaystyle\int_0^{2\pi/\omega}\sin^2(\omega t+\alpha)\mathrm{d}t=\dfrac{1}{4}m\omega^2A^2 \\[3mm] E_\mathrm{p}=\dfrac{1}{2}m\omega^2A^2\dfrac{1}{2\pi/\omega}\displaystyle\int_0^{2\pi/\omega}\cos^2(\omega t+\alpha)\mathrm{d}t=\dfrac{1}{4}m\omega^2A^2 \end{cases} \tag{7.18}$$

因此

$$E_\mathrm{k}=E_\mathrm{p}=\frac{1}{2}E \tag{7.19}$$

7.2　简谐运动的合成

（1）两个同方向、同频率的简谐运动的合成。

分运动：

$$\begin{cases} x_1=A_1\cos(\omega t+\alpha_1) \\ x_2=A_2\cos(\omega t+\alpha_2) \end{cases} \tag{7.20}$$

合运动：

$$x=x_1+x_2=A\cos(\omega t+\alpha) \tag{7.21}$$

合运动是简谐运动，其频率仍为 ω，并且

$$\begin{cases} A=\sqrt{A_1^2+A_2^2+2A_1A_2\cos(\alpha_2-\alpha_1)} \\[2mm] \tan\alpha=\dfrac{A_1\sin\alpha_1+A_2\sin\alpha_2}{A_1\cos\alpha_1+A_2\cos\alpha_2} \end{cases} \tag{7.22}$$

可见两个同方向、同频率的简谐运动合成后仍为同频率的简谐运动。

（2）两个相互垂直、同频率简谐运动的合成。

分运动：

$$\begin{cases} x=A_1\cos(\omega t+\alpha_1) \\ y=A_2\cos(\omega t+\alpha_2) \end{cases} \tag{7.23}$$

将式（7.23）写成

$$\begin{cases} x=A_1(\cos\omega t\cos\alpha_1-\sin\omega t\sin\alpha_1) \\ y=A_2(\cos\omega t\cos\alpha_2-\sin\omega t\sin\alpha_2) \end{cases} \tag{7.24}$$

将 t 消去，可得

$$\begin{cases} \dfrac{x\cos\alpha_2}{A_1}-\dfrac{y\cos\alpha_1}{A_2}=\sin\omega t\sin(\alpha_2-\alpha_1) \\[3mm] \dfrac{x\sin\alpha_2}{A_1}-\dfrac{y\sin\alpha_1}{A_2}=\cos\omega t\sin(\alpha_2-\alpha_1) \end{cases} \tag{7.25}$$

将 ω 消去,得合运动:

$$\left(\frac{x}{A_1}\right)^2+\left(\frac{y}{A_2}\right)^2-\frac{2xy\cos(\alpha_2-\alpha_1)}{A_1A_2}=\sin^2(\alpha_2-\alpha_1) \tag{7.26}$$

当 $A_1=A_2=A$ 时,由式(7.26)得

$$x^2+y^2-2xy\cos(\alpha_2-\alpha_1)=A^2\sin^2(\alpha_2-\alpha_1) \tag{7.27}$$

当 $\Delta\alpha=\alpha_2-\alpha_1=(1+4k)\pi/2$,以及 $\Delta\alpha=\alpha_2-\alpha_1=(3+4k)\pi/2$ 时,式中 $k=0,1,2,$ $3,\cdots,$式(7.27)即为

$$\begin{cases} \dfrac{x^2}{A^2}+\dfrac{y^2}{A^2}=1, & |\Delta\alpha|=\dfrac{(1+4k)\pi}{2} \quad (k=1,2,3,\cdots, \text{顺时针}) \\[3mm] \dfrac{x^2}{A^2}+\dfrac{y^2}{A^2}=1, & |\Delta\alpha|=\dfrac{(3+4k)\pi}{2} \quad (k=1,2,3,\cdots, \text{逆时针}) \end{cases} \tag{7.28}$$

可见两个相互垂直、同频率、同振幅的简谐运动合成后,当两分运动的相位差为$(1+4k)\pi/2$ 或$(3+4k)\pi/2(k=0,1,2,3,\cdots)$时,其合运动为圆。

二维低频圆振动金属切削分别在主切削力方向和吃刀抗力方向这个方向对刀具施加同频率、同振幅的简谐振动,而主切削力方向和吃刀抗力方向是相互垂直的,因此刀具的运动轨迹可以用式(7.28)来描述。

7.3 二维低频圆振动金属切削系统建模与分析

7.3.1 二维低频圆振动金属切削过程的运动学特性

图 7.1 所示为二维低频圆振动金属切削物理模型。在二维低频圆振动金属切削的切削过程中,刀具分别在主切削力方向和吃刀抗力方向进行低频简谐振动。如图 7.1 所示,刀具在主切削力方向的运动为

$$x=A\sin(\omega t+\alpha) \tag{7.29}$$

式中,x 为刀具在主切削力方向上的位移;A 为刀具在主切削力方向上的振幅;f 为振动频率;ω 为刀具在主切削力方向上的振动角频率,$\omega=2\pi f$;t 为时间;α 为刀具在主切削力方向上的振动初始相位。

刀具在吃刀抗力方向的运动为

$$y=A\sin(\omega t+\beta) \tag{7.30}$$

式中,y 为刀具在吃刀抗力方向上的位移;A 为刀具在吃刀抗力方向上的振幅;f 为振动频率;ω 为刀具在吃刀抗力方向上的振动角频率,$\omega=2\pi f$;t 为时间;β 为刀具在吃刀抗力方向上的振动初始相位。

令 $|\alpha-\beta|=\dfrac{(3+4k)\pi}{2}(k=0,1,2,3,\cdots)$,则由式(7.28)可知,刀具在主切削力方向以及吃刀抗力方向上的合运动为

$$\frac{x^2}{A^2}+\frac{y^2}{A^2}=1 \tag{7.31}$$

其轨迹是一个逆时针运动的圆。当 $\alpha=-\dfrac{3\pi}{2},\beta=0$ 时,刀具在主切削力方向和吃刀抗力方

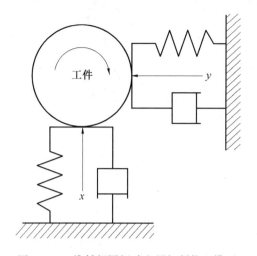

图 7.1　二维低频圆振动金属切削物理模型

向的运动轨迹分别如图 7.2 和图 7.3 所示。

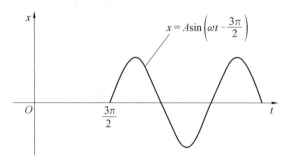

图 7.2　刀具在主切削力方向的运动轨迹

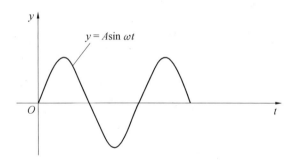

图 7.3　刀具在吃刀抗力方向的运动轨迹

在主切削力方向,刀具的振动速度为

$$v_x = \frac{\mathrm{d}x}{\mathrm{d}t} = A\omega\cos(\omega t + \alpha) \tag{7.32}$$

在吃刀抗力方向,刀具的振动速度为

$$v_y = \frac{\mathrm{d}x}{\mathrm{d}t} = A\omega\cos(\omega t + \beta) \tag{7.33}$$

由式(7.32)和式(7.33)可得

$$\begin{cases} v_x = A\omega\cos(\omega t + \alpha) \\ v_y = A\omega\cos(\omega t + \beta) \end{cases} \tag{7.34}$$

在主切削力方向,刀具的振动加速度为

$$a_x = \frac{\mathrm{d}v_x}{\mathrm{d}t} = -A\omega^2\cos(\omega t + \alpha) \tag{7.35}$$

在吃刀抗力方向,刀具的振动加速度为

$$a_y = \frac{\mathrm{d}v_y}{\mathrm{d}t} = -A\omega^2\cos(\omega t + \beta) \tag{7.36}$$

由式(7.35)和式(7.36)可得

$$\begin{cases} a_x = \dfrac{\mathrm{d}v_x}{\mathrm{d}t} = -A\omega^2\cos(\omega t + \alpha) \\ a_y = \dfrac{\mathrm{d}v_y}{\mathrm{d}t} = -A\omega^2\cos(\omega t + \beta) \end{cases} \tag{7.37}$$

在主切削力方向,工件与刀具的相对速度为

$$v = v_1 + v_x = v_1 + A\omega\cos(\omega t + \alpha) \tag{7.38}$$

式中,v_1 为工件线速度。

在吃刀抗力方向,工件与刀具的相对速度为

$$v = v_1 + v_y = v_y \tag{7.39}$$

若初始相位为零,则主切削力方向刀具运动的速度—时间关系可由图 7.4 所示。

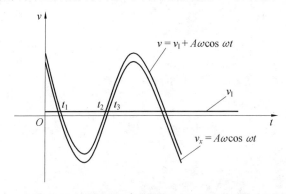

图 7.4　主切削力方向刀具运动的速度—时间关系(设初始相位为零)

若初始相位为零,则吃刀抗力方向刀具运动的速度—时间关系可由图 7.5 所示。

刀具在进行二维低频圆振动金属切削时,其两个方向的位移和速度都在随时间的变化而变化,因此刀具对切削材料的作用具有动态性质。分析图 7.4 可以看出,在 t_1 时刻,刀具前刀面开始脱离切屑并逐渐增大与切屑之间的距离;进入 t_2 时刻,刀具与切屑的距离最大,其后,刀具开始接近切屑;从 t_3 时刻开始,刀具前刀面又重新与切屑接触,进入切削阶段。刀具与切削材料的接触为非连续式接触,是一种冲击式接触,冲击加速度极大。例如,当振动频率 $f = 180$ Hz,振幅 $A = 180$ μm 进行二维低频圆振动金属切削时,在主切削力方向以及吃刀抗力方向,刀具振动加速度可达 $230g(g = 9.8 \text{ m/s}^2)$,此时刀具运动的加速度为重力加速度的 230 倍。分析图 7.5,由于在吃刀抗力方向刀具与工件之间仅存在刀具的振动,因此运动规律较主切削力方向简单。

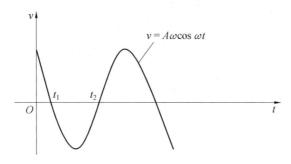

图 7.5　吃刀抗力方向刀具运动的速度－时间关系（设初始相位为零）

在主切削力方向,考虑式(7.38),有 $|A\omega\cos(\omega t+\alpha)|_{\max}=A\omega$。显然,若 $v_1>A\omega$,则刀具前刀面与切屑不发生分离,式中 $A\omega$ 为刀具振动的最大速度。设 $k=\dfrac{v_1}{\omega A}$,显然当 $k\geqslant1$ 时,刀具前刀面与切屑不分离,为不分离型二维低频圆振动金属切削;当 $k<1$ 时,刀具前刀面与切屑分离,为分离型二维低频圆振动金属切削。

设 α_a 为刀具前刀面与切屑开始分离时的相位,代入式(7.38),得 $v_1+A\omega\cos\alpha_a=0$,整理得 $\cos\alpha_a=-\dfrac{v_1}{A\omega}=-k$,由此可得

$$\alpha_a=\arccos(-k) \tag{7.40}$$

图 7.6 中的 α_a 线是 α_a 与 k 的对应关系。

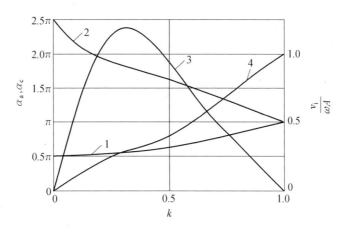

图 7.6　刀具振动金属切削过程运动特性与速度系数的关系（主切削力方向）

1—α_a 线;2—α_c 线;3—$\dfrac{v_1}{\omega A}$ 线;4—φ 线

设 α_c 为刀具前刀面与切屑开始接触时的相位,则

$$\alpha_c=\arccos(-k)+2\arcsin\sqrt{1-k^2} \tag{7.41}$$

一个振动周期 T 内,刀具前刀面与切屑保持接触的总相位为

$$\varphi=2\pi-(\alpha_c-\alpha_a)=2\pi+\alpha_a-\alpha_c \tag{7.42}$$

一个振动周期 T 内,刀具的实际切削时间为

$$t_c = \frac{\varphi}{\omega} \tag{7.43}$$

其与 T 的比值为

$$\mu = \frac{t_c}{T} \tag{7.44}$$

v_i 为刀具开始切入工件的瞬时切入速度：

$$v_i = v_1 + A\omega\cos\alpha_c \tag{7.45}$$

由式(7.45)得

$$\frac{v_i}{\omega A} = k + \cos\alpha_c \tag{7.46}$$

每个振动周期内，刀具切入工件的瞬时加速度为

$$a_c = -\omega^2 A\sin\alpha_c \tag{7.47}$$

每个振动周期内，刀具离开切屑时的瞬时加速度为

$$a_a = -\omega^2 A\sin\alpha_a \tag{7.48}$$

从图 7.6 可以看出，不同的速度系数对二维低频圆振动金属切削的切入与切出相位以及相对切削时间的影响是不同的。

在实际切削区域 $(\alpha_c, \alpha_a + 2\pi)$ 内，刀具相对工件的平均切削速度为

$$\begin{aligned}
v_m &= \int_{\alpha_c}^{\alpha_a+2\pi} (v_1 + \omega A\cos\varphi)\mathrm{d}\varphi = v_1\Big|_{\alpha_c}^{\alpha_a+2\pi} + \omega A\sin\varphi\Big|_{\alpha_c}^{\alpha_a+2\pi} \\
&= v_1(2\pi + \alpha_a - \alpha_c) + \omega A[\sin(2\pi + \alpha_a) - \sin\alpha_c] \\
&= v_1(2\pi + \alpha_a - \alpha_c) + \omega A(\sin\alpha_a - \sin\alpha_c)
\end{aligned}$$

将式(7.40)、式(7.41)及式(7.42)代入上式得

$$v_m = \varphi v_1 \tag{7.49}$$

上式说明，实际切削区域内，在主切削力方向，振动刀具的平均切削速度为普通切削速度的 φ 倍，对于 $k < 1$ 的振动金属切削，一般情况下，$\varphi = 3 \sim 10$，因此 $v_m = (3 \sim 10)v_1$。

7.3.2 非振动金属切削过程模型

根据切削理论，普通切削时的动力学方程为

$$m\frac{\mathrm{d}^2 x}{\mathrm{d}t^2} + c_0\frac{\mathrm{d}x}{\mathrm{d}t} + k_0 x = p(t) \tag{7.50}$$

式中，m 为装夹在主轴工件上的等效质量；x 为刀具在水平方向上的位移；c_0 为阻尼系数；k_0 为系统刚度；t 为时间；$p(t)$ 为切削抗力，$p(t) = p_0 + p\sin\omega t$；$p_0$ 为静态分量，即 $p(t)$ 的平均值。

式(7.50)所表示的普通切削力模型如图 7.7 所示。

求解式(7.50)可得

$$x_c(t) = \frac{p_0}{k_0} + \frac{p_0}{k_0}\frac{1}{\sqrt{\left(1 - \frac{\omega^2}{\omega_0^2}\right)^2 + \frac{4\xi^2\omega^2}{\omega_0^2}}}\sin\left(\omega t + \arctan\frac{-2\xi\frac{\omega}{\omega_0}}{1 - \frac{\omega^2}{\omega_0^2}}\right) \tag{7.51}$$

式中，ω_0 为固有角频率；ξ 为阻尼比系数。

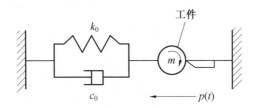

图 7.7　普通切削力学模型

7.3.3　二维低频圆振动金属切削的力学模型

二维低频圆振动金属切削的力学模型如图 7.8 所示,由该图可以写出其动力学方程。

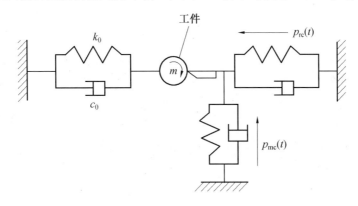

图 7.8　二维低频圆振动金属切削的力学模型

在主切削力方向:

$$m\frac{\mathrm{d}^2 x}{\mathrm{d}t^2}+c_0\frac{\mathrm{d}x}{\mathrm{d}t}+k_0 x=P_{\mathrm{mc}}(t) \tag{7.52}$$

在吃刀抗力方向:

$$m\frac{\mathrm{d}^2 y}{\mathrm{d}t^2}+c_0\frac{\mathrm{d}y}{\mathrm{d}t}+k_0 y=P_{\mathrm{rc}}(t) \tag{7.53}$$

由式(7.52)及式(7.53)可得

$$\begin{cases} m\dfrac{\mathrm{d}^2 x}{\mathrm{d}t^2}+c_0\dfrac{\mathrm{d}x}{\mathrm{d}t}+k_0 x=P_{\mathrm{mc}}(t) \\[2mm] m\dfrac{\mathrm{d}^2 y}{\mathrm{d}t^2}+c_0\dfrac{\mathrm{d}y}{\mathrm{d}t}+k_0 y=P_{\mathrm{rc}}(t) \end{cases} \tag{7.54}$$

式中,x 为刀具在主切削力方向上的位移;y 为刀具在吃刀抗力方向上的位移;m 为装夹在主轴工件上的等效质量。

普通切削力波形的数学表达式为

$$p(t)=p_{\mathrm{mean}}+p\sin\omega t \tag{7.55}$$

普通切削力波形图如图 7.9 所示。

而在一个周期 $\left[-\dfrac{t}{2},\dfrac{t_{\mathrm{c}}}{2}\right]$ 内,脉冲切削力为(波形图如图 7.10 所示)

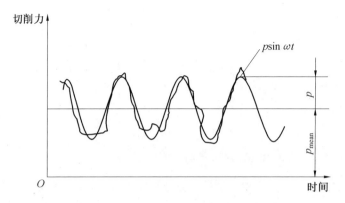

图 7.9　普通切削力波形图

$$f(t) = f(t)_{mc} = f(t)_{rc} = \begin{cases} p_0 & \left(|t| \leqslant \dfrac{t_c}{2}\right) \\ 0 & \left(|t| > \dfrac{t_c}{2}\right) \end{cases} = p_0 \left[u\left(t + \dfrac{t_c}{2}\right) - u\left(t - \dfrac{t_c}{2}\right) \right] \quad (7.56)$$

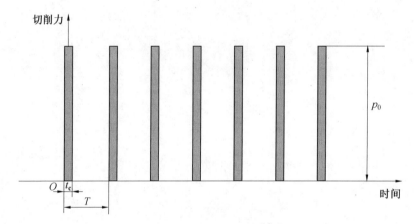

图 7.10　振动金属切削脉冲力波形图

对式(7.56)求傅里叶级数：

$$f(t) = \sum_{n=-\infty}^{\infty} F_n e^{jn\omega t} \qquad (7.57)$$

$$F_n = \frac{1}{T} \int_{-\frac{t_c}{2}}^{\frac{t_c}{2}} p_0 e^{-jn\omega t} \, dt$$

$$= \frac{p_0}{T(-jn\omega)} (e^{-jn\omega t_c/2} - e^{jn\omega t_c/2})$$

$$= \frac{p_0 t_c}{T} \frac{\sin \dfrac{n\omega t_c}{2}}{\dfrac{n\omega t_c}{2}} \qquad (7.58)$$

由式(7.57)及式(7.58)，可得

$$f(t)_{\mathrm{mc}} = f(t)_{\mathrm{rc}} = f(t) = \sum_{n=-\infty}^{\infty} F_n \mathrm{e}^{\mathrm{j}n\omega t}$$

$$= \frac{p_0 t_\mathrm{c}}{T} \sum_{-\infty}^{\infty} Sa\left(\frac{n\omega t_\mathrm{c}}{2}\right) \mathrm{e}^{\mathrm{j}n\omega t}$$

$$= \frac{p_0 t_\mathrm{c}}{T} + \frac{2p_0 t_\mathrm{c}}{T} \sum_{n=1}^{\infty} Sa\left(\frac{n\omega t_\mathrm{c}}{T}\right) \cos(n\omega t)$$

$$= \frac{p_0 t_\mathrm{c}}{T} + \frac{p_0 t_\mathrm{c} \omega}{\pi} \sum_{n=1}^{\infty} Sa\left(\frac{n\omega t_\mathrm{c}}{2}\right) \cos(n\omega t) \tag{7.59}$$

式(7.59)即为 $f(t)$ 的傅里叶级数展开,将式(7.59)写成指数形式,可得

$$f(t)_{\mathrm{mc}} = f(t)_{\mathrm{rc}} = f(t) = \frac{p_0 t_\mathrm{c}}{T} \sum_{n=-\infty}^{\infty} Sa\left(\frac{n\omega t_\mathrm{c}}{2}\right) \mathrm{e}^{\mathrm{j}n\omega t} \tag{7.60}$$

将式(7.60)代入式(7.52),并解得

$$x(t) = \frac{t_\mathrm{c} p_0}{T k_0} + \sum_{n=1}^{\infty} \frac{\dfrac{p_0}{k_0} \dfrac{2}{n\pi} \sin \dfrac{n\pi t_\mathrm{c}}{T}}{\sqrt{4n^2 \xi^2 \dfrac{\omega^2}{\omega_0^2} + \left(1 - n^2 \dfrac{\omega^2}{\omega_0^2}\right)}} \sin\left(\omega t + \arctan \dfrac{1 - n^2 \dfrac{\omega^2}{\omega_0^2}}{2n\xi \dfrac{\omega^2}{\omega_0^2}}\right) \tag{7.61}$$

将式(7.60)代入式(7.53),并解得

$$y(t) = \frac{t_\mathrm{c} p_0}{T k_0} + \sum_{n=1}^{\infty} \frac{\dfrac{p_0}{k_0} \dfrac{2}{n\pi} \sin \dfrac{n\pi t_\mathrm{c}}{T}}{\sqrt{4n^2 \xi^2 \dfrac{\omega^2}{\omega_0^2} + \left(1 - n^2 \dfrac{\omega^2}{\omega_0^2}\right)}} \sin\left(\omega t + \arctan \dfrac{1 - n^2 \dfrac{\omega^2}{\omega_0^2}}{2n\xi \dfrac{\omega^2}{\omega_0^2}}\right) \tag{7.62}$$

由式(7.61)和式(7.62)得

$$\begin{cases} x(t) = \dfrac{t_\mathrm{c} p_0}{T k_0} + \sum_{n=1}^{\infty} \dfrac{\dfrac{p_0}{k_0} \dfrac{2}{n\pi} \sin \dfrac{n\pi t_\mathrm{c}}{T}}{\sqrt{4n^2 \xi^2 \dfrac{\omega^2}{\omega_0^2} + \left(1 - n^2 \dfrac{\omega^2}{\omega_0^2}\right)}} \sin\left(\omega t + \arctan \dfrac{1 - n^2 \dfrac{\omega^2}{\omega_0^2}}{2n\xi \dfrac{\omega^2}{\omega_0^2}}\right) \\[6ex] y(t) = \dfrac{t_\mathrm{c} p_0}{T k_0} + \sum_{n=1}^{\infty} \dfrac{\dfrac{p_0}{k_0} \dfrac{2}{n\pi} \sin \dfrac{n\pi t_\mathrm{c}}{T}}{\sqrt{4n^2 \xi^2 \dfrac{\omega^2}{\omega_0^2} + \left(1 - n^2 \dfrac{\omega^2}{\omega_0^2}\right)}} \sin\left(\omega t + \arctan \dfrac{1 - n^2 \dfrac{\omega^2}{\omega_0^2}}{2n\xi \dfrac{\omega^2}{\omega_0^2}}\right) \end{cases} \tag{7.63}$$

当 $\omega \gg \omega_0$ 时,由式(7.51)可得

$$x_\mathrm{c}(t) \approx \frac{p_0}{k_0} \tag{7.64}$$

当 $\omega \gg \omega_0$ 时,由式(7.63)可得

$$\begin{cases} x(t) \approx \dfrac{p_0}{k_0} \dfrac{t_\mathrm{c}}{T} \\[2ex] y(t) \approx \dfrac{p_0}{k_0} \dfrac{t_\mathrm{c}}{T} \end{cases} \tag{7.65}$$

将式(7.44)代入上式,得

$$\begin{cases} x(t) \approx \mu \dfrac{p_0}{k_0} \\ y(t) \approx \mu \dfrac{p_0}{k_0} \end{cases} \tag{7.66}$$

较之于常规切削,二维低频圆振动金属切削时容易实现 $\omega \gg \omega_0$,从而保证在切削中只有静态分量,即实现加工时只有 $x(t) = \mu \dfrac{p_0}{k_0}$ 及 $y(t) = \mu \dfrac{p_0}{k_0}$,工件呈刚性化,使切削处于最佳的平稳状态,加工精度显著提高,表面粗糙度显著降低。

7.4 基于抽样理论的二维低频圆振动离散无心磨削模型

7.4.1 信号抽样与抽样定理

信号抽样也称为取样或采样,是利用抽样脉冲 $p(t)$ 从连续信号 $f(t)$ 中抽取一系列的离散样值,通过抽样过程得到的离散样值信号称为抽样信号,用 $f_s(t)$ 表示,信号抽样的过程如图 7.11 所示。

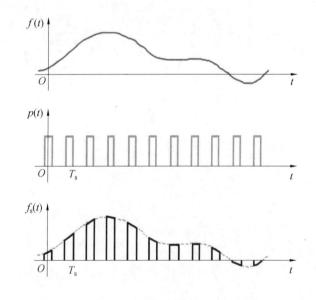

图 7.11　信号抽样的过程

抽样的原理方框图如图 7.12 所示,连续信号经抽样后变成抽样信号,往往还需再经量化、编码等步骤变成数字信号。这种数字信号经传输、处理等步骤后,再经过上述过程的逆过程,就可恢复为原连续信号。假设原连续信号 $f(t)$ 的频谱为 $F(\omega)$,即抽样脉冲 $p(t)$ 是一个周期信号,它的频谱为

$$p(t) = \sum_{n=-\infty}^{\infty} P_n \mathrm{e}^{\mathrm{j}n\omega_s t} \leftrightarrow P(\omega) = 2\pi \sum_{n=-\infty}^{\infty} P_n \delta(\omega - n\omega_s) \tag{7.67}$$

式中，ω_s 为抽样角频率，$\omega_s = \dfrac{2\pi}{T_s}$；$T_s$ 为抽样间隔。

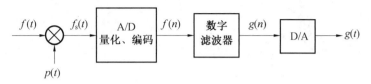

图 7.12　抽样的原理方框图

所以抽样信号的频谱为

$$f_s(t) = f(t)p(t) \leftrightarrow F_s(\omega) = \frac{1}{2\pi}F(\omega) \times P(\omega)$$

$$= \sum_{n=-\infty}^{\infty} F(\omega) \times P_n\delta(\omega - n\omega)$$

$$= \sum_{n=-\infty}^{\infty} P_n F(\omega - n\omega_s) \tag{7.68}$$

在时域抽样（离散化）相当于频域周期化。

若抽样脉冲是冲激序列，则这种抽样称为冲激抽样或理想抽样（图 7.13）。

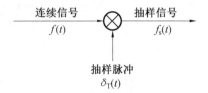

图 7.13　冲激抽样

冲激抽样过程的数学描述为（图 7.14 为冲激抽样频谱图）

$$\begin{cases} p(t) = \displaystyle\sum_{n=-\infty}^{\infty} \delta(t - nT_s) \leftrightarrow \omega_s \sum_{n=-\infty}^{\infty} \delta(\omega - n\omega_s) \\[4mm] f_s(t) = f(t) \cdot p(t) = \displaystyle\sum_{n=-\infty}^{\infty} f(nT_s)\delta(t - nT_s) \\[4mm] P_n = \dfrac{1}{T_s} \displaystyle\int_{-\frac{T_s}{2}}^{\frac{T_s}{2}} \delta(t)e^{-jn\omega_s t}\,\mathrm{d}t \quad \text{（冲激序列的傅里叶级数）} \\[4mm] F_s(\omega) = \dfrac{1}{2\pi}F(\omega) \times \delta_T(\omega) = \dfrac{1}{T_s} \displaystyle\sum_{n=-\infty}^{\infty} F(\omega - n\omega_s) \quad \text{（冲激抽样信号的频谱）} \end{cases}$$

$$\tag{7.69}$$

若抽样脉冲是周期矩形脉冲，则这种抽样称为周期矩形抽样（图 7.15），也称为自然抽样。

周期矩形抽样过程的数学描述为（图 7.16 为周期矩形抽样频谱）

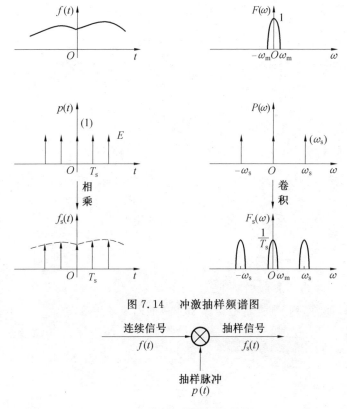

图 7.14 冲激抽样频谱图

图 7.15 周期矩形抽样

$$
\begin{cases}
p(t) = \displaystyle\sum_{n=-\infty}^{\infty} G_\tau(t - nT_s) \\[2mm]
f_s(t) = f(t)p(t) = \displaystyle\sum_{n=-\infty}^{\infty} f(t)G_\tau(t - nT_s) \\[2mm]
P_n = \dfrac{E\tau}{T_s} Sa\left(\dfrac{n\omega_s\tau}{2}\right) \\[2mm]
F_s(\omega) = \dfrac{E\tau}{T_s} \displaystyle\sum_{n=-\infty}^{\infty} Sa\left(\dfrac{n\omega_s\tau}{2}\right) F(\omega - n\omega_s)
\end{cases}
\tag{7.70}
$$

在周期矩形抽样情况下,抽样信号频谱也是周期重复的,但在重复过程中,幅度不再是等幅的,而是受到周期矩形信号的傅里叶级数的加权。

一个频谱受限的信号 $f(t)$,如果频谱只占据 $(-\omega_m, \omega_m)$ 的范围,则信号 $f(t)$ 可以用等间隔的抽样值 $f(nT_s)$ 唯一地表示,只要抽样间隔 T_s 不大于 $\dfrac{1}{2f_m}$,f_m 为信号的最高频率,或者说,抽样频率 f_s 满足条件 $f_s > 2f_m$。

若以间隔 T_s 对 $f(t)$ 进行抽样,抽样信号 $f_s(t)$ 的频谱 $F_s(\omega)$ 是以 ω_s 为周期重复的,在此情况下,只有满足条件 $\omega_s \geqslant 2\omega_m$,各频移的频谱才不会相互重叠。这样,抽样信号 $f_s(t)$ 保留了原连续信号 $f(t)$ 的全部信息,完全可以用 $f_s(t)$ 唯一地表示 $f(t)$,$f(t)$ 完全

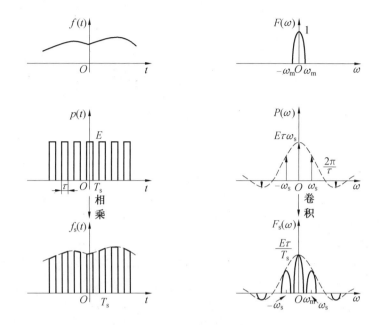

图 7.16　周期矩形抽样频谱

可以由 $f_s(t)$ 恢复出。图 7.17 所示为连续信号、抽样信号频谱对比图。

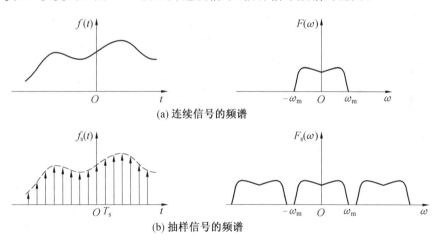

(a) 连续信号的频谱

(b) 抽样信号的频谱

图 7.17　连续信号、抽样信号频谱对比图

7.4.2　磨削与二维低频圆振动金属切削

1.一般磨削

磨削用于加工各种工件的内外圆柱面、圆锥面和平面,以及螺纹、齿轮和花键等特殊、复杂的成形表面。磨削由于磨粒的硬度很高,磨具具有自锐性,磨削可以用于加工各种材料,包括淬硬钢、高强度合金钢、硬质合金、玻璃、陶瓷和大理石等高硬度金属和非金属材料。磨削速度是指砂轮线速度,一般为 30～35 m/s,超过 45 m/s 时称为高速磨削。磨削

通常用于半精加工和精加工,精度可达 IT8~IT5 级甚至更高。表面粗糙度,一般磨削为 $Ra1.25\sim0.16~\mu m$,精密磨削为 $Ra0.16\sim0.04~\mu m$,超精密磨削为 $Ra0.04\sim0.01~\mu m$,镜面磨削可达 $Ra0.01~\mu m$ 以下。磨削的比功率(或称比能耗,即切除单位体积工件材料所消耗的能量)比一般切削大,金属切除率比一般切削小,故在磨削之前,工件通常都先经过其他切削方法去除大部分加工余量,仅留 $0.1\sim1~\mu m$ 或更小的磨削余量。随着缓进给磨削、高速磨削等高效率磨削的发展,已能从毛坯直接把零件磨削成形。也有用磨削作为粗加工的,如磨除铸件的浇冒口、锻件的飞边和钢锭的外皮等。

磨削加工方法的分类如下。

(1)一般按照加工对象可分为外圆、内圆、平面及成形磨削。

(2)旋转表面按照夹紧和驱动工件的方法,可分为定心磨削和无心磨削。

(3)按照进给方向相对于加工表面的关系,可分为纵向进给和横向进给磨削,以及由此二种产生的深磨法和综合磨削法。

(4)考虑磨削行程之后,按照砂轮相对工件的位置,又可分为通磨与定程磨。

(5)考虑砂轮的工作表面类型,又分为周边磨削、端面磨削和周边—端部磨削。

磨削加工的特点如下。

(1)磨削时,砂轮相对于工件做调整旋转运动(砂轮圆周速度一般在 35 m/s 左右,而目前已向 60 m/s 发展)。

(2)磨削能使工件表面获得很高的加工精度和表面光洁度。

(3)磨削可以加工表面硬度很高的金属和非金属材料。

(4)磨削加工所留磨量可以很小。一般来说,磨削时的切削深度也较小,在一次行程中,所切除的金属层较薄。

2.无心磨削

无心磨削是一种高生产率的精密加工方法,它是在无心磨床或带有无心夹具(例如电磁无心夹具)的内、外圆磨床上进行的。在外圆无心磨床上磨削工件外圆表面,称为无心外圆磨削(或外圆无心磨削);在带有无心夹具的内、外圆磨床上磨削工件内、外表面,称为支承式无心磨削。无心外圆磨削和支承式无心磨削统称为无心磨削。

无心磨削一般在无心磨床上进行,用以磨削工件外圆。磨削时,工件不用顶尖定心和支承,而是放在砂轮与导轮之间,由其下方的托板支承,并由导轮带动旋转。当导轮轴线与砂轮轴线调整成斜交 1°~6°时,工件能边旋转边自动沿轴向做纵向进给运动,称为贯穿磨削,贯穿磨削只能用于磨削外圆柱面。采用切入式无心磨削时,须把导轮轴线与砂轮轴线调整成相互平行,使工件支承在托板上不做轴向移动,砂轮相对导轮连续做横向进给。无心磨削也可用于内圆磨削,加工时工件外圆支承在滚轮或支承块上定心,并用偏心电磁吸力环带动工件旋转,砂轮伸入孔内进行磨削,此时外圆作为定位基准,可保证内圆与外圆同心。无心内圆磨削常用于在轴承环专用磨床上磨削轴承环内沟道。

无心磨削有如下特点。

(1)工件中心不固定。这是无心磨削所独具的特点。

(2)工件自身定位。工件的磨削表面同时又是定位面,其原始误差和磨后误差会反映为定位误差,因而影响到工件磨削点附近的形状误差。根据这一特点,有人认为就圆度和波纹度而言,无心磨削没有定心磨削加工精度高,这是不确切的。因为在合理选择几何布局之后,无心磨削具有主动成圆的功能。

(3)工件的运动是由砂轮、导轮和托板联合控制的。工件运动的稳定性,不仅取决于机床运动链,而且还与工件、导轮及托板的实际情况(如工件形状、质量,导轮及托板的材料、表面状态,机床形式)和采用的磨削用量、几何布局有关。

(4)无心磨削容易实现生产过程的自动化。

3. 离散无心磨削与二维低频圆振动金属切削

对于二维低频圆振动金属切削,其刀具运动轨迹是圆,并且在工件的旋转过程中,刀具的运动轨迹又是离散的(图 7.18)。由于刀具的低频圆振动且刀具与工件之间是非连续性接触,因此,工件能够实现自定位;同时,由于刀具能够在二维低频振动下形成独特的圆运动轨迹,因此刀具轨迹可以等效为无心磨削中砂轮的外周轨迹(转动时),且不需要导轮。因此,由 7.4.1 节所述抽样定理可知,满足抽样条件后,二维低频圆振动金属切削可以等效为离散无心磨削。

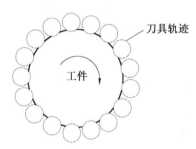

图 7.18　二维低频圆振动金属切削

考虑抽样条件的确定,由图 7.9 可知,普通切削是一个连续的过程,再对比图 7.10,脉冲切削(特别是二维低频圆振动金属切削)是一个离散的过程,其切削过程相当于对普通连续切削过程的抽样。其抽样间隔即为二维低频圆振动金属切削的振动周期。如前所述,在主切削力方向,二维低频圆振动金属切削必须满足 $v_1 < 2\pi a f$ 的条件,那么当 $v_1 = 2\pi a f$ 时,可以得到二维低频圆振动金属切削系统的最高频率为

$$f_m = \frac{v_1}{2\pi a} \tag{7.71}$$

由抽样定理

$$\begin{cases} f_s > 2f_m \\ T < \dfrac{\pi a}{v_1} \end{cases} \tag{7.72}$$

式中,f_s 为满足抽样条件下的刀具振动频率;a 为刀具振幅。

满足式(7.72)时,二维低频圆振动金属切削对于材料的去除率与无心磨削对于材料的去除率持平,此时二维低频圆振动金属切削可以等效为无心磨削(离散),由此继承了无心磨削的一些优点,工艺效果得以进一步提高。

本 章 小 结

　　二维低频圆振动金属切削是一种既不同于普通低频振动金属切削，又不同于超声波（椭圆）振动金属切削的新型振动金属切削加工技术，其分别在主切削力方向以及吃刀抗力方向上同时对刀具施加同振幅、同频率的低频振动，刀具的运动轨迹是圆。因此，建立二维低频圆振动金属切削的数学模型是研究二维低频圆振动金属切削的前提。围绕这个前提，本章做了以下主要工作：①在对简谐振动以及普通低频振动金属切削刀具振动规律及切削规律展开深入研究的基础上，建立了二维低频圆振动金属切削的运动学和动力学模型；②对抽样定理进行了深入研究，并且对磨削加工特别是无心磨削加工的一些特点进行了分析，在此基础上，针对二维低频圆振动金属切削的特点，创造性地建立了二维低频圆振动金属切削等效（离散）无心磨削模型。

第8章　二维低频圆振动金属切削的摩擦特性

8.1　摩擦概述

摩擦、磨损与润滑主要研究相互接触摩擦表面间的相互作用。摩擦是现象,磨损是摩擦的结果,润滑是降低摩擦、减小磨损的重要措施,三者有着密切的关系。摩擦有其可利用的一面,有些机械就是利用摩擦来工作的,如摩擦压力机、摩擦离合器、带传动等;但无用的摩擦的能耗是十分显著的。利用摩擦工作的摩擦副,要求摩擦阻力大、磨损小、发热小;不利用摩擦工作的摩擦副也要求磨损小,更希望摩擦阻力尽量地小,以降低能量消耗。研究摩擦学就是为了降低(或消灭)摩擦面之间不必要的损耗。减小摩擦的办法很多,诸如在接触表面之间施加固体润滑剂,采用化学处理的方法使接触表面具有一层减小摩擦的化学反应膜,用磁悬浮等物理方法分隔接触表面,在接触表面之间施用油、脂或其他流体润滑剂等。其中,油润滑应用得最多最广泛。

两个相互接触的物体在外力作用下发生相对运动(或具有相对运动的趋势)时,在接触表面间产生切向运动阻力,这种现象称为摩擦,这种阻力称为摩擦力。一般情况下,相同金属摩擦副清洁表面在干摩擦状态滑动时,摩擦阻力很大,并将出现严重的破坏和擦伤现象。当软金属在硬金属表面滑动时,摩擦阻力大致与上述情况相同,但摩擦将呈现出具有黏附滑动特性的间歇运动,软金属将间断地涂抹在硬金属表面的磨损轨道上。反之,当硬金属在软金属表面滑动时,运动比较平稳,在软金属表面上可以看到沟槽。

摩擦是一个复杂的过程,可以从多个角度去研究它,因而摩擦的分类方法也较多。按摩擦副两个表面间的运动形式可分为滑动摩擦和滚动摩擦。

(1)滑动摩擦。

两个接触表面相对滑动(或具有相对滑动趋势)时的摩擦,称为滑动摩擦。

(2)滚动摩擦。

两个摩擦的物体在力矩的作用下沿着接触表面做波动(通常是指圆周运动)时的摩擦,称为滚动摩擦。

如果两个物体互为运动的参照物,它们之间的运动状态可以是相对静止或相对运动的状态,因此按摩擦副之间的运动状态分类,可分为静摩擦和动摩擦。

(1)静摩擦。

当某物体在外力作用下,相对于另一物体具有相对运动的趋势,但仍处于静止的临界状态时的摩擦,称为静摩擦。

(2)动摩擦。

当某物体在外力作用下,越过静止临界状态而沿另一物体的表面发生相对运动(平动或滚动)时的摩擦,称为动摩擦。

两个摩擦表面的状况是相当复杂的,如果将实际的摩擦状况理想化,可以分为干摩擦、边界摩擦以及流体摩擦三种基本形态的摩擦,实际的摩擦状况又往往处于混合摩擦状况。

(1)干摩擦。

两个物体摩擦表面间无任何润滑剂(或污染)存在时的摩擦,称为干摩擦。这里的污染是指摩擦表面上的吸附物,如薄的油膜、氧化膜或水膜等。

(2)边界摩擦。

两个物体的摩擦表面被一种具有分层结构和润滑性能的边界膜分开时的摩擦,称为边界摩擦。这层边界膜是极薄的液体或气体的吸附膜。

(3)流体摩擦。

两物体的摩擦表面被一层厚度较大的流体(液体或气体)润滑膜隔开时的摩擦,称为流体摩擦。流体摩擦发生在两摩擦界面间的润滑剂膜内。

(4)混合摩擦。

处于半干摩擦和半流体摩擦状况下的摩擦称为混合摩擦。半干摩擦是指在摩擦表面上同时存在着干摩擦和边界摩擦的状况,半流体摩擦是指在摩擦表面上同时存在着流体摩擦和边界摩擦的状况。

8.2 普通切削加工中的摩擦特性及刀具磨损

8.2.1 金属切削过程

金属切削过程是指用刀具从工件表面上切除一层多余的或预留的金属(称为被切削层),从而使工件的形状、尺寸和表面质量等都符合预定的要求。被切削层金属在刀具的作用下脱离工件母体面变成切屑。

由于工件材料的性质(如塑性或脆性、机械强度等)和切削条件的差别,金属切削形态(切屑形成的形态)可以分为塑变型切削、挤裂型切削、剪断型切削和崩碎型切削四种基本形态。塑变型切削是最常见的切削形态,现以塑变型切削为例来说明金属切削过程。

金属切削的过程中,工件和切屑在刀具切削力的作用下发生各种弹性和塑性变形统称为切削变形。根据切削变形区各部分不同的应力应变特征,可将切削变形区划分为三个小区,切削变形区的划分如图 8.1 所示。Ⅰ区是被切削层与切屑的分界区。也就是说,被切削层金属正是经过了Ⅰ区的变形,才变为切屑而沿前刀面流出的,故称为基本变形区。该区受力状态的最大特点是:它一方面受到前刀面的推挤作用,另一方面又受到被切削层金属的牵制作用。两种作用的结果使该区材料受到强烈的剪切作用,因而发生剪切滑移变形。

在基本变形区靠近刀刃的一端,除了在前刀面和刃口的推挤作用下发生的剪切滑移变形外,同时在刀刃尖端处存在应力集中作用下发生的切屑与工件之间分离撕裂的过程。由于刀具刃口比较锋利,刃刃受到比刀具其他部位强烈得多的压应力和摩擦应力的作用,刃口受力状态如图 8.2(a)所示。根据作用与反作用规律可以看出,在刃前区工件单元体

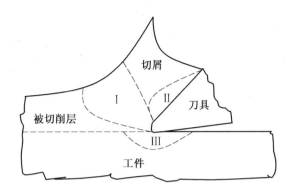

图 8.1　切削变形区的划分

Ⅰ—基本变形区；Ⅱ—刀—屑接触变形区；Ⅲ—刀—工接触变形区

上，必然受到如图 8.2(b)所示的强烈拉压作用。在这种应力状态下，很容易导致材料断裂，因此被切削层变为切屑而与工件母体分离。自然，断裂分离点的位置和性质(脆性断裂或韧性剪断)与该区域应力集中的程度、分布状态以及工件材料的性质等密切相关。

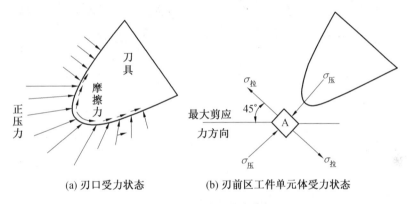

(a) 刃口受力状态　　　(b) 刃前区工件单元体受力状态

图 8.2　刀刃附近应力分析

切屑经Ⅰ区剪切滑移变形后沿前刀面流出时，由于受到前刀面的挤压作用，切屑底层的材料，必然还会与刀具前刀面发生强烈的摩擦。摩擦的结果使切屑底层的材料发生进一步的剪切滑移变形，于是构成图 8.1 所示的刀—屑接触变形区。该区剪切滑移的基本特点是：由于摩擦力的作用方向与前刀面平行而与切屑流出速度的方向相反，切屑底层材料沿平行于前刀面的方向纤维化，并使切屑底层的流出速度降低，构成所谓滞流层。这个滞流层是形成积屑瘤、鳞刺等许多表面质量现象的基础。

被切削层在刃口附近与工件母体断裂分离后，上部的材料经Ⅰ、Ⅱ区变形而成为切屑，下部的材料将在刀—工接触区经刀具后刀面熨压作用后形成工件上的已加工表面(Ⅲ区)。切削过程中，刀具必须克服被切削金属、切屑和工件表面层金属的弹性和塑性变形抗力以及刀具与切屑、刀具与工件之间的摩擦阻力，以维持切削过程不断进行。也就是说，任何金属切削过程的完成，都必须通过刀具提供足够的切削力，由切削力做功，不断地为切削过程补充能量。通常，切削力来自前刀面和后刀面，前刀面上的正压力和摩擦力构成前刀面的合力，后刀面上的正压力和摩擦力构成后刀面的合力，而前、后刀面合力的矢量和便构成了总的切削力。但是,切削力做功仅有能量的一小部分作为变形能储存在工件和切屑中,其中的大部分将转化为热能,即切削热,在切削区产生很高的切削温度。切削速度越高,切削温度便随之增高。切削力和切削温度不仅对刀具耐用度、加工精度、已加工表面的完整性等起决定性作用,而且对机床、刀具、夹具等整个工艺系统有重大影响。

刀具所承受的切削力和切削温度是很高的。切削力可高达 2～3 GPa;切削温度可高达 700～800 ℃,乃至上千摄氏度;切削速度通常都在每分钟几十米至几百米的数量级。这样的高压、高温和高速的环境条件,使得切削刀具的工作条件比一般机器零件的工作条件要严酷得多,因此切削过程中的摩擦、磨损和润滑等一系列问题具有显著的特殊性。切削过程的摩擦包含两方面的内容:一是刀具前刀面与切屑底层之间的摩擦,简称刀－屑摩擦;二是刀具后刀面与工件已加工表面之间的摩擦,简称刀－工摩擦。

8.2.2 刀－屑摩擦

刀－屑摩擦区正应力和切应力(摩擦应力)的分布特点如图 8.3 所示。正应力 σ 的分布特点是:从刀尖 A 至刀－屑分离点 C 递减,具有较大的分布梯度。切应力 τ 的分布特点是:在靠近刀尖处呈近似均匀分布,在刀－屑接触后缘以较大梯度逐渐下降,直至刀－屑分离点 C 降为零。由于正应力和切应力沿前刀面按不同的规律变化,因此摩擦系数($\mu = \tau/\sigma$)不再是常数,而是随刀－屑接触区的位置不同变化较大。

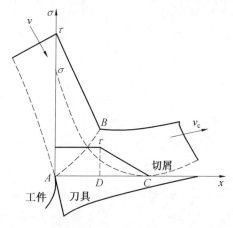

图 8.3　刀－屑摩擦接触区正应力 σ 和切应力 τ 的分布特点

根据正应力 σ 和切应力 τ 的分布特点,可将刀－屑接触区的摩擦状态分成两种,即外摩擦和内摩擦。它们分别对应于图 8.3 所示的 DC 区和 AD 区。

在 DC 区,σ 和 τ 具有同向变化的趋势,而 τ/σ 约为常数,库仑定律基本适用,因此可以推断该区的摩擦特点类似于一般条件下机械零件的摩擦。刀－屑接触状态为峰点接触,而且实际接触面积远远小于名义接触面积。这里的摩擦发生在刀－屑接触界面上,称为外摩擦。

AD 区的情况就不同了,在该区,切应力 τ 不随正应力 σ 的增加而增加,而是基本保持为一个常量。因为该区的切屑材料已完全处于屈服状态,而且峰点接触处于饱和状态,即使正应力再增加,实际接触面积也不会随之增加,这时,实际接触面积约等于名义接触面积,达到最大值。而且,切屑背面是刚与工件母体分离的新生表面,前刀面上很高的正应力使得刀具与切屑紧密接触,难以保持润滑膜,因此刀、屑表面的活性都很高,极易形成非常牢固的黏结,并且黏结强度非常大,以至于大于或等于切屑本身的剪切屈服强度。可以看出,该区的摩擦往往发生在切屑内部,故称为内摩擦。内摩擦的存在是刀-屑摩擦最显著的特点。为了减小刀-屑界面的摩擦,可以通过减小切削厚度、增大刀具的前角、加强前刀面的润滑等一系列途径来实现。

刀-屑间的摩擦,特别是由内摩擦而引起的巨大摩擦力,会造成切屑沿前刀面流出时的受阻现象,使切屑的流出速度下降。而且,由于内摩擦中局部的摩擦力能够达到切屑材料的剪切屈服强度,因此摩擦力的作用不仅仅使切屑流出的宏观速度下降,而且会使切屑层内各层间发生塑性流动。这就使得切屑底层金属的流出速度比切屑宏观速度有明显的下降,在切屑层内部形成速度梯度,这样一种现象被称为切屑滞流现象。发生滞流现象的切屑底层称为滞流层。滞流层的出现对于切削过程状态有重要的影响:它使切屑变形增加、切削力增加、切削温度升高,同时也决定了切屑自身弯曲的规律。

滞流层的厚度和结构取决于切屑的受力状态,特别是前刀面摩擦力的分布状态。原则上讲,只要某一位置的切应力(摩擦应力)大于或等于切屑的剪切屈服强度,则必然在该处发生滞流现象。并且,切应力越大,滞流现象越明显。根据这一原则,并由图 8.3 所示前刀面上的摩擦应力分布规律,不难理解,滞流层长度至少等于内摩擦区 AD 的长度。在 DC 区,摩擦力逐渐下降,滞流现象随之逐渐消失。与前刀面上应力分布的不均匀性相对应,在垂直于前刀面方向(即切屑厚度方向)的截面上,正应力和切应力的分布也是不均匀的。若将切屑划分成若干微单元来进行平衡受力分析,可以推知,该截面上正应力和切应力的分布规律与前刀面的应力分布有类似的特点:即越远离刀尖,正应力和切应力越小。这样的应力分布特点决定了滞流层越远离,刀尖处越薄。而且在滞流层内部各层的流出速度也不一样,越靠近刀尖处流出速度越低,滞流现象越明显。

滞流层的大小和形状受切削速度的影响很大,这是由前刀面黏结区的速度特性决定的。过大或过小的切削速度都不利于黏结,因此不会形成较大厚度的滞流层。而在中等速度条件下,黏结最易发生,与此相对应的滞流层厚度最大。在低速条件下,由于切削温度较低,刀具的表面存在着吸附膜,特别是固体氧化膜等不易被破坏,有利于降低刀-屑黏结强度,从而降低前刀面的摩擦力,减小滞流层的厚度。在高速条件下,虽然刀具表面旧有的吸附膜容易被破坏,但高速切削所带来的高温条件容易使刀具表面形成新的氧化膜并且使黏结区材料因高温而软化,因而使刀-屑间的摩擦力降低,黏结强度下降,滞流层厚度会相应减小。可见黏结现象和滞流现象随切削速度的变化也都具有驼峰性质。同时,驼峰中心的位置(指黏结和滞流最严重时所对应的中等切削速度条件)还会随其他切削条件的变化而变化,如工件材料的塑性程度、切削厚度、刀具的前角等都会影响驼峰中心的位置。

当切屑与刀具之间形成牢固的黏结而使摩擦力足够大时,以致滞流层内靠近刀尖处的切屑流出速度降为零,这层流速为零的切屑就会与外层切屑脱离而附着在刀尖附近的前刀面上,于是形成了所谓的积屑瘤。积屑瘤一旦形成,它便代替刀具起着实际的切削作用。这时,实际切削前角 γ_{oe} 也随积屑瘤的形状而变化。与滞流层结构一样,积屑瘤也总是呈下宽上窄的三角形状。因此,积屑瘤的存在总是使实际前角增大($\gamma_{oc} > \gamma$),积屑瘤示意图如图 8.4 所示。前角增加,又会使切削力下降。另外,积屑瘤包围着刀尖,避免了刀尖与切屑直接摩擦,起到了保护刀尖的作用,可以有效地提高刀具的耐用度。但是,积屑瘤不过是滞流层的极限——滞流变为停留的结果。在切削过程中,由于滞流现象受到各种因素的影响,因此实际上它是一种动态过程现象。积屑瘤的形成也是一种动态过程,所以积屑瘤一般是不稳定的。由切削加工的试验可知,在积屑瘤长大时,实际切削深度会加大;而积屑瘤减小或消失时,实际切削深度又将减小。这样严重影响了切削加工的尺寸精度和表面粗糙度。当积屑瘤附着于刀尖时,实际上加大了刀尖部分的受力力臂,容易使刀尖受冲击而破损。与滞流层随切削速度变化的驼峰规律一样,积屑瘤的长消也随切削速度呈现驼峰变化的趋势。而且,驼峰高度及其峰值中心位置也受其他切削条件的影响。由于积屑瘤是滞流层的产物,因此控制积屑瘤应首先从控制滞流层着手,即应从控制刀一屑间的摩擦状态着手。所有减轻刀一屑摩擦的措施,如选用合适的冷却润滑液、增大前角、减小切削厚度、提高切削速度等,均可有效地减小乃至消除积屑瘤。

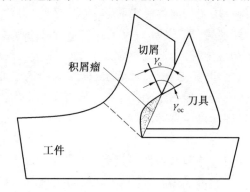

图 8.4　积屑瘤示意图

8.2.3　刀一工摩擦

刀一工摩擦是指刀具后刀面与工件已加工表面之间的摩擦。由于刀一工摩擦直接作用于工件已加工表面上,因此刀一工摩擦状态对已加工表面的完整性影响很大。相对于刀一屑摩擦而言,刀一工摩擦要小得多。原因如下。

(1)作用在后刀面上的正压力一般比作用在前刀面上的正压力要小得多,因此刀一工接触区的塑性变形小,以弹性变形为主,所以刀一工摩擦总是以峰点接触式的外摩擦为主,而较少出现像刀一屑接触区那样的内摩擦现象。

(2)刀具设计时总留有一定的后角,保证刀具后刀面与工件表面之间具有一定的间隙。因此,刀一工接触区仅局限在刀尖附近很小的区域内,接触面积远小于刀一屑的接触面积,所以刀一工摩擦也远小于刀一屑摩擦。正因为如此,通常在计算切削力时,可以忽略刀一工接触区的作用力。

当然,从研究已加工表面完整性的角度出发,刀一工摩擦是不容忽视的。首先,切削刃不可能绝对锋利,它总有一定的钝圆半径 r_n(r_n 的大小取决于刀具材料的种类、刀具前刀面和后刀面的夹角以及刃磨质量等,如高速钢刀具的最小钝圆半径可磨到 $10 \sim 18~\mu m$,

而硬质合金的 r_m 在 $18\sim32~\mu m$ 之间），总会在刀—工接触区产生摩擦。另外，刀—工摩擦接触区的弹性变形会产生弹性恢复，也会增加刀具与工件之间的接触面积。何况，随着切削过程的进行，刀具总要不断磨损，刃口钝圆半径随之加大。因此，刀—工摩擦必然是一个随切削时间递增的变化过程。刀—工摩擦机理可以参照图 8.5 所示的刀—工摩擦示意图来理解。根据摩擦力方向与摩擦相对运动方向相反的原则，可以判断，作用在刀具上的刀—工摩擦区和刀—屑摩擦区的摩擦力方向均为背离刀具刃口的方向。那么，在刃口钝圆部分必然存在某一点 F，它是刀—屑摩擦区和刀—工摩擦区的分界点，在它的两旁，摩擦力方向相反。既然该点是前刀面和后刀面相反方向摩擦力的转折点，则该点处的摩擦力必然为零。如果取该点处切屑的一个微单元来进行分析，可以看出，刃口钝圆的切线方向即为摩擦力的方向。但在 F 点摩擦力为零，从此可以推断，在 F 点平行和垂直于该点切线的两个方向上的切应力均为零。按照最大剪切应力方向与主应力方向夹角为 $45°$ 的原则，并考虑到在切屑与工件母体分离点的剪切滑移方向应与切削速度方向一致，则可以确定在刃口钝圆上切线方向与切削方向成 $45°$ 的那一点，即为刀—工摩擦区和刀—屑摩擦区的分界点。被切削层金属在分界点 F 处被分成两部分：上面的部分变为切屑沿前刀面流出，下面的部分（图 8.5 阴影线部分）将从刀刃的后刀面挤压过去，并由此造成刀具后刀面的挤压与摩擦。

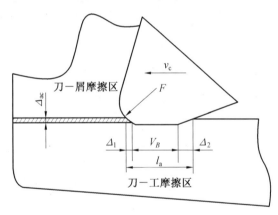

图 8.5　刀—工摩擦示意图

　　刀—工摩擦影响已加工表面的完整性，特别是影响已加工表面的粗糙度，形成鳞刺。所谓鳞刺，指的是在已加工表面上形成的垂直于切削方向的鳞片状毛刺。在以较低速度切削和中等速度切削时，用高速钢、硬质合金或陶瓷刀具切削低碳钢、中碳钢、铬钢、不锈钢、铝合金以及紫铜等塑性材料时，无论是车、刨、插、钻、拉削，还是滚齿、插齿或螺纹加工等工序中，都可能出现鳞刺。鳞刺的表面微观特征是具有一定高度并呈鳞片形状，它在近似垂直于切削速度方向上沿整个切削刃的宽度方向分布。鳞刺的晶粒和基体材料的晶粒相互交错。鳞刺与基体材料之间并无分界线。鳞刺的出现使已加工表面变得很粗糙。综上所述，鳞刺是刀—屑和刀—工摩擦综合作用的产物。切削底层金属发生严重滞流现象是形成鳞刺的先决条件。而且，鳞刺随着滞流现象的激化而加剧，积屑瘤是最严重的滞流，要避免出现鳞刺首先要消除积屑瘤。因此，只要减小刀—屑和刀—工间的摩擦，便可抑制鳞刺的产生。

8.2.4 刀具的磨损

刀具在切削过程中将逐渐产生磨损,当刀具磨损达到一定程度时,可以明显地发现切削力增大、切削温度上升、切屑颜色改变,甚至产生振动。同时,工件尺寸也可能超出公差范围,已加工表面质量也明显恶化。刀具的磨损和耐用度关系到切削加工的效率、质量和成本,因此它是切削加工中极为重要的问题之一。在切削过程中,前刀面、后刀面经常与切屑、工件接触,在接触区发生着强烈的摩擦,同时,在接触区又有很高的温度和压力。因此,前刀面和后刀面随着切削的进行都会逐渐产生磨损。切削过程中的刀具磨损具有如下特点:刀具与切屑、工件间的接触表面经常是新鲜表面;接触压力非常大,有时超过被切削材料的屈服强度;接触表面的温度很高,对于硬质合金刀具,可达 800～1 000 ℃,对于高速刀具,可达 300～600 ℃。在上述条件下工作,刀具磨损经常是机械的、热的、化学的三种形式的综合作用结果,可以产生以下几种磨损形式。

(1)磨料磨损。

切屑、工件的硬度虽然低于刀具的硬度,但它们当中经常含有一些硬度极高的微小的硬质点,可在刀具表面划出沟纹,这就是磨料磨损。硬质点有碳化物、氮化物、氧化物和金属间化合物等。切削中的 Ti(N、C)颗粒在刀具上起着耕犁作用。除了前刀面会有磨料磨损的现象,在后刀面上,同样可以发现由于磨料磨损而产生的沟纹。磨料磨损在各种切削速度下都存在,但对低速切削的刀具(如拉刀、板牙等),磨料是磨损的主要原因,这是由于低速切削时,切削温度比较低,其他原因产生的磨损并不显著,因此不是主要的。高速钢刀具的硬度和耐磨度低于硬质合金、陶瓷等,故其磨料磨损所占的比重较大。

(2)冷焊磨损。

切削时,切屑、工件与前、后刀面之间存在很大的压力和强烈的摩擦,因此它们之间会发生冷焊。由于摩擦面之间有相对的运动,冷焊结将产生破裂被一方带走,从而造成冷焊磨损。一般来说,工件材料或切屑的硬度较刀具材料的硬度低,冷焊结的破裂往往发生在工件或切屑这方。但由于交变能力、接触疲劳、热应力以及刀具表层结构缺陷等原因,冷焊结的破裂也可能发生在刀具这一方,刀具材料的颗粒被切屑或工件带走,从而造成刀具磨损。冷焊磨损一般在中等偏低的切削速度下比较严重。研究表明,脆性金属比塑性金属的抗冷焊能力强;相同的金属或晶格类型、晶格间距、电子密度、电化学性质相近的金属的冷焊倾向小;金属化合物比单相固熔体的冷焊倾向小;化学元素周期表中 B 族元素比 Fe 的冷焊倾向小。在高速钢刀具正常的工作速度和硬质合金刀具偏低的工作速度下,正能满足产生冷焊的条件,故此时冷焊磨损所占的比重较大。提高切削速度后,硬质合金刀具冷焊磨损减轻。

(3)扩散磨损。

扩散磨损在高温下产生。切削金属时,切屑、工件与刀具接触的过程中,双方的化学元素在固态下相互扩散,改变了原来材料的成分与结构,使刀具材料变得脆弱,从而加剧了刀具的磨损。例如,硬质合金切钢时,从 800 ℃开始,硬质合金中的化学元素迅速地扩散到切屑、工件中去,硬质相 WC 分解为 W 和 C 后扩散到钢中。由于切屑、工件都在高速运动,刀具表面和它们的表面在接触区保持着扩散元素的浓度梯度,从而使扩散现象持续进行。于是,硬质合金表面发生贫碳、贫钨现象。黏结相 Co 减少,又使硬质合金中硬质相(WC、TiC)的黏结强度降低。切屑、工件中的 Fe 则向硬质合金中扩散,扩散到硬质合金中的 Fe 将形成新的高硬度、高脆性的复合碳化物。所有这些都会使刀具磨损加剧。除刀具、工件材料自身的性质以外,温度是影响扩散磨损的最主要因素。扩散磨损往往与冷焊磨损、磨料磨损同时产生,此时磨损率很高。高速钢刀具的工作温度较低,与切屑、工件之间的扩散作用进行得比较缓慢,故其扩散磨损所占的比重远小于硬质合金刀具。

(4)氧化磨损。

当切削温度达到 700～800 ℃时,空气中的氧便与硬质合金中的钴、碳化钨及碳化钛等发生氧化作用,产生较软的氧化物,被切屑或工件擦掉而形成磨损,称为氧化磨损。氧化磨损与氧化膜的黏附强度有关,黏附强度越低,则磨损越快;反之,则可减轻这种磨损。一般而言,空气不易进入刀－屑接触区,氧化磨损最容易在主副切削刃的工作边界处形成。

(5)热电磨损。

工件、切屑与刀具由于材料不同,切削时在接触区将产生热电势,这种热电势促进扩散的作用,加速刀具磨损。这种在热电势的作用下产生的扩散磨损,称为热电磨损。试验证明,若在刀－工接触处通以与热电势相反的电动势,可减少热电磨损。

(6)黏结磨损。

黏结磨损是切削时切屑和工件材料沿刀具前、后刀面移动,破坏了刀具表面的氧化层和其他吸附膜,特别是刚从工件材料内部切削出的新鲜表面间形成强烈黏结造成的磨损。切削速度与黏结磨损之间存在着非常复杂的关系,一般黏结磨损主要发生在中等切削速度范围内,刀具材料与工件材料之间的亲和力、刀具材料和工件材料之间的硬度比,以及刀具材料组分、晶粒粗细、刀具表面状态和切削液类型等都影响刀具黏结磨损速度。

总之,在不同的工件材料、刀具材料和切削条件下,磨损原因和磨损强度是不同的。对于一定的刀具和工件材料,切削温度对刀具磨损具有决定性的影响。切削温度的高低取决于热的产生和传出情况,它受切削用量、工件材料、刀具材料及几何参数等的影响。因此,通过合理选择切削用量、刀具材料及角度可以减少切削热的产生,并且增加热的传出。有效地降低切削区温度是减少刀具磨损的重要途径。由于刀具磨损到一定程度,将降低工件的尺寸精度和加工表面质量,同时也将增加加工成本和刀具的消耗,因此,减少刀具磨损具有十分重要的意义。

8.3　二维低频圆振动金属切削的摩擦特性

在二维低频圆振动金属切削过程中,切削刀具沿圆轨迹进行动态切削,刀具的位置不是固定不变的,由于这种动态特性,二维低频圆振动金属切削的摩擦特性必然不同于普通切削。

8.3.1 滚动摩擦的摩擦机理及理论依据

在二维低频圆振动金属切削过程中,刀具与工件之间是非连续性接触,对排屑十分有利,因此刀－屑摩擦对工件的表面质量影响不显著,需要考虑的主要是刀－工摩擦。由于刀具沿着与工件的接触表面波动,根据 8.1 节所述可知,刀－工摩擦可以等效为滚动摩擦,滚动摩擦的摩擦机理主要有以下四个方面。

(1)微观滑移效应。

微观滑移效应主要包括三个方面。

①雷诺(Reynolds)滑移。弹性常数不同的两个物体发生赫兹接触并自由滚动,虽然作用在每一个物体界面上的压力相同,但一般在两表面上引起的切向位移不同,从而导致界面的滑移。

②Carter－Poritsky－Foppl 滑移。由于在滚动方向上的切向力的影响与静态问题中黏附区位于中心处的情况不同,滚动时的滑移首先发生于接触面积的前沿。

③Heathcote 滑移。球形滚动体在滚道中滚动,可以获得很好的滚动一致关系,但是,球形滚动体上任意一点到自身的回转中心以及球形滚动体整体到运动回转中心(如同向心球轴承的滚珠绕自身转动和在滚道中绕轴中心线转动)是不同的,从而形成滚动体上各点的速度差,形成切向微观滑移。

(2)弹性滞后效应。

接触时的弹性变形要消耗能量,脱离接触时要释放弹性变形能。但由于弹性滞后和松弛效应的缘故,释放的能量比吸收的能量要小,两者之差就是滚动摩擦损失。黏弹性材料的弹性滞后大,摩擦损失也比金属大。

(3)塑性变形效应。

金属物体滚动接触时,若接触压力超过一定数值,将首先在表面层下的一定深度上产生材料的塑性变形。塑性变形消耗的能量构成了滚动摩擦损失。在反复循环的滚动摩擦接触时,由于硬化等因素,会产生相当复杂的塑性变形过程。

(4)黏着效应。

与滑动黏着不同,在滚动接触条件下,表面黏着力作用在滚动物体之间的界面法向,不发生黏着点剪切等现象,黏着力主要属于范德瓦耳斯力类型,像强金属键这类短程力只作用在微观滑移区内的微观触点上。如果形成了黏着结合,在滚动接触区的后缘黏着结合受拉伸而分离,而不像滑动接触时那样受剪切而分离。因此,滚动摩擦的黏着分量只占摩擦阻力的一小部分。

滚动摩擦的理论依据主要有三个方面。

(1)泰博理论。

泰博指出,当硬质金属球在弹性表面上滚动时,所测得的滚动阻力是由材料的滞后损耗造成的。为了证明这一点,泰博用硬钢球于铅直载荷的作用下在一软钢平面上滚动,此时滚动阻力随滚动次数的变化而变化,塑性的成槽作用在反复几百次滚动后就停止了,滚动一万次行程后,由于滚道宽度的增加,若微观滑移效应起主要作用,则滚动阻力应当上升。但试验表明,这时的滚动阻力反而下降,而且滚动阻力的下降与行程次数的增加呈正相关。这一切都说明微观滑移效应不起主要作用,仅能用弹性滞后理论才能完美地解释这一现象,也就是说,弹性接触时的滚动阻力归因于材料在机械负荷下的滞后损耗。

(2)弹-塑性理论。

对于金属材料的滚动阻力,在较小的载荷下可以用弹性滞后理论来分析。但是对一些金属,当载荷较大时,得出的滞后损失因子特别大(有时大于 30%),这就很难解释。在 1957 年,柯鲁克和韦尔什研究两个金属圆柱在足以引起材料屈服的接触压力下,呈线接触一起滚动时,发现了一种新的变形类型。每个圆柱的弹性表面层,由于下表面层中出现塑性变形,而整个地沿着向前滚动的方向,相对于圆柱的弹性核心转动,这两个弹性部分之间被一层塑性变形材料分隔。圆柱间的法向力能造成不对称的变形,并且引起金属的向前移动而不是向后移动。对于这一现象,汉密尔顿进行了一系列试验,研究指出,向前的移动很可能是由于滚动接触中弹-塑性应力应变循环,而不是由特殊的材料性质造成的。按照这一思想,麦尔温和约翰逊对这种现象进行了理论研究,提出了关于滚动阻力的弹-塑性理论。为了便于研究,他们提出了三点简化假定:①把研究对象简化为一个刚性圆柱在一个半无限固体表面上滚动;②固体是完全塑性,而且是各向同性的(即没有冷作硬化);③变形是平面的。在这些假定的基础上,他们得出了数学解,并且比较成功地解释了有关试验现象。按照麦尔温等人的分析,在滚动接触中,固体材料受到一个中途颠倒方向的切变循环,在循环结束时留下一个残余应变,使表面产生一个向前的位移。在这个塑性切变循环中,所消耗的能量是在简单单向切变里产生向前的位移所需的能量的 3～4 倍,这个能量耗损造成对滚动的阻力。

(3)刚塑性理论。

在很高载荷下,当一个刚性圆柱在一个比较软的材料的平表面上滚动时,表面下的塑性变形区将广泛地扩展到在滚动圆柱的前方和后方的固体表面。这时,塑性变形将不再受到局限,而较大的塑性形变可能出现。这时的可变形固体不再是理想的弹-塑性材料,而应看成是理想的刚塑性材料了。它的特点是:在屈服前处于无变形刚体状态;一旦屈服,即进入塑性流动状态。

8.3.2　二维低频圆振动金属切削的滚动摩擦力学分析

如前所述,二维低频圆振动金属切削中的摩擦主要是刀-工摩擦。根据 8.2.3 节所述可知,相对于刀-屑摩擦而言,刀-工摩擦要小得多,并且刀-工摩擦总是以峰点接触式的外摩擦为主,而较少出现像刀-屑接触区那样的内摩擦现象。再者,由于二维低频圆振动金属切削中的刀-工摩擦是滚动摩擦,工件已加工表面不易形成鳞刺,因此工件的表面质量得以提高。

在二维低频圆振动金属切削的切削过程中,切削刀具绕振动轴线连续而稳定地旋转。这种旋转改善了切削条件,增强了切削刀刃的切割作用,减小了切削的变形以及切屑、刀具、工件之间的摩擦,使切削性能得到充分发挥,刀具使用寿命得以提高,同时可以提高刀具的切削加工性和耐磨性。

若切削软质金属,由于振动刀具稳定地绕振动轴线旋转,整个刀刃都能匀速而连续地承担切削作业。在这个过程中,旋转刀具可以等效为硬质钢球在弹性表面上滚动。根据

8.3.1 节的泰博理论,随着滚动行程的增加,滚动阻力逐渐下降,即切削阻力逐渐下降。

从静态角度分析,参加二维低频圆振动金属切削的刀刃都是瞬间通过切削区,这样在很大程度上改善了刀具的散热条件。二维低频圆振动金属切削使切屑流出的方向与刀具的旋转方向一致,克服了切屑与前刀面的相对摩擦和推挤作用,同时避免了积屑瘤在前刀面的形成,从而避免了由此所引起的刀具的黏结磨损(8.2.4 节)。在切削过程中,使用煤油、机油、植物油之类的冷却润滑液,可以随着刀具的旋转被带进切削区,不仅油膜易于在前刀面上形成,同时也改善了刀具的热交换和耐磨损条件。在切削过程中,刀具的后刀面与已加工表面接触所产生的正压力,可以等效于滚动摩擦中的正压力,在这种工作状况中,滚动摩擦因数很小。切削时,根据 8.3.1 所述的刚塑性理论,滚动阻力系数为

$$\mu \cong \frac{1}{4(2+\pi)} \frac{N}{kR} \tag{8.1}$$

式中,k 为工件在切变情况下的屈服应力;N 为刀具后刀面与已加工表面接触所产生的正压力;R 为二维低频圆振动的刀具运动轨迹(圆)的半径。

切削阻力为

$$F_r = \frac{\mu}{R} N \tag{8.2}$$

在相同的工况条件下,滚动阻力系数要比滑动摩擦系数小得多,因此二维低频圆振动金属切削的切削阻力必然远小于普通切削。这也是二维低频圆振动金属切削下,工件材料的可加工性、刀具的使用寿命以及工件的加工质量均优于普通切削的原因之一。

本 章 小 结

对于二维低频圆振动金属切削,其刀具的运动轨迹既不同于普通低频振动金属切削,又不同于超声波(椭圆)振动金属切削,因此其刀具与工件间的摩擦特性必然有其特殊规律。本章首先对摩擦及其相关特性进行了概述;紧接着从研究金属切削过程入手,分析了金属切削过程中的两种主要摩擦,即刀—屑摩擦和刀—工摩擦;随后在此基础上结合二维低频圆振动金属切削的特点,指出二维低频圆振动金属切削具有动态特性,并且在分析这一动态特性的基础上得出结论,对于二维低频圆振动金属切削,其刀具与工件之间的摩擦可以等效为滚动摩擦;紧接着分析了这一等效滚动摩擦的机理及其理论依据,并建立了这一等效滚动摩擦的数学模型,最后得出结论,二维低频圆振动金属切削的切削阻力必然远小于普通切削。这也是二维低频圆振动金属切削下,工件材料的可加工性、刀具的使用寿命以及工件的加工质量均优于普通切削的原因之一。

第9章 二维低频圆振动金属切削振动驱动装置

9.1 振动驱动装置概述

振动金属切削效果的好坏,在很大程度上取决于振动驱动装置。振动驱动装置已经成为发展振动金属切削技术的一个专门的研究内容。普通低频振动金属切削的振动驱动装置结构简单,但只能实现一维低频振动;超声波(椭圆)振动驱动装置结构复杂,虽然能够实现二维振动,但振动频率过高,不适于实现二维低频圆振动。因此,在研究普通低频振动驱动装置以及超声波(椭圆)振动驱动装置的基础上,针对二维低频圆振动金属切削的特点,设计出合理的二维低频圆振动金属切削振动驱动装置,用比较简单的手段实现刀具系统的低频圆振动,是发展二维低频圆振动金属切削技术的关键环节。

对于振动金属切削中广泛应用的各种振动装置,从产生振动的能源来划分,大致可分为两大类,即强迫振动金属切削装置和自激振动金属切削装置。强迫振动金属切削装置是指利用外加的能源产生强迫振动的切削装置,如低频振动车削刀架就是利用电机带动凸轮机构,推动刀杆和刀具产生轴向振动,并在振动状态下进行切削的一种装置。强迫振动装置可以根据实际加工的需要,在一定范围内随意改变振动参数,它受切削过程的影响比较小,在切削过程中容易维持振动参数的稳定性,因此它是目前应用最多的一种振动驱动装置。自激振动金属切削装置直接利用切削过程中自激振动的能量,使刀具能始终维持一定规律的振动,并在振动状态下进行切削的一种装置。

9.2 机械振动驱动装置

一般情况下,机械振动金属切削装置(刀架)结构简单,造价低廉,使用、维护都比较方便,切削过程中振动参数受负载的影响比较小,因而在切削加工中得到比较广泛的应用。这种刀架在中小企业的技术改造中很容易普及和推广,可以形成独立的机床附件。在原来的机床不需要经过很大改装的情况下,就能配套使用。由于刀架在工作过程中受到频率变化较大的冲击载荷的影响,在设计刀架的具体结构时,必须特别注意选择较好的材料来制造振动系统的各个元件(如凸轮、偏心轮、偏心轴等),并且要经过适当的热处理,以保证它们有足够的使用寿命,还应在结构上保证能方便地更换已磨损的零件。此外,注意到振动金属切削时形成脉冲切削力的这一特点,对机械零件的应力集中甚为敏感。因此,在结构设计上和加工过程中必须特别注意。由于这种刀架工作可靠性好,所需要的辅助装置少,目前已有不断扩大使用的趋势。在机械振动刀架中,目前应用较多的是偏心式、曲柄滑块式和四连杆机构。尤其是各种偏心式的振动刀架,其组成部件较少,尺寸可以做得紧凑,因此应用较为普遍。

9.3 液压振动驱动装置

对于切削力较大的一些工序(如拉削等),采用液压振动驱动装置更有利。虽然这种装置成本较高,需要的功率大,对油温的控制系统要求比较严格,但结构小巧(与功率大相比),工作平稳,和现有机床配套使用较为方便,因此,在振动金属切削中应用也较广泛。尤其对于新设计的振动金属切削机床,采用液压振动驱动装置,可以得到更好的工艺效果。振动金属切削时,多采用滑阀式液压振动器,有的情况下也采用脉冲振动器,用以组成各种不同的液压振动刀架。在普通车床上经常使用液压随动振动器,把这种振动器附在稍经改装的刀架上,就构成了液压随动振动刀架。这种刀架可在普通车床、自动机床和机床自动线上使用,加工直母线轴类零件。振动器是由液压随动系统、信号发生装置(液压电动机、曲柄连杆机构或凸轮机构)、调频装置、小油箱及拉杆所组成,这些部件都集中装在小油箱内,该油箱同时又是振动器的外壳,故须严格密封。但为装配和使用方便起见,油箱靠近刀架的前盖和上盖是用螺钉固定的,其余部分则焊成一个整体。这种振动器经常用机械或电器元件组成控制机构,液压元件作为功率放大,这样就能用很小的输入作用力控制很大的输出作用力。它在结构上的重要特点是,在随动滑阀及其控制滑阀之间有刚性反馈,在一定的频率和振幅范围内,频率特性比较稳定,不随负载发生变化。

但是,液压振动驱动装置也存在如下缺点。

(1)液压部件结构复杂,要求具有较丰富的生产经验和较高的技术水平。

(2)液压元件随液压油工作压力的增大而泄漏,或泄漏趋势增大。例如,同样的液压系统,工作油压为 12 MPa 时相较于工作油压为 6 MPa 时,一般泄漏得更多。

(3)由于液压振动器的振动特性和工作介质(油)的温度有密切的关系。因此,必须采取措施,使油温保持在一定的范围内。

(4)工作介质(油)必须精细过滤,以减小液压元件工作部分的磨损和泄漏,避免振动器过早损坏。

(5)振动频率较低,一般不超过 60 Hz,不能达到更高的振动频率(例如 200~250 Hz),因此,在使用上受到一定的限制。

在选用液压振动驱动装置时,应当根据具体情况适当权衡。在要求比较高的情况下可以采用电气液压随动振动器。电气液压随动振动器综合了电气和液压随动振动器的优点,同时,也具备机械液压随动振动器的长处,可以代替机械、电气和气动振动器,是一种很有前途的振动装置。它的显著特点是:在保持足够大振幅的情况下,可以得到更高的振动频率,并且频率和振幅的负载特性好;功率消耗小;振动参数可以实现程序控制。

9.4 超声波振动驱动装置

超声波振动金属切削的功率大小和结构形式虽各有不同,但其组成部分基本相同,一般包括超声波发生器、超声波振动系统(声学部件),以及刀具系统。

9.4.1　超声波发生器

超声波发生器的作用是将工频交流电转变为具有一定功率输出的超声频振荡,以提供刀具端面往复振动的能量。其基本要求是输出的功率和频率在一定范围内是连续可调的,最好具有对共振频率的自动跟踪和自动微调的功能,超声波振动金属切削用的高频发生器,有电子管和晶体管两种,大功率(1 kW)以上的往往是电子管式的,但近年来有被晶体管取代的趋势。

9.4.2　声学部件

声学部件的作用是把高频电能转变为机械能,使刀具端面做高频小振幅振动,它是超声波振动驱动装置中的重要部件。声学部件又由换能器、变幅杆以及振动刀具组成。

(1)换能器。

换能器的作用是把高频电振荡转换成机械振动。

(2)变幅杆。

变幅杆是一根上粗下细的杆子,能将振幅扩大,又称为振幅扩大棒。变幅杆之所以能扩大振幅,是因为通过变幅杆每一截面的振动能量是不变的,截面小的地方能量密度大,而能量密度与振幅的平方成正比。

9.4.3　刀具系统

运用与变幅杆特定的连接方式、整体质量严格控制的振动切削刀头,刀具的切削角度、刃形、刃区的剖面形式和工作刀面形式须进行综合优化,已获得适宜的锋利性、强固性和耐用性。振动刀具的形状和尺寸决定被加工表面的形状和尺寸,它们相差一个加工间隙。

9.5　压电振动驱动装置

9.5.1　压电效应及压电振动驱动原理

1.压电效应

当一些各向异性晶体承受机械应力时,会产生电偶极子,这种现象称为压电效应。压电效应可分为正压电效应和逆压电效应。正压电效应是指,当晶体受到某固定方向外力的作用时,内部就产生电极化现象,同时在某两个表面上产生符号相反的电荷;当外力撤去后,晶体又恢复到不带电的状态;当外力作用方向改变时,电荷的极性也随之改变;晶体受力所产生的电荷量与外力的大小成正比。逆压电效应是指对晶体施加交变电场引起晶体机械变形的现象。用逆压电效应制造的变送器可用于电声和超声波工程。压电敏感元件的受力变形有厚度变形型、长度变形型、体积变形型、厚度切变型和平面切变型五种基本形式。压电晶体是各向异性的,并非所有晶体都能在这五种状态下产生压电效应。例如,石英晶体就没有体积变形压电效应,但具有良好的厚度变形和长度变形压电效应。

2. 压电振动驱动原理

压电薄膜驱动悬臂梁可以产生振动,为振动刀具提供强迫振动源。压电驱动悬臂梁层梁结构及横截面如图 9.1 所示。

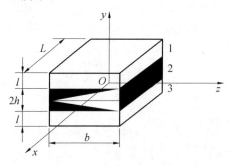

图 9.1　层梁结构及其横截面

层梁结构的上下两层为压电层,以 1、3 表示,中间两层为基体,以 2 表示,基体是各向同性的弹性材料,含有压电材料的线性本构方程为

$$\begin{cases} \boldsymbol{\sigma} = \boldsymbol{C}\boldsymbol{\varepsilon} - \boldsymbol{e}^{\mathrm{T}}\boldsymbol{E} \\ \boldsymbol{D} = \boldsymbol{e}\boldsymbol{\varepsilon} + \boldsymbol{g}\boldsymbol{E} \end{cases} \tag{9.1}$$

式中,$\boldsymbol{D}$、$\boldsymbol{E}$、$\boldsymbol{\sigma}$、$\boldsymbol{\varepsilon}$ 分别为电位移、电场矢量、应力和应变张量;$\boldsymbol{C}$、$\boldsymbol{e}$、$\boldsymbol{g}$ 分别为弹性常数、压电常数和介电常数。

对于沿 z 轴极化各向同性的压电材料,则有

$$\begin{cases} \boldsymbol{C} = \begin{bmatrix} c_{11} & c_{12} & c_{13} & 0 & 0 & 0 \\ c_{21} & c_{22} & c_{23} & 0 & 0 & 0 \\ c_{31} & c_{32} & c_{33} & 0 & 0 & 0 \\ 0 & 0 & 0 & c_{44} & 0 & 0 \\ 0 & 0 & 0 & 0 & c_{55} & 0 \\ 0 & 0 & 0 & 0 & 0 & c_{66} \end{bmatrix} \\ \boldsymbol{e} = \begin{bmatrix} 0 & 0 & 0 & 0 & e_{15} & 0 \\ 0 & 0 & 0 & e_{24} & 0 & 0 \\ e_{31} & e_{32} & e_{33} & 0 & 0 & 0 \end{bmatrix} \\ \boldsymbol{g} = \begin{bmatrix} g_{11} & & \\ 0 & g_{22} & 0 \\ 0 & 0 & g_{33} \end{bmatrix} \end{cases} \tag{9.2}$$

一般三维弹性材料或压电介质的平衡方程为

$$\begin{cases} \sigma_{ij,j} + X_i = 0 \\ D_{i,i} = \rho_f \end{cases} \tag{9.3}$$

式中,X_i 为体积分量($i = 1, 2, 3, \cdots$);ρ_f 为体电荷密度。

在小变形情况下的几何方程为

$$\begin{cases} \varepsilon_{ij} = (u_{i,j} + u_{j,i})/2 \\ E_i = -\Phi_j \end{cases} \tag{9.4}$$

式中，Φ_j 为电势。

假设压电层横梁为薄板，在小变形情况下采用基尔霍夫假设，并且不考虑中间的面内变形时有

$$\begin{cases} \gamma_{xx} = \gamma_{yz} \varepsilon_x = 0 \\ u = -zw_x \\ v = -zw_y \\ w = -w(x,y) \end{cases} \tag{9.5}$$

由式(9.2)及式(9.5)可得

$$\begin{cases} \sigma_x = -z(c_{11}w_{xx} + c_{12}w_{yy} + e_{31}\Phi_z) \\ \sigma_y = -z(c_{12}w_{xx} + c_{22}w_{yy} + e_{32}\Phi_z) \\ \tau_{xy} = -2zc_{66}w_{xy} \\ D_x = -g_{11}\Phi_x \\ D_y = -g_{22}\Phi_y \\ D_z = -z(e_{31}w_{xx} + e_{32}w_{yy}) - g_{33}\Phi_{zz} \end{cases} \tag{9.6}$$

在不考虑体电荷的情况下，有

$$e_{31}w_{xx} + e_{32}w_{yy} + g_{11}\Phi_{xx} + g_{22}\Phi_{yy} + g_{33}\Phi_{xx} = 0 \tag{9.7}$$

压电层合梁的内力为

$$\begin{cases} M_x = \int_{-h}^{h} z\sigma_x \, dz \\ M_y = \int_{-h}^{h} z\sigma_x \, dz \\ M_{xy} = \int_{-h}^{h} z\tau_{xy} \, dz \end{cases} \tag{9.8}$$

式中，M_x、M_y 分别为截面上单位中面长度的弯矩；M_{xy} 为截面上单位中面长度的扭矩。

薄板的平衡方程为

$$M_{xxx} + 2M_{xyxy} + M_{yyy} = -q(x,y) \tag{9.9}$$

将式(9.6)和式(9.8)代入式(9.9)，可得

$$EI(w_{xxxx} + 2w_{xxyy} + w_{yyyy}) - \int_{h}^{h+\tau} 2z(e_{31}\Phi_{xxz} + e_{32}\Phi_{yyz}) \, dz = q(x,y) \tag{9.10}$$

压电层合梁的基本方程在一维的情况下退化为

$$\begin{cases} e_{31}w_{xx} + g_{11}\Phi_{xx} + g_{33}\Phi_{zz} = 0 \\ EIw_{xxxx} - \int_{h}^{h+\tau} e_{31}z\Phi_{xxz} \, dz = q(x) \end{cases} \tag{9.11}$$

式中，EI 为层合梁的抗弯强度。

电学边界条件为

$$\begin{cases} \varPhi\left(0, h+\dfrac{t}{2}\right)=0 \\[2mm] \varPhi_x=0, \quad x=0 \ \text{或} \ a \\[2mm] \varPhi_z=-\dfrac{e_{31}z}{g_{33}}w_{xx}, \quad z=h \ \text{或} \ h+t \end{cases} \tag{9.12}$$

力学边界条件为

$$\begin{cases} x=0, \quad aw=0 \\[2mm] -EIw_{xx}+2e_{31}\displaystyle\int_{h}^{h+t}z\varPhi_z\mathrm{d}z=0 \end{cases} \tag{9.13}$$

对式(9.10)求解可得

$$w(x)=\frac{e_{31}\left[(h+t)^3-h^3\right]f_0^0}{6EIg_{33}+4e_{31}^2\left[(h+t)^3-h^3\right]}(x^2-xl)+$$

$$\sum_{k=1}^{\infty}\frac{a_k\,(l/k\pi)^4 f_k^0}{EI+e_{31}a_k\,(l/k\pi)^2}\left[\frac{x}{l}(\cos k\pi-1)+1-\cos\frac{k\pi x}{l}\right] \tag{9.14}$$

$$\varPhi(x,z)=\frac{f_0^0}{4g_{33}+\dfrac{8e_{31}^2}{3EI}\left[(h+t)^3-h^3\right]}\left[z^2-\left(h+\frac{t}{2}\right)^2\right]+$$

$$\sum_{k=1}^{\infty}\frac{f_0^0}{g_{33}a\sinh at\left[\varDelta+e_{31}a_k(l/k\pi^2)EI\right]}\Big\{(h+t)\cosh(z-h)-$$

$$\left[\frac{h}{2}\cosh a(z-h-t)-\frac{\sinh at}{a}\right]\cos\frac{k\pi x}{l}-\left(t\cosh\frac{at}{2}-\frac{\sinh at}{a}\right)\Big\} \tag{9.15}$$

求得的 $w(x)$ 即为压电薄膜驱动微悬臂梁的挠度方程,如上部压电层作为驱动产生拉伸或振动,则下部压电层还可以作为传感器,这样的振动驱动装置兼具振动驱动功能和传感功能。

9.5.2　压电材料及分类

具有压电效应的材料称为压电材料。压电材料主要分为三类,分别是无机压电材料、有机压电材料以及复合压电材料。

(1)无机压电材料。

无机压电材料又分为压电晶体和压电陶瓷。压电晶体一般指压电单晶体,压电陶瓷则泛指压电多晶体,这种压电多晶体是指用必要成分的原料进行混合、成形、高温烧结,由粉粒之间的固相反应和烧结过程而获得的微细晶粒无规则集合而成的多晶体。

(2)有机压电材料。

有机压电材料又称为压电聚合物,如偏聚氟乙烯薄膜以及其他有机压电(薄膜)材料。这类材料具有材质柔韧、密度低、阻抗低、压电常数高等优点,发展十分迅速,已在水声超声波测量、压力传感、引燃引爆等方面获得应用,其不足之处是压电应变常数偏低。

(3)复合压电材料。

复合压电材料是指在有机聚合物基底材料中嵌入片状、棒状、杆状或粉末状压电材料所构成的压电材料。至今已在水声、电声、超声波、医学等领域得到广泛的应用。

9.5.3　基于逆压电效应和压电振动驱动原理的压电振动驱动装置

合理选择压电材料或压电片,利用 9.5.1 节所述压电效应以及压电振动驱动原理,产生振动,作为振动驱动装置,可以实现刀具的振动。

压电振动驱动装置的主要特点如下。

(1)结构简单,安装和维护方便。

(2)利用压电片作为振动驱动源,不需要电机、电磁激振器等驱动装置,也不需要其他机械传动部件,结构简单,易于加工制作。

(3)改变驱动信号中的幅值、脉宽及频率中的任意一个,都可以调节振动参数,可控性好。

(4)不产生干扰电磁场,也不受电磁干扰信号的影响。

(5)可在低频率段或超声波段工作,噪声小。

(6)可在共振或亚共振状态下工作,因此能量消耗少。

9.6　稀土超磁致伸缩振动驱动装置

9.6.1　磁致伸缩现象

磁致伸缩现象是指磁性材料或磁性物体由于磁化状态的改变而引起的弹性形变现象。其中长度方向变化是 1842 年英国人焦耳首先发现的,又称焦耳效应或线性磁致伸缩。由于体积的变化(体积磁致伸缩)比长度的变化要微弱得多,用途又少,故通常将线性磁致伸缩简称为磁致伸缩。磁致伸缩是铁磁性物质的基本磁性现象,它对磁性材料的性能(如磁导率、矫顽力等)有着重要的影响。磁致伸缩的大小用其长度的相对变化来表示: $\lambda = \dfrac{\Delta l}{l}$,$\lambda$ 为磁致伸缩系数。λ 随磁场的增加而增加,直到饱和。一般将饱和磁化状态下的磁致伸缩系数用 λ_s 来表示,用来衡量磁性材料的磁致伸缩性能。长度变化如果是伸长的,λ_s 为正值;长度变化如果是缩短的,λ_s 为负值。如果对材料施加一个压力或张力(拉力),使材料的长度发生变化,则材料内部的磁化状态亦随之变化,这是磁致伸缩的逆效应,称为压磁效应。其产生原因有三个方面。

(1)自发形变。

原子或离子间的交换作用力引起单畴晶体的自发磁化,导致晶体改变形状。

(2)场致形变。

电子轨道耦合和自旋-轨道耦合相叠加的结果导致材料在磁场作用下发生磁致伸缩。

(3)形状效应。

由磁性体内部的退磁因子作用引起的形状变化。由于磁致伸缩的存在,磁性体的形状及自发磁化强度方向会发生变化。表示单位体积中磁性体形状改变及自发磁化方向发生变化的有关能量称为磁弹性能。

9.6.2 磁致伸缩材料及应用

磁致伸缩材料主要有三大类:一是磁致伸缩金属或合金,如镍和镍基合金(Ni、Ni—Co 合金、Ni—Co—Cr 合金)以及铁基合金(Fe—Ni 合金、Fe—Al 合金、Fe—Co—V 合金等);二是铁氧体磁致伸缩材料,如 Ni—Co 和 Ni—Co—Cu 铁氧体材料等;三是稀土超磁致伸缩材料。前两种被称为传统磁致伸缩材料,其 λ 值(在 $20\times10^{-6}\sim80\times10^{-6}$ 之间)较小,而稀土超磁致伸缩材料是 20 世纪 80 年代末开发出的新型功能材料,主要是指稀土—铁系金属间化合物。这类材料具有比铁、镍等大得多的磁致伸缩值,其磁致伸缩系数比一般磁致伸缩材料高 102~103 倍,因此被称为大或超磁致伸缩材料。稀土超磁致伸缩材料具有磁致应变大、能量密度高、输出功率大、可靠性好、响应速度快、可以进行遥控或非接触控制等特点,而且还是一种环保型材料,其所具有的卓越的电磁能与机械能或声能转换性能,是传统的磁致伸缩材料所无法比拟的。

由于磁致伸缩材料在磁场作用下长度发生变化,可发生位移,而做功或在交变磁场作用下可发生反复伸张与缩短,从而产生振动或声波,因此这种材料可将电磁能(或电磁信息)转换成机械能或声能(或机械位移信息或声信息),也可以将机械能(或机械位移与信息)转换成电磁能(或电磁信息),它是重要的能量与信息转换功能材料,在声呐的水声换能器技术、电声换能器技术、海洋探测与开发技术、微位移驱动技术、振动驱动技术等高技术领域有着广泛的应用前景。

9.6.3 超磁致伸缩振动驱动原理及装置

目前的超磁致伸缩(微)振动驱动器主要采用薄膜式和悬梁式结构,其基本的振动驱动原理是利用非磁性基片(通常为硅、玻璃、聚酰亚胺等),采用闪蒸、离子束溅射、电离镀膜、直流溅射、射频磁控溅射等方法进行镀膜,在基片上形成具有磁致伸缩特性的薄膜材料,当有外加磁场时,薄膜会产生形变,带动基片偏转和弯曲,从而达到振动驱动目的。为了从原理上实现这一目标,首先要建立磁场模型,其次要建立机械应变方程,有些情况下还要建立耦合模型。具体步骤如下。

1. 建立磁场模型

在磁致伸缩器件中,磁场方程一般为

$$\nabla\times v\nabla\times A = J \tag{9.16}$$

其能量泛函的一般形式为

$$F_v = \int_v \left(\int_0^B H\mathrm{d}B - JA \right)\mathrm{d}v \tag{9.17}$$

在轴对称系统中,根据圆柱坐标系的旋度公式:

$$\nabla\times A = \frac{1}{r}\begin{vmatrix} r & r\theta_0 & Z_0 \\ \dfrac{\partial}{\partial r} & \dfrac{\partial}{\partial \theta} & \dfrac{\partial}{\partial Z} \\ A_r & A_0 & A_z \end{vmatrix} \tag{9.18}$$

由于 $J = J_0\theta_0$,所以 $A = A_0\theta_0$。

这样,以上方程变为

$$\frac{\partial}{\partial R}\left(\frac{v}{R}\frac{\partial RA_0}{\partial R}\right)+\frac{\partial}{\partial Z}\left(\frac{v}{R}\frac{\partial RA_0}{\partial Z}\right)=-J_0 \tag{9.19}$$

对应的变分问题为

$$T_{(RA_0)}=\frac{1}{2}\iint_\Omega\left[\left(\frac{v}{R}\frac{\partial RA_0}{\partial R}\right)^2+\frac{\partial}{\partial Z}\left(\frac{v}{R}\frac{\partial RA_0}{\partial Z}\right)^2-2J_0RA_0\right]dRdZ \tag{9.20}$$

利用有限元方法将其离散化,导出下面的代数矩阵方程:

$$MA=S \tag{9.21}$$

式中,M 为磁刚性矩阵;A 为磁矢量矩阵;S 为源矢量。

2. 建立机械应变方程

$$\frac{E}{2(1+\mu)}\Delta u+\frac{E}{2(1+a)(1-2a)}\nabla(\nabla\cdot u)+f=0 \tag{9.22}$$

式中,E 为弹性模量;μ 为泊松比;u 为位移;f 为体积力。

这样弹性场中的能量泛函可以表示为

$$\int_v\frac{1}{2}\sigma_u\varepsilon_u dv-\int_v fv dv=0 \tag{9.23}$$

经有限元离散后,矩阵为

$$KU=F \tag{9.24}$$

式中,K 为机械刚性矩阵;U 为未知位移量矩阵;F 为节点力矢量矩阵。

3. 建立耦合模型

当变形较大、机械结构的变化对磁场及磁力线的分布产生的影响不可忽略时,则需要建立一个耦合模型。在静态情况下,耦合模型建立在此系统与弹性系统平衡的基础上。对未知变量 A 和 U,磁等式与机械等式一起求解。此耦合系统是非线性的,因为磁场中 $B-H$ 曲线的非线性以及磁场和磁力依赖磁矢量差和位移。其迭代公式为

$$\begin{bmatrix} M_i+A_i^T\partial_A M_i & \partial_U M_i A_i \\ A_i^T\partial_U M_i & K_i \end{bmatrix}\begin{pmatrix} \Delta A_{i+1} \\ \Delta U_{i+1} \end{pmatrix}=\begin{pmatrix} S_i-M_i A_i \\ F_i-K_i U_i \end{pmatrix} \tag{9.25}$$

图 9.2 所示磁致伸缩驱动悬臂梁(产生振动)模型的上层为超磁致伸缩材料薄膜,下层为非磁致伸缩材料的衬底。当悬臂梁处于磁场强度为 B 的空间时,有

$$y\Big|_{x=l}=\frac{9\lambda E_f l^2 d_f(1-\mu_s)}{2E_s d_s^2(1-\mu_f)}B \tag{9.26}$$

式中,E、μ 和 d 分别为弹性模量、泊松比和厚度;下标 s、f 分别表示衬底和薄膜;l 为梁的

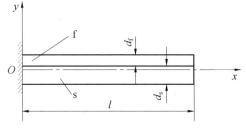

图 9.2　磁致伸缩驱动悬臂梁振动

长度;λ 为磁致伸缩系数。

本 章 小 结

对于二维低频圆振动金属切削,其切削效果的好坏,在很大程度上取决于二维低频圆振动金属切削的振动驱动装置。设计出合理的二维低频圆振动金属切削振动驱动装置,用比较简单的手段实现刀具系统的低频圆振动,是发展二维低频圆振动金属切削技术的关键环节。本章以分析现有的普通低频振动驱动装置以及超声波(椭圆)振动驱动装置为出发点,结合二维低频圆振动金属切削的特点,逐一研究了机械振动驱动装置、液压振动驱动装置、超声波振动驱动装置、压电振动驱动装置以及超磁致伸缩振动驱动装置的原理和特点,随后指出,超磁致伸缩振动驱动装置尤其适合二维低频圆振动金属切削,并且在超磁致伸缩振动驱动原理的研究方面,建立了三个主要数学模型(方程):①磁场模型;②机械应变方程;③耦合模型。

第10章　二维低频圆振动金属切削实验研究与切削优化

首先以 CA6140 车床为平台建立二维低频圆振动金属切削试验系统，而后以振幅、振频以及一些影响切削条件的主要因素为基本因素进行二维低频圆振动切削的正交实验，随后确定优选组合，最后进行相同刀具几何参数和切削用量条件下二维低频圆振动车削与普通车削的对比实验研究，以揭示二维低频圆振动车削相对于普通车削的特殊工艺效果，主要研究内容为：①二维低频圆振动车削对车削力的影响；②二维低频圆振动车削对已加工工件表面质量的影响。

10.1　二维低频圆振动车削实验系统构建

10.1.1　稀土超磁致伸缩二维低频圆振动车削振动驱动装置

如前文所述振动金属切削的振动驱动系统有多种结构，根据振动频率的高低以及振动维数的不同有不同的考量，二维低频圆振动车削要求切削刀具在两个方向，即主切削力方向和吃刀抗力方向，均进行低频振动，为了用比较简单的手段实现切削刀具的低频圆振动，基于前文所述的超磁致伸缩振动驱动原理，本节设计了稀土超磁致伸缩二维低频圆振动车削振动驱动装置（刀架），如图 10.1 所示。

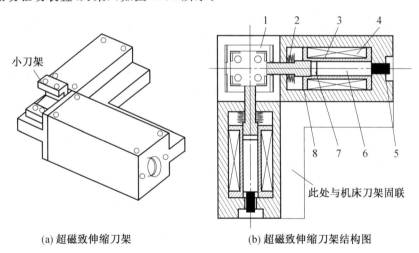

(a) 超磁致伸缩刀架　　　　　　(b) 超磁致伸缩刀架结构图

图 10.1　稀土超磁致伸缩二维低频圆振动车削振动驱动装置

1—弹性微位移模块；2—预紧弹簧；3—线圈骨架；4—激磁线圈；5—预紧螺钉；
6—超磁致伸缩棒；7—永磁体；8—输出顶杆

在稀土超磁致伸缩二维低频圆振动车削刀架中，采用稀土超磁致伸缩棒（尺寸：$\phi 10$ mm×60 mm）作为二维低频圆振动的振动驱动材料，激磁线圈产生超磁致伸缩棒工作所需的磁场,永磁体提供所需的偏置磁场,超磁致伸缩棒产生的机械能通过输出顶杆作用于弹性微位移模块上。竖直方向上的超磁致伸缩棒提供主切削力方向上的振动驱动力,水平方向上的超磁致伸缩棒提供吃刀抗力方向上的振动驱动力。因此,当这两个方向的振频及振幅相等时,弹性微位移模块可带动刀架做二维圆振动。弹性微位移模块上的小刀架上可以安装合适的切削刀具。经计算分析,弹性微位移模块的一阶固有频率为205 Hz,为了使顶杆与弹性微位移模块不发生干涉和碰撞,最佳的输入振动金属切削信号源频率应低于205 Hz。因此,该超磁致伸缩刀架适用于频率范围小于200 Hz的振动金属切削,属于低频振动金属切削,并且能够产生两个方向(主切削力方向、吃刀抗力方向)上的低频振动,当 $f_{mc} = f_{rc}$,且 $A_{mc} = A_{rc}$ 时,可以实现二维低频圆振动车削加工。主切削力方向的振频用 f_{mc} 表示,吃刀抗力方向的振频用 f_{rc} 表示;主切削力方向的振幅用 A_{mc} 表示,吃刀抗力方向的振幅用 A_{rc} 表示。

二维低频圆振动车削刀架控制原理图如图10.2所示,信号发生器产生二维低频圆振动车削所需信号的波形和频率,通过 HEAS−50 功率放大器产生超磁致伸缩振动驱动器激磁线圈所需的驱动电压,在线圈中完成电磁转换产生超磁致伸缩棒所需的激励磁场,最后由超磁致伸缩棒进行磁能−机械能转换后输出机械能,通过输出顶杆作用于弹性微位移模块上,提供给刀具所需要的振频和振幅。振频及振幅范围取值分别为:$A = A_{mc} = A_{rc}:0\sim1\ 000\ \mu m$;$f = f_{mc} = f_{rc}:0\sim200\ Hz$;并且 $v_l < 2\pi A f_{mc}$,v_l 是工件线速度。

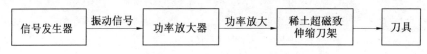

图 10.2　二维低频圆振动车削刀架控制原理图

10.1.2　二维低频圆振动车削电气控制系统

二维低频圆振动车削电气控制系统是指在确定了振幅、振频以及其他切削参数之后,为进行二维低频圆振动车削试验而设计的电气控制系统。

它由测试仪、变频器、刀具、电源以及测力系统等组成,二维低频圆振动车削装置电气控制图如图10.3所示。在这里,有关注意事项为:①测试仪应接地,避免干扰;②通过变换电机接线,可改变电机转向。

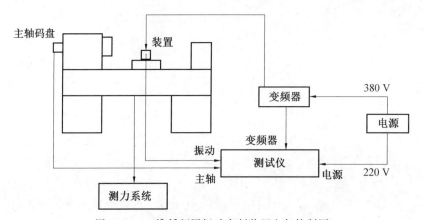

图 10.3　二维低频圆振动车削装置电气控制图

10.1.3　二维低频圆振动车削测力系统

二维低频圆振动车削测力系统示意图如图 10.4 所示,测力系统由测力传感器(SDC 系列测力仪)、应变信号放大器、A/D 转换板组成。测力系统通过传感器测量车刀刀尖处的 x、y、z 三个方向上的力的大小,将力的大小转变成电信号,并经放大器将电信号放大,经过 A/D 转换板将电信号传给计算机,在计算机中,通过数据采集及处理软件 FAS－4DS,获得力的数值。

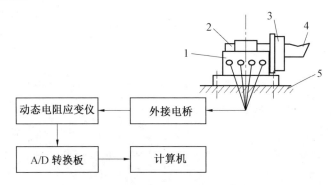

图 10.4　二维低频圆振动车削测力系统示意图
1—测力仪；2—连接刀杆；3—稀土超磁致伸缩刀架；4—车刀；5—机床

10.2　二维低频圆振动车削实验方案设计

正交实验是一个科学的安排和分析实验的方法。它是利用均衡分散性和整齐可比性的正交实验原理,从大量的实验点中挑选出适量的、具有代表性的、典型的实验点以解决多因素问题的方法。正交实验的主要优点是合理安排实验,减少实验次数;找出较好的实验方案,进而找出进一步提高产品质量的实验方向。

本实验首先设计出含有振幅(取 $A＝A_{mc}＝A_{rc}$)、振频(取 $f＝f_{mc}＝f_{rc}$)、切削因素(这里选取的是进给量和车削速度)的四因素三水平的正交表,在此基础上完成二维低频圆振动车削实验,进行原始参数比较和实验数据分析,进而选出最优实验组;采用最优实验组参数,进行相同刀具几何参数和切削用量条件下二维低频圆振动车削与普通车削的对比实验,从而揭示二维低频圆振动车削的优良工艺效果,并做以下对比研究。

(1)振幅和切削用量固定不变,改变振频,观察车削力和表面粗糙度的变化。

(2)振幅、振频、切削深度和进给量保持不变,改变车削速度,观察车削力和表面粗糙度的变化。

1. 实验材料及实验条件

实验材料:实验中所用试件材料为 45 钢,试件直径:$\phi 30$ mm。实验条件:①机床:CA6140;②刀具:外圆车刀 YT15;前角 $\gamma＝15°$,后角 $\alpha＝6°$,主偏角 $\kappa_r＝90°$,副偏角 $\kappa'＝5°$,刀倾角 $\lambda_s＝0°$,刀尖圆弧半径 $r_s＝0.5$ mm;③测力系统:基于 CA6140 机床的 SDC－CJ3M09 测力系统。

2. 实验方法及数据分析

（1）正交实验。

本实验中有振幅（取 $A=A_{mc}=A_{rc}$）、振动频率（取 $f=f_{mc}=f_{rc}$）、进给量和主轴转速共 4 个因素，根据实际情况，每个因素取 3 个水平。实验因素水平表见表 10.1。

表 10.1 实验因素水平表

水平	振幅 $A/\mu m$	振频 f/Hz	进给量 $f_1/(mm \cdot r^{-1})$	主轴转速 $n/(r \cdot min^{-1})$
1	10	20	0.08	400
2	20	30	0.12	450
3	30	40	0.24	500

因素水平确定后，就可选择合适的正交表、排表头。由于本实验有 4 个因素，每个因素有 3 个水平，所以选用 L9(3^4)正交表，排列实验条件，并得出实验结果。

正交表选好以后，将实验条件填入表中。然后根据实验条件进行实验，得出实验结果。最终得出正交实验数据排列表见表 10.2。背吃刀量为 0.5 mm。

表 10.2 正交实验数据排列表

实验号	振幅 $A/\mu m$	振频 f/Hz	进给量 $f_1/(mm \cdot r^{-1})$	主轴转速 $n/(r \cdot min^{-1})$
1	10	20	0.08	400
2	10	30	0.12	450
3	10	40	0.24	500
4	20	20	0.12	500
5	20	30	0.24	400
6	20	40	0.08	450
7	30	20	0.24	450
8	30	30	0.08	500
9	30	40	0.12	400

排列好实验组后，接下来进行正交二维低频圆振动车削实验，得到表 10.3 所示的本征参数对切削力及表面粗糙度的影响。表中用 VC 表示二维低频圆振动车削，用 OC 表示普通车削。

由表 10.3 可知，对于二维低频圆振动车削和普通车削，切削速度越高，工件的表面质量越好；进给量越大，工件的表面质量越差。而对于二维低频圆振动车削，振动频率越高，工件的表面质量越好；二维低频圆振动车削的车削力均比普通车削的车削力要小，一般是普通车削车削力的 1/10～1/3。

对表 10.3 中的数据进行分析可知，实验 6 及 9 的数据最佳，获得的车削效果最好。

因此,以此实验结果为基础,再以最佳的实验 9 来进行二维低频圆振动车削和普通车削的对比实验研究。

表 10.3　本征参数对切削力及表面粗糙度的影响

实验号	振动条件 (含振幅、振频)	主切削力 F_c/N				粗糙度 Ra/μm
		1	2	3	均值	
1	VC	67.9	68.8	65.3	67.3	6.8
	OC	154.5	156.3	148.5	153.1	9.7
2	VC	103.4	108.2	106.1	105.9	6.8
	OC	204.7	215.5	213.9	211.4	8.4
3	VC	300.1	298.2	299.4	299.2	9.8
	OC	369.2	370.9	367.5	369.2	9.7
4	VC	183.2	184.1	185.7	184.3	7.8
	OC	202.3	204.3	207.2	204.6	8.5
5	VC	155.4	152.6	153.2	153.7	7.8
	OC	378.6	372.2	375.4	375.4	11.2
6	VC	59.5	58.7	58.0	58.7	6.0
	OC	152.5	150.1	148.0	150.2	8.5
7	VC	193.3	194.1	189.8	192.4	9.4
	OC	371.9	373.1	371.3	372.1	9.7
8	VC	98.8	98.2	98.5	98.5	7.4
	OC	149.8	148.6	148.9	149.1	8.4
9	VC	78.7	78.2	77.9	78.2	6.0
	OC	219.1	216.9	216.5	217.5	9.7

(2)二维低频圆振动车削和普通车削的对比实验。

二维低频圆振动车削和普通车削的对比实验共分为两组:第一组,其目的是分析二维低频圆振动车削中,振动频率对车削过程及效果的影响;第二组,其目的是分析二维低频圆振动车削中,车削速度对车削过程及效果的影响。

第一组:二维低频圆振动车削中,振动频率对车削过程及效果的影响。

实验材料及实验条件同正交实验。

实验步骤:本组实验分为四个小组,一是振动频率为 $f=f_{mc}=f_{rc}=20$ Hz 的二维低频圆振动车削;二是振动频率为 $f=f_{mc}=f_{rc}=30$ Hz 的二维低频圆振动车削;三是振动频率为 $f=f_{mc}=f_{rc}=40$ Hz 的二维低频圆振动车削;四是普通车削。各小组的切削用量和刀具几何参数相同。每组实验重复做三次,所得数据取均值。二维低频圆振动车削振幅为 $A=A_{mc}=A_{rc}=30$ μm。振动频率对车削力和表面粗糙度的影响见表 10.4,表中二维低频圆振动车削用 VC 表示,普通车削用 OC 表示。

表 10.4　振动频率对车削力和表面粗糙度的影响

车削条件		主车削力 F_c/N				粗糙度 $Ra/\mu m$
		1	2	3	均值	
VC	$f=20$ Hz	188.5	187.5	189.8	188.7	9.7
	$f=30$ Hz	152.8	153.3	153.5	153.2	7.8
	$f=40$ Hz	78.4	79.0	77.2	78.2	6.0
OC		219.0	216.6	216.9	217.5	9.7

第二组:二维低频圆振动车削中,主轴转速对车削力和表面粗糙度的影响。

实验材料及实验条件同第一组。

实验步骤:本组实验分为三个小组,一是主轴转速为 400 r/min 的二维低频圆振动车削和普通车削;二是主轴转速为 450 r/min 的二维低频圆振动车削和普通车削;三是主轴转速为 500 r/min 的二维低频圆振动车削和普通车削。各小组的切削用量、振幅和刀具几何参数相同。每组实验重复三次,所得数据取均值。二维低频圆振动车削振动频率为 $f=f_{mc}=f_{rc}=40$ Hz,振幅为 $A=A_{mc}=A_{rc}=30~\mu m$。主轴转速对主车削力和表面粗糙度的影响见表 10.5,表中二维低频圆振动车削用 VC 表示,普通车削用 OC 表示。

表 10.5　主轴转速对主车削力和表面粗糙度的影响

主轴转速 $n/(r \cdot min^{-1})$	车削条件	主车削力 F_c/N				粗糙度 $Ra/\mu m$
		1	2	3	均值	
400	VC	78.7	78.2	77.9	78.2	6.0
	OC	219.1	216.9	216.5	217.5	9.7
450	VC	104.8	105.3	104.9	105.0	7.2
	OC	201.2	200.4	199.0	200.2	8.7
500	VC	163.0	165.4	164.5	164.3	8.4
	OC	181.9	182.5	182.8	182.4	8.5

10.3　实验结果对比分析

10.3.1　断屑形貌观察及分析

图 10.5 所示为二维低频圆振动车削及普通车削的断屑形貌观察,现逐一分析如下。

①实验 1 产生的断屑呈紧宝塔状,切屑薄而纵向长度较短,大概在 3~6 mm 之间,最大卷曲圈直径为 2~4 mm,切削速度较慢,但易断屑,且切屑太碎,会四处飞溅,较不安全,振动较慢,车削不稳定。

②实验 2 产生的断屑呈松宝塔状,切屑薄而纵向长度集中在 5～8 mm,长度较稳定,最大卷曲圈直径为 3～6 mm,切削速度中等,易断屑,断屑长度较理想,不易飞溅,较安全。

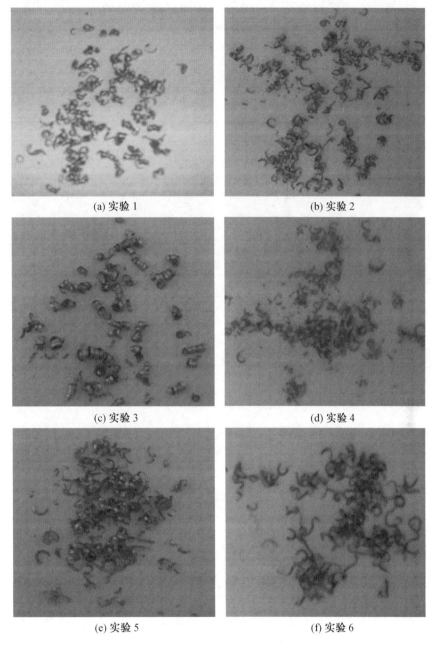

(a) 实验 1

(b) 实验 2

(c) 实验 3

(d) 实验 4

(e) 实验 5

(f) 实验 6

图 10.5　二维低频圆振动车削及普通车削的断屑形貌观察

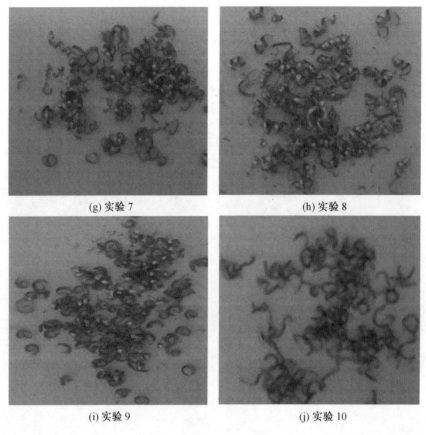

(g) 实验 7   (h) 实验 8

(i) 实验 9   (j) 实验 10

续图 10.5

③实验 3 产生的断屑呈螺卷状,切屑纵向长度在 5～15 mm 之间,长度稳定,切削速度快,易断屑,断屑速度稳定,不易飞溅,较安全。

④实验 4 产生的断屑呈松螺卷状,螺卷分布较均匀,切削速度最快,切屑纵向长度在 5～15 mm 之间,断屑长度适中,不会过短,但断屑不稳定,有长有短,断屑边缘有少量小毛刺,会刮损工件或刀具。

⑤实验 5 产生的断屑呈宝塔状或为少量 C 形屑,切屑纵向长度在 5～10 mm 之间,长度较稳定,宝塔状的最大卷曲圈直径为 3～5 mm,C 形屑的长度为 6～15 mm,切削速度最慢,但振动稳定,断屑平稳,长度适中,不易飞溅。

⑥实验 6 产生的断屑为 C 形断屑,切屑纵向长度不均,在 7～20 mm 之间,变化较大,断屑长度为 15～25 mm,切削速度最快,车削最平稳,效果最好。

⑦实验 7 产生的断屑呈松螺卷状,切屑纵向长度在 6～15 mm 之间,长度稳定,切削速度中等,振动较慢,车削不稳定。

⑧实验 8 产生的断屑呈短螺卷状,切屑纵向长度在 6～10 mm 之间,长度较稳定,切削速度最快,但不平稳。

⑨实验 9 产生的断屑为 C 形屑,切屑短,切屑纵向长度在 3～6 mm 之间,断屑长度为 10～20 mm,长度稳定,车削相对平稳,效果好。

⑩实验 10(普通车削)产生的断屑呈螺卷状,切屑纵向长度在 8~20 mm 之间,断屑长度在 20~30 mm,车削相对较平稳。

10.3.2　车削对比实验结果分析

实验 9 是多组实验中,实验数据最佳的一组,对其进行分析,在振幅为 $A=A_{mc}=A_{rc}=30\ \mu m$,进给量为 0.12 mm/r,主轴转速为 400 r/min 时的实验条件下,先使振幅和切削用量固定不变,改变振动频率,从而得到主切削力与振动频率的关系以及表面粗糙度与振动频率的关系,分别如图 10.6 和图 10.7 所示。

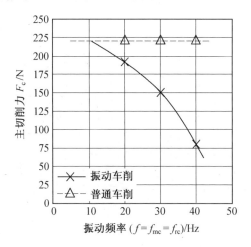

图 10.6　主切削力与振动频率的关系

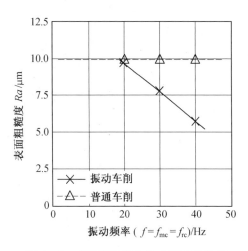

图 10.7　表面粗糙度与振动频率的关系

另外再做一组实验,即在实验 9 的基础上,先使振幅($A=A_{mc}=A_{rc}$)、振频($f=f_{mc}=f_{rc}$)、切削深度和进给量保持制不变,改变主轴转速,从而得到主切削力与主轴转速的关系以及表面粗糙度与主轴转速的关系,分别如图 10.8 和图 10.9 所示。

由图 10.6、图 10.7 分析可知,在振幅($A=A_{mc}=A_{rc}$)和切削用量控制不变的情况下,随着二维低频圆振动车削振动频率($f=f_{mc}=f_{rc}$)的减小,二维低频圆振动车削的加工效

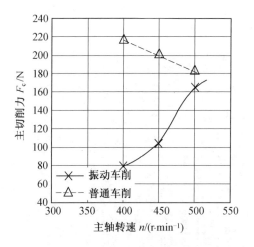

图 10.8　主切削力与主轴转速的关系

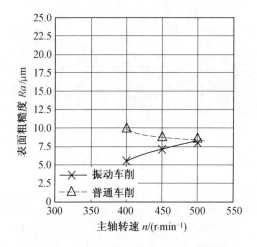

图 10.9　表面粗糙度与主轴转速的关系

果趋近于普通车削,其二维低频圆振动车削的特殊效果将消失。并且,当振动频率($f=f_{mc}=f_{rc}$)介于 10～20 Hz 时,将出现二维低频圆振动车削与普通车削的临界值点,此点以后(即大于此点的值),二维低频圆振动车削的效果明显,临界值点以前(即小于此点的值),可能出现二维低频圆振动车削的效果与普通车削的效果趋于一致的情况,也可能出现二维低频圆振动车削的效果差于普通切削的情况。究其原因,根据第 2 章的二维低频圆振动金属切削等效离散无心磨削理论,当 $f=f_{mc}=f_{rc}>2f_m$ 时($f_m=\dfrac{v_1}{2\pi A}$,$A=A_{mc}=A_{rc}$),二维低频圆振动金属切削对于材料的去除率与普通切削相当,否则去除率低于普通切削,切削效果反而更差;再根据第 3 章的二维低频圆振动金属切削等效滚动摩擦理论,当满足上述条件时,系统刚性提高,同时由于工件与刀具的摩擦是一种等效滚动摩擦,滚动阻力系数远小于同等工况下的滑动摩擦系数,因此切削阻力远小于同等工况下的普通切削,此时其切削效果优于普通切削。

　　由图 10.8 和图 10.9 分析可知,在振动频率($f=f_{mc}=f_{rc}$)、振幅($A=A_{mc}=A_{rc}$)、进

给量和背吃刀量保持不变时,随着主轴转速的增大,普通切削和二维低频圆振动金属切削的区别也就越小,当达到一个临界值,切削力和表面粗糙度值将有趋近一致的走向。由图中数据分析可知,在主轴转速超过 500 r/min 时,二维低频圆振动车削与普通车削的切削效果将趋于一致。在切削速度小于临界速度的情况下,随着振动频率($f=f_{mc}=f_{rc}$)的增加和主轴转速的降低,即 $\dfrac{v_1}{f_{mc}}$ 及 $\dfrac{v_1}{f_{rc}}$ 越小,表面粗糙度值降低,二维低频圆振动车削的切削效果越明显。

当振动频率($f=f_{mc}=f_{rc}$)、振幅($A=A_{mc}=A_{rc}$)以及切削用量保持一定的关系时,二维低频圆振动车削的加工效果最佳,这涉及二维低频圆振动车削与普通车削加工效果临界点的问题。在切削速度 v_1 保持 $v_1<2\pi Af(f=f_{mc}=f_{rc},A=A_{mc}=A_{rc})$ 的前提下,可知振动频率($f=f_{mc}=f_{rc}$)若在给定的范围内增大,二维低频圆振动车削的加工效果越好;若切削速度 v_1 在一定的范围内增大,二维低频圆振动车削的加工效果越差。一般认为,进给量 f_1 和背吃刀量 a_p 越大,加工效果越差。由此可知,若振幅在给定的范围内($A=A_{mc}=A_{rc}>\dfrac{v_1}{2\pi f}$),有如下二维低频圆振动金属切削效果系数公式:

$$\delta=\frac{kf}{v_1^a f_1^b a_p^c} \tag{10.1}$$

式中,δ 为振动效果系数;v_1 为切削速度;f_1 为进给量;a_p 为背吃刀量;f 为振动频率,$f=f_{mc}=f_{rc}$;a、b、c 为实验系数(由实验测得);k 为修正系数。

由此可见,v_1、f_1、a_p、f 在给定的值域内,并且满足基本搭配的情况下,δ 越大,二维低频圆振动金属切削加工效果越好,即切削力和表面粗糙度值越小。在这里,二维低频圆振动车削降低了净切削时间,刀具的动态冲击效果明显,裂纹(动态加载)相对于普通车削(静态加载)更容易出现应力的区域集中,当应力幅值超过了材料的极限应力值时,就会在此区域内产生破坏,使裂纹更易产生;另外,由于车削力的加载方向沿圆弧轨迹,工件接触区的应力处于有利于裂纹形成和反复叠加的状态,在车削过程中那些已产生微裂纹的区域内,这种反复叠加对加工效果的改善非常明显,同时由于各个加载时间段内残余应力的累积、叠加,对工件内部结构有持久性影响,因此二维低频圆振动金属切削的加工效果优于普通切削。一旦有裂纹产生,应力的能量会被大量消耗,多次施加冲击载荷后,应力的叠加作用将持续循环,对工件产生进一步影响,进而加快了成屑进程,切屑与母体的分离也容易。在动态加载过程中,刀具间歇式地接触工件,导致脉冲应力的反复作用,二维低频圆振动金属切削过程中的温度压力要低于普通车削,积屑瘤和鳞刺更不易产生,这也是二维低频圆振动车削过程中,工件表面粗糙度值小的一个根本原因。

由实验结果可知,在给定实验条件下,当振动频率 $f=f_{mc}=f_{rc}>18$ Hz 时,二维低频圆振动车削呈二维低频圆振动车削所固有的效果;而小于 18 Hz 时,则失去其固有效果。从主切削力与振动频率之间的关系还可知,当振动频率 $f=f_{mc}=f_{rc}>10$ Hz 时,二维低频圆振动车削呈二维低频圆振动车削所固有的效果。考虑到实验的保守性和误差,可以给出如下二维低频圆振动车削的本征参数:

①若 $f=f_{mc}=f_{rc}>15$ Hz,$A=A_{mc}=A_{rc}=30$ μm,当 $v_1=37.68$ m/min,$f_1=0.12$ mm/r,$a_p=0.5$ mm 时为二维低频圆振动车削。

②若 $f=f_{mc}=f_{rc}>15$ Hz，$A=A_{mc}=A_{rc}=20$ μm，当 $v_1=42.39$ m/min，$f_1=0.08$ mm/r，$a_p=0.5$ mm 时为二维低频圆振动车削。

10.4 切削实验的微观观察研究

10.4.1 切屑根标本的制作及切屑根微观观察与分析

采用金相显微镜和 SEM(日产 S－3500N)观察实验获得的切屑根，用 Philips－FEI 公司生产的型号为 XL30ESEM－TMP 的电子显微镜观察已加工工件表面和切屑断面形貌，并对观察结果进行相应的机理分析。

1. 切屑根及切屑根标本的制作

切屑根的制作，主要应注意以下几点：①刀具脱离工件时，从开始到结束的时间应尽量短；②落刀的过程中，刀具相对于工件所移动的距离应尽量小；③快速落刀动作在切屑和工件表面所引起的几何形状与金属组织的变化应尽量小；④在落刀过程中，刀具应尽量不受到损坏；⑤落刀装置应能进行正常的切削加工，在常用的切削条件范围内应有较好的静刚度和动刚度。

切屑根标本的制作所需的仪器及材料为：XQ－2 型金相镶嵌机、电木粉、砂纸(型号：360C、600C、1000C、1200C、1500C)、P－1 单盘金相抛光机及抛光粉、腐蚀剂($FeCl_3$、HCl 水溶液)、乙醇。

切屑根标本制作的步骤如下。

(1)取样。

利用快速落刀装置来获取切屑根，将含有切屑根的部位取出(锯下)。修磨试件，将其放在金相镶嵌机内，并保持切屑根的完整性。

(2)镶嵌。

打开镶嵌机电源，把镶嵌温度调节到合适大小，此温度根据镶嵌填料的种类来确定，本实验采用电木粉作为镶嵌填料，镶嵌温度定为 140 ℃，待镶嵌机温度预热至设定温度后，把电木粉倒入模腔中，接着将能观察到的切屑根与工件连接的部分，朝上埋入靠近上模的中心位置，方便以后研磨和观察，盖上上模和盖板，拧紧盖板后，旋转机体外手轮，通过一对锥齿轮带动机体内丝杠使压制试样的下模在钢模套内向上移动，使电木粉连同镶嵌的切屑根试样紧密接触，加压到信号灯亮为止，保温 20 min 后即可取出试样。

(3)抛磨与腐蚀。

依次用 360C、600C、1000C、1200C、1500C 型号的砂纸抛磨含有切屑根的试件，并注意试件表面的平整性，采用单向抛磨法修磨试件，磨平整后用 P－1 单盘金相抛光机对试件进行抛光，抛光后用清水冲洗，用配好的腐蚀剂腐蚀 8 s 后，用乙醇冲洗后再烘干即可。

2. 切屑根微观观察及分析

图 10.10(a)、图 10.10(c)、图 10.10(e)是在切削条件为 $a_p=0.5$ mm，$f_1=0.12$ mm/r，$v=37.68$ m/min，振幅为 $A=A_{mc}=A_{rc}=30$ μm，振动频率为 $f=f_{mc}=f_{rc}=40$ Hz 时，二

维低频圆振动车削的切屑根标本在金相显微镜下的照片。图 10.10(b)、图 10.10(d)、图 10.10(f)是在相同切削条件下,普通车削的切屑根标本在金相显微镜下的照片。图10.11 是切削条件为 $a_p = 0.5$ mm,$f_1 = 0.12$ mm/r,$v = 37.68$ m/min,振幅为 $A = A_{mc} = A_{rc} = 30$ μm,振动频率为 $f = f_{mc} = f_{rc} = 40$ Hz 时,二维低频圆振动车削切屑根的 SEM 观察照片。

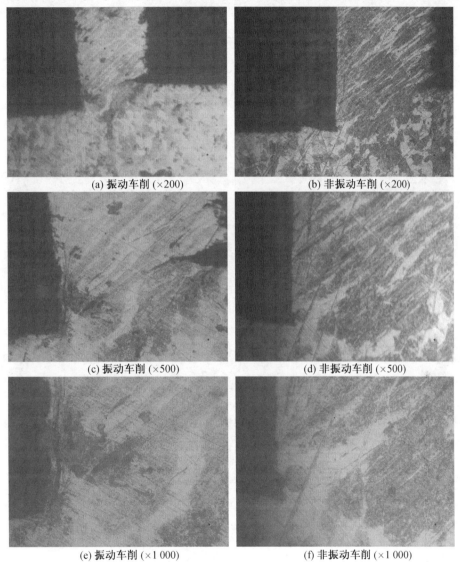

(a) 振动车削 (×200)　　　　　　　　(b) 非振动车削 (×200)

(c) 振动车削 (×500)　　　　　　　　(d) 非振动车削 (×500)

(e) 振动车削 (×1 000)　　　　　　　(f) 非振动车削 (×1 000)

图 10.10　二维低频圆振动车削与普通车削的切屑根标本照片

从图 10.10 和图 10.11 可以形象地观察到第一变形区内剪切滑移线的形成。在车削过程中,刀具施加给金属剪切力,切削区域内金属屈服,产生弹性变形,随着作用力的增大,继而产生塑性变形,当剪切力超过金属材料的破坏极限时,第一变形区内金属沿滑移线滑动,产生车削裂纹,进而形成已加工表面和切屑。从微观来看,切屑的微小裂纹(明显的剪切滑移线)是剪切滑移的结果,或者工件材料在切削力的作用下转变为切屑的瞬时,其变形区的局部区域达到破坏的极限,从而产生微小裂纹,而切屑的断面一般是沿着这些微小裂纹断裂的。

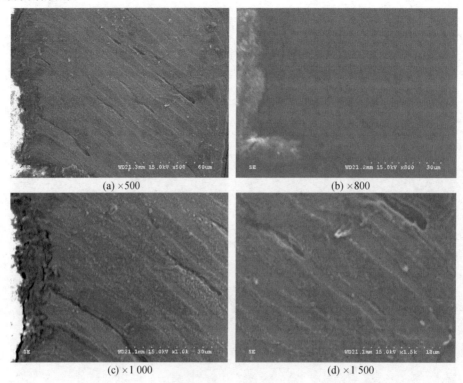

(a) ×500　　　　　　　　　　　(b) ×800

(c) ×1 000　　　　　　　　　　(d) ×1 500

图 10.11　二维低频圆振动车削切屑根的 SEM 观察照片

通过金相显微镜对二维低频圆振动车削和普通车削切屑根标本的外观形状分别进行观察,即图 10.10(a)、图 10.10(c)、图 10.10(e)与图 10.10(b)、图 10.10(d)、图 10.10(f),二维低频圆振动车削的切屑表面上,其剪切滑移层的间距明显小于普通车削时的间距,并且其剪切滑移层的厚度也有所减小。这也说明了二维低频圆振动车削相对普通车削更容易发生剪切滑移,更容易产生裂纹并形成裂纹的扩展,从形成已加工表面和切屑。普通车削加工金属塑性材料时,由于刀具对金属的挤压,材料产生塑性变形,加之刀具迫使切屑与工件分离的撕裂作用,从而形成已加工表面和切屑。而二维低频圆振动车削时,由于脉冲力的作用,刀具间歇性地接触和离开工件,这种冲击作用使得接触区的应力更易被已破坏的区域所吸收,从而产生能量集中。这说明,对于二维低频圆振动车削,其切削裂纹是沿着应力集中处产生的。

10.4.2　工件已加工表面微观观察

1.工件已加工表面 SEM 照片

当切削条件为 $a_p = 0.5$ mm,$f_1 = 0.12$ mm/r,$v = 37.68$ m/min 时,普通车削和二维低频圆振动车削下,工件已加工表面的照片如图 10.12 所示。

(1)图 10.12(a)为 $a_p = 0.5$ mm,$f_1 = 0.12$ mm/r,$v = 37.68$ m/min 时,普通车削下,工件已加工表面的照片。

（2）图 10.12(b)为 $a_p=0.5$ mm，$f_1=0.12$ mm/r，$v=37.68$ m/min，$A=A_{mc}=A_{rc}=30$ μm，$f=f_{mc}=f_{rc}=30$ Hz 时，二维低频圆振动车削下，工件已加工表面的照片。

（3）图 10.12(c)为 $a_p=0.5$ mm，$f_1=0.12$ mm/r，$v=37.68$ m/min，$A=A_{mc}=A_{rc}=30$ μm，$f=f_{mc}=f_{rc}=40$ Hz 时，二维低频圆振动车削下，工件已加工表面的照片。

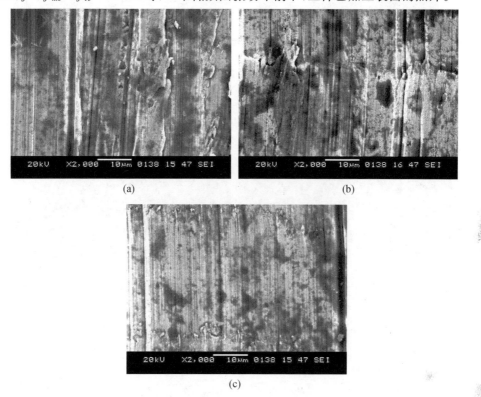

图 10.12　普通车削和二维低频圆振动车削下，工件已加工表面的 SEM 照片

2. 工件已加工表面微观观察及分析

对比图 10.12(b)、图 10.12(c)及图 10.12(a)可知，二维低频圆振动车削的加工表面质量高于普通车削，这是因为二维低频圆振动车削中，由于刀具的动态冲击作用，即刀具间歇性地接触和离开工件，引起了刀—工接触区体积微小的变化，增大了接触区内的表面应力，导致应力更多地向已被破坏的区域内集中，继而促使二维低频圆振动车削更易产生车削裂纹。因此，二维低频圆振动车削的已加工工件表面较少存在各种拉挤、撕裂等缺陷，更易形成有规则的划痕，同时，撕裂、皱褶、凸起、凹陷、犁沟、微裂纹和积屑瘤碎片等缺陷明显减少，表面粗糙度值得以降低，已加工工件表面的质量得以提高。

比较图 10.12(b)和图 10.12(c)可知，当振幅为 $A=A_{mc}=A_{rc}=30$ μm 时，二维低频圆振动车削下，随着振动频率（$f=f_{mc}=f_{rc}$）的增大，工件已加工表面的表面质量逐渐提高，其表面的皱褶、撕裂等划痕缺陷逐渐减少。将上述结论做谨慎推广：对于二维低频圆振动车削，其振幅若在一定的范围内（一般 $A=A_{mc}=A_{rc}=25$ μm 左右），且切削速度 v_1 小于临界切削速度，那么随着振动频率（$f=f_{mc}=f_{rc}$）的增大，切削速度 v_1 的减小，即 $\dfrac{v_1}{f_{mc}}$ 及

$\dfrac{v_1}{f_{rc}}$ 值越小,已加工表面的表面质量就越高,表面就越平整。

10.4.3 切屑断面微观研究

1. 切屑断面 SEM 照片

普通车削和二维低频圆振动车削切屑断面 SEM 照片如图 10.13 所示。图 10.13(a)、图 10.13(c)、图 10.13(e)、图 10.13(g)是在切削条件为 $a_p = 0.5$ mm,$f_1 = 0.12$ mm/r,$v = 37.68$ m/min 时,普通车削下的不同放大倍数的切屑断面 SEM 照片;图 10.13(b)、图 10.13(d)、图 10.13(f)、图 10.13(h)是在相同切削条件下,振幅为 $A = A_{mc} = A_{rc} = 30$ μm,振动频率为 $f = f_{mc} = f_{rc} = 40$ Hz 时,二维低频圆振动金属切削下不同放大倍数的切屑断面 SEM 照片。

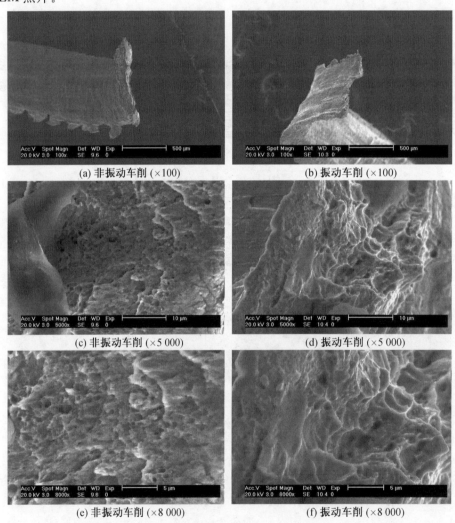

(a) 非振动车削 (×100)　　　　　　(b) 振动车削 (×100)

(c) 非振动车削 (×5 000)　　　　　　(d) 振动车削 (×5 000)

(e) 非振动车削 (×8 000)　　　　　　(f) 振动车削 (×8 000)

图 10.13　普通车削和二维低频圆振动车削切屑断面 SEM 照片

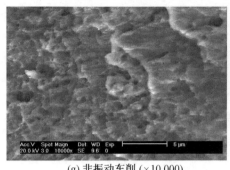 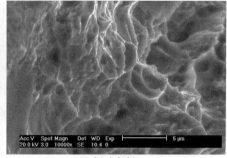

(g) 非振动车削 (×10 000)　　　　　　　　(h) 振动车削 (×10 000)

续图 10.13

2. 切屑断面微观观察及分析

二维低频圆振动车削过程中,切削层的金属是在脉冲力的作用下发生塑性变形而变为切屑的,或者说工件材料是在刀具冲击切削力的作用下而转变为切屑的。而冲击载荷下的失效类型和静载荷一样,也经过弹性变形、弹－塑性变形和断裂三个连续的阶段,塑性材料的拉伸曲线如图 10.14 所示。工件材料经过弹性变形、屈服强化阶段,进而发生弹－塑性变形,最后断裂成切屑。然而在分析冲击载荷下的失效及材料的力学行为时,必须注意冲击载荷本身的特性。弹性变形是以声速在介质中传播的,冲击弹性变形总能紧跟上冲击外力的变化,因而应变率对金属材料的弹性行为及弹性模量没有影响。但是,冲击作用下的应变率对弹－塑性变形、断裂以及有关的力学性能却有着显著的影响。在冲击载荷作用下,材料更容易达到屈服极限,继而发生弹－塑性变形,因此二维低频圆振动车削更易产生裂纹,形成切屑。

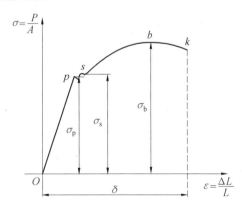

图 10.14　塑性材料的拉伸曲线

根据位错原理,切削过程中,切削层的金属经过塑性变形而变为切屑。切削前,金属的位错分布是杂乱的,随着金属切削时塑性变形的发展,位错密度大大增加,而新产生的位错是有序的,并沿着确定的滑移平面塞积。研究表明,在一定的速率和温度范围内,材料的动态断裂韧性由位错的热激活运动所控制,动态断裂韧性是指材料对动态断裂的抵抗能力。对于大多数金属材料,塑性变形是位错在外力作用下不断运动、聚集、塞积的结果。在起裂区附近存在较高的外加应力场,裂纹尖端首先发射大量的位错,由于自裂尖发射的位错只能以有限的速度运行,在高应变率加载条件下,位错一个接一个以有限速度从裂尖发射出来后,其间距会随着加载率的增加而降低,材料的脆化倾向随之变大,因此材料的断裂韧性随加载速率的升高而降低。

观察切屑断面 SEM 照片可以看出,切屑断面的断裂主要是韧性断裂,断口上存在大量的白色撕裂棱,撕裂棱是塑性变形的特征,它是因为韧窝沿着剪切滑移方向拉长,各单独裂纹随后扩展至相互连接,最后撕裂而形成的。此外,在撕裂棱的部位产生了较大的塑性变形,形成了典型的滑移断裂。普通车削时表现的滑移断裂更为突出。

通过普通车削和二维低频圆振动车削切屑断面 SEM 照片的对比观察,明显可以看出,两者的韧窝变形程度有着很大的区别,断裂前塑性变形程度的不同导致了这两者的不同。在图 10.13(a)、图 10.13(c)、图 10.13(e)、图 10.13(g)所示的普通车削下产生的断口上,其撕裂棱很长,韧窝变形大,断裂前塑性变形大,切削层金属在被刀具挤压后经过大的塑性变形才能变为切屑;而在图 10.13(b)、图 10.13(d)、图 10.13(f)、图 10.13(h)所示的二维低频圆振动车削下产生的断口上,其撕裂棱较短,韧窝变形小,呈明显的蜂窝状,断裂前塑性变形也较小,切削层金属在经过脉冲载荷连续冲击作用后,只需克服较小的塑性变形就能变为切屑。这也说明,较之于普通车削,二维低频圆振动车削下,只需较小的力就可以产生裂纹,从而形成已加工表面和切屑。

10.5　二维低频圆振动金属切削参数优化

10.5.1　概述

二维低频圆振动金属切削系统是一个包含非线性因素的复杂动力学系统,振动参数以及一些影响切削条件的主要因素(振幅 A、振动频率 f、进给量 f_l 与切削速度 v_l 等)的合理选择是一个复杂的过程,这些参数和因素(统称为振动参数)直接影响到工件的加工质量以及相关的加工成本,甚至于整个生产过程的效率。由于各振动参数之间既相互影响,又相对独立,振动参数与工件加工质量之间的联系以及各振动参数之间的匹配关系不易直接找出。采用数据挖掘技术可以从既有的振动参数数据中挖掘出有用的信息,从而找出振动参数与工件加工质量之间的联系以及各振动参数之间的匹配关系,进而对振动参数进行优化,由此获得更高的加工质量。对于海量信息进行数据挖掘,支持向量机(SVM),尤其是最小二乘支持向量机(LS-SVM)是一种最具发展前途的新方法,它能够解决少样本学习问题,能通过寻求结构化风险最小来提高学习器泛化能力,实现经验风险和置信范围的最小化,从而达到在统计样本量较少的情况下,也能获得良好统计规律的目的。支持向量机又分为支持向量分类机(SVC)和支持向量回归机(SVR),它们可分别用来处理分类问题和回归问题的预测及综合评价。二维低频圆振动金属切削振动参数的优化问题,既有分类问题的特点,又有回归问题的特点,因此采用最小二乘支持向量机分类与回归联合建模法,可以较好地实现二维低频圆振动金属切削振动参数的优化建模。

10.5.2　支持向量分类

支持向量分类的目的是开发有效的分类算法,从而能在高维特征空间中学习"好"的分类超平面。通过"好"的超平面可以解决优化泛化界问题,而有效分类算法意味着算法能处理的样本数目在 10^5 数量级以上。泛化性理论清楚地说明了如何控制容量,因此通过控制超平面的间隔度量可以抑制过拟合,而最优化理论提供了必要的数学方法来找到并优化这些度量的超平面。不同的泛化界支持不同的算法,比如最大间隔优化、间隔分布或支持向量的数目等。一些最通用和最简单的方法可以将问题压缩、简化为一个最小化权重向量的范数问题。

1. 最大间隔分类器

支持向量机中最简单也是最早提出的模型是最大间隔分类器。它只能用于特征空间中线性可分的数据,因此不能在现实世界的许多情况下使用。可以说,它是最容易理解的算法,并且是更加复杂的支持向量机算法的主要模块。它展示了这类学习器的关键特征,因此其对理解后面更高级的系统至关重要。

线性学习器的泛化误差界是用对应于训练集 S 的假设 f 的间隔 $m_s(f)$ 来描述的。用于分开数据的特征空间的维数可以不考虑。最大间隔分类器通过用分开数据的最大间隔超平面来优化这个界,并且这个界不依赖空间的维数,因此这个分开面可以在任何核特征空间中搜索得到。最大间隔分类器形成了第一个支持向量机的策略,从名字上看就是在一个巧妙选定的核特征空间中寻找最大间隔超平面。

要实现这个策略需要将其简化为凸优化问题:最小化一个线性不等式约束的二次函数。首先,线性分类器的定义中有一个内在的自由度,就是即使这个超平面做尺度变换 $(\lambda w, \lambda b)$,其中 $\lambda \in \mathbf{R}^+$,超平面 (w, b) 关联的函数也不会变化。然而对于几何间隔而言,用函数输出的间隔会有变化。函数输出的间隔可以称为函数间隔,而几何间隔是归一化权重向量后的函数间隔。因此,固定函数间隔等于 1(函数间隔为 1 的超平面有时称为正则超平面),这等价于优化几何间隔,并最小化权重向量的范数。如果 w 是权重,要在正点 x^+ 和负点 x^- 上实现函数间隔为 1,回顾函数间隔为 1 意味着:

$$\begin{cases} \langle w \cdot w^+ \rangle + b = +1 \\ \langle w \cdot w^- \rangle + b = -1 \end{cases} \tag{10.2}$$

同时,为计算几何间隔必须归一化 W。几何间隔 γ 是所得分类器的函数间隔:

$$\begin{aligned} \gamma &= \frac{1}{2}\left(\left\langle \frac{w}{\|w\|_2} \cdot x^+ \right\rangle - \left\langle \frac{w}{\|w\|_2} \cdot x^- \right\rangle \right) \\ &= \frac{1}{2\|w\|_2}(\langle w \cdot w^+ \rangle - \langle w \cdot w^- \rangle) \\ &= \frac{1}{\|w\|_2} \end{aligned} \tag{10.3}$$

因此几何间隔将成为 $1/\|w\|_2$,并得出结论——已知一个线性可分训练样本:

$$S = ((x_1, y_1), \cdots, (x_l, y_l)) \tag{10.3a}$$

对于优化问题

$$\begin{cases} \min e_{w,b} \langle w \cdot w \rangle \\ \text{s. t. } y_i(\langle w \cdot w_i \rangle + b) \geqslant 1 \\ i = 1, 2, \cdots, l \end{cases} \tag{10.4}$$

可以得到超平面(w,b)，它实现了几何间隔为$\gamma/\parallel w\parallel_2$的最大间隔超平面。

如果进一步将优化问题转化为相应的对偶问题，原始拉格朗日函数为

$$L(w,b,\alpha)=\frac{1}{2}\langle w\cdot w\rangle-\sum_{i=1}^{l}\alpha_i[y_i(\langle w\cdot w_i\rangle+b)-1] \tag{10.5}$$

式中，α_i为拉格朗日乘子，$\alpha_i\geqslant 0$。

通过对相应的w和b求偏导，可以找到相应的对偶形式：

$$\begin{cases}\dfrac{\partial L(w,b,\alpha)}{\partial w}=w-\sum_{i=1}^{l}y_i\alpha_i x_i=0 \\ \dfrac{\partial L(w,b,\alpha)}{\partial b}=\sum_{i=1}^{l}y_i\alpha_i=0\end{cases} \tag{10.6}$$

将得到关系式：

$$\begin{cases}w=\sum_{i=1}^{l}y_i\alpha_i x_i \\ 0=\sum_{i=1}^{l}y_i\alpha_i\end{cases} \tag{10.7}$$

代入到原始拉格朗日函数(10.5)，得到

$$\begin{aligned}L(w,b,\alpha)&=\frac{1}{2}\langle w\cdot w\rangle-\sum_{i=1}^{l}\alpha_i[y_i(\langle w\cdot x_i\rangle+b)-1] \\ &=\frac{1}{2}\sum_{i,j=1}^{l}y_iy_j\alpha_i\alpha_j\langle x_i\cdot x_j\rangle-\sum_{i,j=1}^{l}y_iy_j\alpha_i\alpha_j\langle x_i\cdot x_j\rangle+\sum_{i=1}^{l}\alpha_i \\ &=\sum_{i=1}^{l}\alpha_i-\frac{1}{2}\sum_{i,j=1}^{l}y_iy_j\alpha_i\alpha_j\langle x_i\cdot x_j\rangle\end{aligned} \tag{10.8}$$

第一个替换表明，对于假设可以描述为训练点的线性组合，应用优化理论可以导出相应的对偶表示，在应用核函数的过程中需要对偶表示。

对于式(10.3a)描述的训练样本，假定参数α^*是下面的二次优化问题的解：

$$\begin{cases}\max W(\alpha)=\sum_{i=1}^{l}\alpha_i-\frac{1}{2}\sum_{i,j=1}^{l}y_iy_j\alpha_i\alpha_j\langle x_i,x_j\rangle \\ \text{s. t.}\sum_{i=1}^{l}y_i\alpha_i=0 \\ \alpha_i\geqslant 0\quad(i=1,2,\cdots,l)\end{cases} \tag{10.9}$$

则权重$w^*=\sum_{i=1}^{l}y_i\alpha_i^* x_i$实现了几何间隔为

$$\gamma=1/\parallel w^*\parallel_2 \tag{10.10}$$

的最大间隔超平面。

b的值没有出现在对偶问题中，利用原始约束一定可以找到b^*：

$$b^*=-\frac{\max\limits_{y_i=-1}(\langle w^*\cdot x_i\rangle)+\min\limits_{y_i=1}(\langle w^*\cdot x_i\rangle)}{2} \tag{10.11}$$

Karush－Kuhn－Tucker 互补条件提供了关于解的结构的有用信息。互补条件要求最优解必须满足

$$\alpha_i^* \left[y_i(\langle w^* \cdot x_i \rangle + b^*) - 1 \right] = 0 \quad (i = 1, 2, \cdots, l) \tag{10.12}$$

这意味着仅仅是函数间隔为 l 的输入点 x_i，也就是最靠近超平面的点对应的 α_i^* 非零，所有其他点对应的参数 α_i^* 为零。因此在权重向量的表达式中，只有这些点包括在内。这就是其之所以称为支持向量的原因。图 10.15 为用大写黑体标记支持向量的最大间隔超平面。

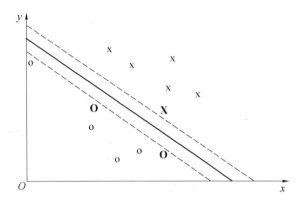

图 10.15　用大写黑体表示支持向量的最大间隔超平面

这样，优化超平面就可以在对偶表示中用参数子集来表示：

$$
\begin{aligned}
f(x, \alpha^*, b^*) &= \sum_{i=1}^{l} y_i \alpha_i^* \langle x_i \cdot x \rangle + b^* \\
&= \sum_{i \in SV} y_i \alpha_i^* \langle x_i \cdot x \rangle + b^*
\end{aligned} \tag{10.13}
$$

与每个点关联的拉格朗日乘子成为对偶变量，并赋予了它们一个直观的解释，而且定量给出了每个训练点在所得解中的重要性。不是支持向量的点没有影响，在未退化的情况下，这些点轻微的扰动不影响解。在感知机学习算法的对偶解中可以找到类似的含义，对偶变量正比于训练中假设在给定点上的出错次数。

Karush－Kuhn－Tucker 互补条件的另一个重要结果在于对 $j \in SV$，有

$$y_j f(x_j, \alpha^*, b^*) = y_j \left(\sum_{i \in SV} y_i \alpha_i^* \langle x_i \cdot x_j \rangle + b^* \right) = 1 \tag{10.14}$$

因而

$$
\begin{aligned}
\langle w^* \cdot w^* \rangle &= \sum_{i,j=1}^{l} y_i y_j \alpha_i^* \alpha_j^* \langle x_i \cdot x_j \rangle \\
&= \sum_{i \in SV} \alpha_j^* y_j \sum_{i \in SV} y_i \alpha_i^* \langle x_i \cdot y_j \rangle \\
&= \sum_{i \in SV} \alpha_j^* (1 - y_j b^*) \\
&= \sum_{i \in SV} \alpha_i^*
\end{aligned} \tag{10.15}
$$

因此，当考虑式(10.3a)描述的训练样本时，假定参数 α^* 和 b^* 是式(10.14)所描述

的对偶优化问题的解,则权重 $w = \sum_{i=1}^{l} y_i \alpha_i^* x_i$ 实现了几何间隔为

$$\gamma = 1/ \parallel w \parallel_2 = \left(\sum_{i \in \text{SV}} \alpha_j^* \right)^{-1/2} \tag{10.16}$$

的最大间隔超平面。

对偶目标函数和决策函数有一个显著的特性,就是数据仅出现在内积中。并且使用核函数使得在特征空间中找到并使用超平面成为可能。

考虑式(10.3a)描述的训练样本,它在核 $K(x,z)$ 隐式定义的特征空间中是线性可分的,假定参数 α^* 和 b^* 是下面的二次优化问题的解:

$$\begin{cases} \max W(\alpha) = \sum_{i=1}^{l} \alpha_i - \dfrac{1}{2} \sum_{i,j=1}^{l} y_i y_j \alpha_i \alpha_j K(x_i, x_j) \\ \text{s. t. } \sum_{i=1}^{l} y_i \alpha_i = 0 \\ \alpha_i \geqslant 0 \quad (i = 1, 2, \cdots, l) \end{cases} \tag{10.17}$$

则决策规则由 $\text{sgn}(f(x))$ 给出,这里 $f(x) = \sum_{i=1}^{l} y_i \alpha_i^* K(x_i, x) + b^*$ 等价于核 $K(x,z)$ 隐式定义的特征空间中的最大间隔超平面,并且超平面有几何间隔:

$$\gamma = \left(\sum_{i \in \text{SV}} \alpha_i^* \right)^{-\frac{1}{2}} \tag{10.18}$$

核函数满足 Mercer 条件的要求等价于项为 $[K(x_i, x_j)]_{i,j=1}^{l}$ 的矩阵在所有训练集上是正定的要求。因此,这意味着式(10.17)所描述的优化问题是凸的,因为矩阵 $[y_i y_j K(x_i, x_j)]_{i,j=1}^{l}$ 也是正定的。所以定义特征空间的核函数所要求的性质确保了最大间隔优化问题有唯一解并能确切得到。这跳出了神经网络训练过程中遭遇的局部最小问题。

最大间隔分类器用间隔和球心在原点包含原始数据的球半径表示了泛化误差界。对于间隔的值,在特征空间中球心在原点的球半径可以这样计算:

$$R = \max_{1 \leqslant i \leqslant l} [K(x_i, x_l)] \tag{10.19}$$

尽管建议的策略很有效率,但包含的常数使得计算所得界的实际值脱离实际。然而,仍可以使用界来选择不同的核函数。

最优化理论显示原始目标总是比对偶目标的值要大,在最优解上没有对偶间隙。因此可以使用原始值和对偶值的任意差别作为收敛的标志,这种差别称为可行间隙。令 $\hat{\alpha}$ 是对偶变量的当前值,权重可以通过设置拉格朗日函数的偏导为 0 来计算,给定 $\hat{\alpha}$ 最小化 $L(w, b, \hat{\alpha})$ 可以得到权重 $\hat{w}$ 的当前值,因此可行间隙可以计算如下:

$$W(\hat{\alpha}) - \frac{1}{2} \parallel \hat{w} \parallel^2 = \inf_{w,b} L(w, b, \hat{\alpha}) - \frac{1}{2} \parallel \hat{w} \parallel^2 = L(\hat{w}, b, \hat{\alpha}) - \frac{1}{2} \parallel \hat{w} \parallel^2$$

$$= - \sum_{i=1}^{l} \hat{\alpha}_i [y_i (\langle \hat{w} \cdot w_i \rangle + b) - 1]$$

$$= \sum_{i=1}^{l} \hat{\alpha}_i - \sum_{i=1}^{l} \hat{\alpha}_i y_i y_j \hat{\alpha}_j \langle x_j \cdot x_i \rangle \tag{10.20}$$

它是 Karush－Kuhn－Tucker 互补条件的加和的负数。这对应着原始解和对偶解的差，前提是 $\hat{w}$ 满足原始约束，即假定对所有 i 有 $y_i(\langle \hat{w} \cdot x_i \rangle + b) \geqslant 1$，这等价于

$$y_i\Big(\sum_{j=1}^{l} y_j \hat{\alpha}_j \langle x_j \cdot x_i \rangle + b\Big) \geqslant 1 \tag{10.21}$$

然而它不能保证一定成立，所以在最大间隔情况下，可行间隙不能直接计算得出。在某种软间隔情况下，可行间隙是可以估计的。

若拉格朗日乘子的某个子集非零，则拉格朗日乘子具有稀疏性，这意味着支持向量包括了重构超平面的所有必要信息。即使移除所有的其他点，仍然可以为剩余的支持向量子集找到相同的最大间隔超平面。这可以从对偶问题中看出，去除非支持向量的行和列，对剩余的子矩阵仍有相同的优化问题。因此，最优解保持不变。

最大间隔超平面是一个压缩方案，既然给定了支持向量的子集，就可以重构能正确分类整个训练集的最大间隔超平面。考虑在内积空间 X 上具有单位权重向量的阈值化实值线性函数 $\sum$。对 $X \in [-1,1]$ 上任意概率分布 Δ，最大间隔超平面在 ι 个随机样例 S 上的误差将以 $1-\delta$ 的概率输出，概率 $1-\delta$ 不大于

$$\operatorname*{err}_{\Sigma}(f) \leqslant \frac{1}{\iota - d}\Big(d\log\frac{e\iota}{d} + \log\frac{\iota}{\delta}\Big) \tag{10.22}$$

式中，d 为支持向量的数目，$d = \sharp SV$。

支持向量的数目越少，泛化能力越强。这与 Ockham 准则（用来寻找分类函数的紧凑表示）有密切联系。界的良好性在于它不与特征空间的维数相关。

所期望的泛化误差的一个稍严格的界，可以用相同量表示，并用留一法获得。当一个非支持向量被忽略时，它可以由训练数据的剩余子集来正确分类，泛化误差的留一法估计为

$$\frac{\sharp SV}{\iota} \tag{10.23}$$

训练子集的循环置换显示测试点的期望误差可以用这个量给出界，但是使用的期望泛化界不保证它的方差，也就是不保证其可靠性。

最大间隔分类器不要求控制支持向量的数目，但实践中通常只有很少的支持向量。解的稀疏性也促进并产生了很多实现策略来处理大的数据集。最大间隔算法仅有的自由度是核函数的选择，它需要模型选择。对问题的所有先验知识都可以帮助选择参数化的核函数，模型选择转化为调整参数的问题。对多数类型的核函数，比如多项式或者高斯核函数，总有可能找到一个核参数使得数据是可分的。但是一般地说，强迫分开数据容易导致过拟合，尤其是数据中有噪声的时候。在这种情况下，离群点的拉格朗日乘子通常很大，因此训练数据可以根据正确分开的难易度来排序，从而可以用于数据筛选。在支持向量机中间隔有两方面的作用：一是它的最大化确保了低的 fat－shattering 维，因此有较好的泛化性；二是不等式约束产生了 Karush－Kuhn－Tucker 互补条件，间隔产生了解向量的稀疏性。

2. 软间隔优化

最大间隔分类器是一个重要概念,是分析和构造更加复杂的支持向量机的起点,但在许多现实世界的问题中不能使用它。如果数据有噪声,特征空间一般不能线性分开(除非使用很强的核函数,但很强的核函数易导致过拟合)。最大间隔分类器的主要问题是它总是完美地产生一个与训练样例一致(没有训练误差)的假设的集合。间隔度量的界促使这样的结果产生,当数据不能完全分开时,这个间隔量是负数。

这种情况下,系统易受少数点所控制,这是很危险的。在真实数据中,噪声总是存在的,这会导致算法出现问题。进一步说,若数据在特征空间中不能线性分开,这种情况下,原问题的可行区域是空的,而对偶问题是无界的目标函数,这样优化问题不能得到解决。软间隔优化能够容忍噪声和离群点,同时顾及更多的训练点,而不只是靠近边界的那些点。

对于最大间隔情况下的原始优化问题:

$$
\begin{cases}
\min e_{w,b} \langle w \cdot w \rangle \\
\text{s. t. } y_i(\langle w \cdot x_i \rangle + b) \geqslant 1 \quad (i=1,2,\cdots,l)
\end{cases}
\tag{10.24}
$$

为了能优化间隔松弛因子,需要引入松弛变量,它允许在一定程度上违反间隔约束:

$$
\begin{cases}
\text{s. t. } y_i(\langle w \cdot x_i \rangle + b) \geqslant 1 - \xi_i \quad (i=1,2,\cdots,l) \\
\xi_i \geqslant 0 \quad (i=1,2,\cdots,l)
\end{cases}
\tag{10.25}
$$

泛化误差界由间隔松弛向量的二阶范数给出。所谓二阶范数软间隔,即权重 w 的范数(尺度化的 ξ_i)。因此,泛化性所依赖的等价表达式为

$$
\frac{R^2 + \frac{\|\xi\|_2^2}{\|w\|_2^2}}{\gamma^2} = \|w\|_2^2 \left(R^2 + \frac{\|\xi\|_2^2}{\|w\|_2^2}\right) = \|w\|_2^2 R^2 + \|\xi\|_2^2
\tag{10.26}
$$

它指出在所得优化问题的目标函数中,C 的一个最优选择应该是 R^{-2}:

$$
\begin{cases}
\min e_{w,b} \langle w \cdot w \rangle + C \sum_{i=1}^{l} \xi_i^2 \\
\text{s. t. } y_i(\langle w \cdot x_i \rangle + b) \geqslant 1 - \xi_i \quad (i=1,2,\cdots,l) \\
\xi_i \geqslant 0 \quad (i=1,2,\cdots,l)
\end{cases}
\tag{10.27}
$$

如果 $\xi_i < 0$,则令 $\xi_i = 0$,第一个约束仍然保持,这个变化将减小目标函数的值。通过去除 ξ_i 上的正约束获得的最优解与式(10.27)的解是一致的。因此,可以通过求解下面的优化问题得到式(10.27)的解:

$$
\begin{cases}
\min e_{w,b} \langle w \cdot w \rangle + C \sum_{i=1}^{l} \xi^2 \\
\text{s. t. } y_i(\langle w \cdot x_i \rangle + b) \geqslant 1 - \xi_i \quad (i=1,2,\cdots,l)
\end{cases}
\tag{10.28}
$$

参数 C 值的变化范围大,优化性能的评价是通过使用独立的验证集或一种被称为交叉验证的方法来实现,后者仅在一个训练集上验证优化性能。参数 C 在一定范围内变化,$\|w\|_2$ 会有相应的连续变化。因此,对特定的问题,选择 C 的值对应着选择 $\|w\|_2$ 的值,然后在 w 下最小化 $\|\xi\|_2$。一阶情况下,它是最小化权重向量的范数和松弛变量一阶

范数的组合：

$$\begin{cases} \min e_{w,b}\langle w \cdot w \rangle + C\sum_{i=1}^{l}\xi_i \\ \text{s. t. } y_i(\langle w \cdot w_i \rangle + b) \geqslant 1 - \xi_i \quad (i=1,2,\cdots,l) \\ \xi_i \geqslant 0 \quad (i=1,2,\cdots,l) \end{cases} \tag{10.29}$$

式中有一个 C 的值对应着 $\|w\|_2$ 的最优选择，这个 C 值也给出最优界，这个界对应给定 $\|w\|_2$ 下找到的 $\|\xi\|_i$ 的最小值。

式(10.29) 的原拉格朗日函数为

$$L(w,b,\xi,\alpha) = \frac{1}{2}\langle w \cdot w \rangle + \frac{C}{2}\sum_{i=1}^{l}\xi^2 - \sum_{i=1}^{l}\alpha_i[y_i(\langle w \cdot x_i \rangle + b) - 1 + \xi_i]$$

$$\tag{10.30}$$

式中，α_i 为拉格朗日乘子，$\alpha_i \geqslant 1$。

相应的对偶表示可以通过求对应于 w、ξ、b 的偏导，置零得

$$\begin{cases} \dfrac{\partial L(w,b,\xi,\alpha)}{\partial w} = w - \sum_{i=1}^{l}y_i\alpha_i x_i = 0 \\[2mm] \dfrac{\partial L(w,b,\xi,\alpha)}{\partial \xi} = C\xi - \alpha = 0 \\[2mm] \dfrac{\partial L(w,b,\xi,\alpha)}{\partial b} = \sum_{i=1}^{l}y_i\alpha_i = 0 \end{cases} \tag{10.31}$$

将得到的等式代入原拉格朗日函数，可以得到对偶目标函数有下面的修正：

$$\begin{aligned} L(w,b,\xi,\alpha) &= \sum_{i=1}^{l}\alpha_i - \frac{1}{2}\sum_{i,j=1}^{l}y_iy_j\alpha_i\alpha_j\langle x_i \cdot x_j \rangle + \frac{1}{2C}\langle \alpha \cdot \alpha \rangle - \frac{1}{C}\langle \alpha \cdot \alpha \rangle \\ &= \sum_{i=1}^{l}\alpha_i - \frac{1}{2}\sum_{i,j=1}^{l}y_iy_j\alpha_i\alpha_j\langle x_i \cdot x_j \rangle - \frac{1}{2C}\langle \alpha \cdot \alpha \rangle \end{aligned} \tag{10.32}$$

因此，在 α 上最大化上述目标函数等价于最大化：

$$W(\alpha) = \sum_{i=1}^{l}\alpha_i - \frac{1}{2}\sum_{i,j=1}^{l}y_iy_j\alpha_i\alpha_j\left(\langle x_i \cdot x_j \rangle + \frac{1}{C}\delta_{ij}\right) \tag{10.33}$$

这里 δ_{ij} 是 Kronecker δ，当 $i=j$ 时定义为 1，其余为 0。对应的 Karush－Kuhn－Tucker 互补条件为

$$\alpha_i[y_i(\langle x_i \cdot w \rangle + b) - 1 + \xi_i] = 0 \quad (i=1,2,\cdots,l) \tag{10.34}$$

此时，考虑式(10.30) 所描述的训练样本，在核函数 $K(x,z)$ 隐式定义的特征空间中，假定参数 α^* 是下面的二次优化问题的解：

$$\begin{cases} \max W(\alpha) = \sum_{i=1}^{l}\alpha_i - \frac{1}{2}\sum_{i,j=1}^{l}y_iy_j\alpha_i\alpha_j\left[K(x_i,x_j) + \frac{1}{C}\delta_{ij}\right] \\ \text{s. t. } \sum_{i=1}^{l}y_i\alpha_i = 0 \\ \alpha_i \geqslant 0 \quad (i=1,2,\cdots,l) \end{cases} \tag{10.35}$$

令 $f(x) = \sum_{i=1}^{l} y_i \alpha_j^* K(x_i, x) + b^*$，这里选择 b^* 使得 $y_i f(x_i) = 1 - \alpha_i^* / C$ 成立，对任意 i 有 $\alpha_i^* \neq 0$。决策规则由 $\mathrm{sgn}[f(x)]$ 给出，这里等价于核函数 $K(x, z)$ 隐式定义的特征空间中的最大间隔超平面，它是优化问题(10.27)的解，松弛变量的定义与几何间隔相关：

$$\gamma = \left(\sum_{i \in \mathrm{SV}} \alpha_i^* - \frac{1}{C} \langle \alpha^* \cdot \alpha^* \rangle \right)^{-1/2} \tag{10.36}$$

使用关系式 $\alpha_i = C\xi_i$ 选择 b^* 的值，通过 Karush $-$ Kuhn $-$ Tucker 互补条件：

$$\alpha_i = y_i (\langle w \cdot x_i \rangle + b) - 1 + \xi_i = 0 \quad (i = 1, 2, \cdots, l) \tag{10.37}$$

可知，原始约束在非零 α_i 下一定也是等式。接着计算 w^* 的范数，它定义了几何间隔的大小：

$$
\begin{aligned}
\langle w^* \cdot w^* \rangle &= \sum_{i,j=1}^{l} y_i y_j \alpha_i^* \alpha_j^* K(x_i, x_j) \\
&= \sum_{j \in \mathrm{SV}} \alpha_j^* y_j \sum_{i \in \mathrm{SV}} y_i \alpha_j^* K(x_i, x_j) \\
&= \sum_{j \in \mathrm{SV}} \alpha_j^* (1 - \xi_i^* - y_j b^*) \\
&= \sum_{i \in \mathrm{SV}} \alpha_j^* - \sum_{i \in \mathrm{SV}} \alpha_i^* \xi_i^* \\
&= \sum_{i \in \mathrm{SV}} \alpha_i^* - \frac{1}{C} \langle \alpha^* \cdot \alpha^* \rangle
\end{aligned} \tag{10.38}
$$

这仍然是一个二次规划问题，可以用与解最大间隔超平面相同的方法来求解。仅有的变化是增加了一个因子 $1/C$ 到与训练集关联的内积矩阵的对角项上。产生的影响是在矩阵的特征值上增加了一个因子 $1/C$。因此，可以将这个问题简单视为核函数的一个变化：

$$K'(x, z) = K(x, z) + \frac{1}{C} \delta_x(z) \tag{10.39}$$

一阶范数软间隔优化问题对应的拉格朗日函数为

$$L(w, b, \xi, \alpha, r) = \frac{1}{2} \langle w \cdot w \rangle + C \sum_{i=1}^{l} \xi_i - \sum_{i=1}^{l} \alpha_i [y_i (\langle x_i \cdot w \rangle + b) - 1 + \xi_i] - \sum_{i=1}^{l} r_i \xi_i \tag{10.40}$$

式中，$\alpha_i \geqslant 0$；$r_i \geqslant 0$。

对偶表示可以通过求对应于 w、ξ、b 的偏导，置零得

$$
\begin{cases}
\dfrac{\partial L(w, b, \xi, \alpha, r)}{\partial w} = w - \sum_{i=1}^{l} y_i \alpha_i x_i = 0 \\[3mm]
\dfrac{\partial L(w, b, \xi, \alpha, r)}{\partial \xi} = C - \alpha_i - r_i = 0 \\[3mm]
\dfrac{\partial L(w, b, \xi, \alpha, r)}{\partial b} = \sum_{i=l}^{l} y_i \alpha_i = 0
\end{cases} \tag{10.41}
$$

将上面的等式代入原拉格朗日函数得到对偶目标函数有下面的修正：

$$L(w, b, \xi, \alpha, r) = \sum_{i=1}^{l} \alpha_i - \frac{1}{2} \sum_{i,j=1}^{l} y_i y_j \alpha_i \alpha_j \langle x_i \cdot x_j \rangle \tag{10.42}$$

它与最大间隔的目标函数相同,仅有的区别是有约束 $C-\alpha_i-r_i=0$ 和 $r_i \geqslant 0$,它实现了 $\alpha_i \leqslant C$,当 $\xi_i \neq 0$ 且仅当 $r_i=0$ 时,有 $\alpha_i=C$。Karush-Kuhn-Tucker 互补条件为

$$\begin{cases} \alpha_i[y_i(\langle w_i \cdot w \rangle + b)-1+\xi_i]=0 & (i=1,2,\cdots,l) \\ \xi_i(\alpha_i-C)=0 & (i=1,2,\cdots,l) \end{cases} \tag{10.43}$$

这里 Karush-Kuhn-Tucker 互补条件意味着仅当 $\alpha_i=C$ 时出现非零的松弛变量。非零松弛变量的点有 $1/\|w\|$ 的间隔误差,它们的几何间隔小于 $1/\|w\|$。而 $0<\alpha_i<C$ 的点位于超平面上距离为 $1/\|w\|$ 处。因此,若考虑式(10.30)所描述的分类训练样本,在核函数 $K(x,z)$ 隐式定义的特征空间中,假定参数 α^* 是下面的二次优化问题的解:

$$\begin{cases} \max W(\alpha) = \sum_{i=1}^{l} \alpha_i - \dfrac{1}{2} \sum_{i,j=1}^{l} y_i y_j \alpha_i \alpha_j K(x_i,x_j) \\ \text{s. t. } \sum_{i=1}^{l} y_i \alpha_i = 0 \\ C \geqslant \alpha_i \geqslant 0 \quad (i=1,2,\cdots,l) \end{cases} \tag{10.44}$$

令 $f(x)=\sum_{i=1}^{l} y_i \alpha_i^* K(x_i,x)+b^*$,这里选择 b^* 使得 $y_i f(x_i)=1$ 成立,对任意 i 有 $C>\alpha_i^*>0$。决策规则由 $\mathrm{sgn}(f(x))$ 给出,这里等价于核函数 $K(x,z)$ 隐式定义的特征空间中的超平面,它是优化问题(10.29)的解,松弛变量的定义与几何间隔相关:

$$\gamma = \Big[\sum_{i,j \in \mathrm{SV}} y_i y_j \alpha_i^* \alpha_j^* K(x_i,x_j) \Big]^{-1/2} \tag{10.45}$$

使用 Karush-Kuhn-Tucker 互补条件选择 b^* 的值,这个条件意味着如果 $C>\alpha_i^*>0$,而 $\xi_i^*=0$,并且

$$y_i(\langle x_i,w^* \rangle + b^*)-1+\xi_i^*=0 \tag{10.46}$$

则 w^* 的范数可由下式给出:

$$\begin{aligned} \langle w^* \cdot w^* \rangle &= \sum_{i,j=1}^{l} y_i y_j \alpha_i^* \alpha_j^* K(x_i,x_j) \\ &= \sum_{j \in \mathrm{SV}} \sum_{i \in \mathrm{SV}} y_i y_j \alpha_i^* \alpha_j^* K(x_i,x_j) \end{aligned} \tag{10.47}$$

这个问题等价于带有附加约束的最大间隔超平面的问题,约束是对所有的 α_i 以 C 为上界。α 被约束到边长为 C 的"盒子"里,精度和正则化的妥协参数直接控制了 α_i 的大小。这意味着盒约束限制了离群点的影响,而离群点的拉格朗日乘子通常很大。约束也确保了可行区域的界,因此原问题总有非空可行区域。

软间隔优化的一个问题是参数 C 的选择。典型的方法是在一个范围内实验,直至找到对于特定训练集最好的选择。特征空间也会进一步影响到参数的尺度。对于优化问题(10.44),不同的 C 值得到的解和下面的优化问题中 v 从 0 变化到 1 得到的解相同:

$$\begin{cases} \max W(\alpha) = -\dfrac{1}{2}\sum_{i,j=1}^{l} y_i y_j \alpha_i \alpha_j K(x_i, x_j) \\[2mm] \text{s. t.} \quad \sum_{i=1}^{l} y_i \alpha_i = 0 \\[2mm] \sum_{i=1}^{l} \alpha_i \geqslant v \\[2mm] 1/l \geqslant \alpha_i \geqslant 0 \quad (i=1,2,\cdots,l) \end{cases} \tag{10.48}$$

在这个参数化过程中，v 给出了 α_i 加和的下界，它从目标函数中去除了线性项。可以看出，v 是间隔误差的训练集的比例的上界，同时 v 又是支持向量全部数目与全部样例数的比例的下界。因此，v 给出了问题的一个更透明的参数，它与特征空间的尺度无关，而仅与数据的噪声程度有关。

在一阶范数间隔松弛向量优化的情况下，可以计算可行间隙，因为在对偶形式下没有确定 ξ_i，它可以通过公式

$$\xi_i = \max\left\{0, 1 - y_i\left[\sum_{j=1}^{l} y_j \alpha_j K(x_j, x_i) + b\right]\right\} \tag{10.49}$$

来选择，从而确保原问题可解。这里 α 是对偶问题的当前估计，选择 b 对某些 i 和 $C > \alpha_i > 0$ 有 $y_i f(x_i) = 1$。一旦原问题可解，原目标和对偶目标的值之间的间距成为 Karush—Kahn—Tucker 互补条件的和，这需要构造拉格朗日函数：

$$-L(w, b, \xi, \alpha, r) + \frac{1}{2}\langle w \cdot w \rangle + C\sum_{i=1}^{l}\xi_i$$
$$= \sum_{i=1}^{l}\alpha_i\left\{y_i\left[\sum_{j=1}^{l} y_j \alpha_j K(x_j \cdot x_i) + b\right] - 1 + \xi_i\right\} + \sum_{i=1}^{l} r_i \xi_i \tag{10.50}$$

式中，$r_i = C - \alpha_i$。

因此，使用 α 上的约束，原目标和对偶目标的间隙可由下式给出：

$$\sum_{i=1}^{l}\alpha_i\left[y_i(\langle x_i \cdot w \rangle + b) - 1 + \xi_i\right] + \sum_{i=1}^{l} r_i \xi_i$$
$$= \sum_{i=1}^{l}\alpha_i\left\{y_i\left[\sum_{j=1}^{l} y_j \alpha_j K(x_j \cdot x_i) - 1\right]\right\} + C\sum_{i=1}^{l}\xi_i$$
$$= \sum_{i,j=1}^{l}\alpha_i y_i \alpha_j y_j K(x_j \cdot x_i) - \sum_{i=1}^{l}\alpha_i + C\sum_{i=1}^{l}\xi_i$$
$$= \sum_{i=1}^{l}\alpha_i - 2\omega(\alpha) + C\sum_{i=1}^{l}\xi_i \tag{10.51}$$

不难看出，一阶和二阶软间隔学习器都产生了与最大间隔学习器相关的优化问题。

3. 线性规划支持向量机

如果不使用间隔分布上的泛化界，还可以考虑使用其他的强化学习算法。比如用于寻找最稀疏分开超平面之类的算法，可以不考虑间隔。这类问题其计算量往往较大，但可以通过最小化正乘子数目的估计 $\sum_{i=1}^{l}\alpha_i$ 来近似解决，同时使间隔为 1。松弛变量的引入可

以直接用子对偶来表示,从而得到下面的线性优化问题:

$$\begin{cases} \min L(\alpha, \xi) \sum_{i=1}^{l} \alpha_i + C \sum_{i=1}^{l} \xi_i \\ \text{s.t.} \ \ y_i \Big(\sum_{j=1}^{l} \alpha_i \langle x_i, x_j \rangle + b \Big) \geqslant 1 - \xi_i \quad (i = 1, 2, \cdots, l) \\ \alpha_i \geqslant 0, \quad \xi_i \geqslant 0 \quad (i = 1, 2, \cdots, l) \end{cases} \tag{10.52}$$

这类算法可以不考虑隐含在标准支持向量机定义中的二阶范数最大间隔。其算法策略是求解一个线性规划问题,而不是支持向量机中的凸二次规划问题。这类算法也可以用核函数来得到隐式特征空间,同时,泛化性界直接与 $\sum_{i=1}^{l} \alpha_i$ 相关。

10.5.3　支持向量回归

支持向量机方法也可以应用到回归问题中,并且仍然保留了最大间隔算法的所有主要特征:非线性函数可以通过核特征空间中的线性学习器得到,同时系统的容量由与特征空间维数不相关的参数控制。同分类算法一样,回归算法需要最小化一个凸函数,并且它的解是稀疏的。

回归算法也需要优化回归泛化界。这需要定义一个损失函数,它可以忽略真实值某个上下范围内的误差。这种类型的函数也就是 ε 不敏感损失函数。图 10.16 显示了具有 ε 不敏感带的一维线性回归问题的不敏感带。变量 ξ 度量了训练点上误差的程度,在 ε 不敏感区内的点误差为 0。图 10.17 显示了非线性回归函数的不敏感带。

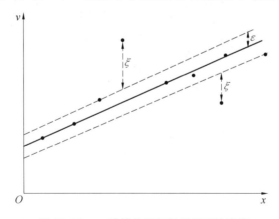

图 10.16　一维线性回归问题的不敏感带

1. ε 不敏感损失回归

线性回归器的泛化性界是以权重向量的范数和松弛变量的二阶和一阶范数来表示的,ε 不敏感损失函数等价于这些松弛变量。

$L^\varepsilon(x, y, f)$ 是线性 ε 不敏感损失函数,其表达式为

$$L^\varepsilon(x, y, f) = |y - f(x)|_\varepsilon = \max(0, |y - f(x - \varepsilon)|) \tag{10.53}$$

这里 f 是域 X 上的实值函数,$x \in X$ 并且 $y \in R$。类似地,二次 ε 不敏感损失由下式给出:

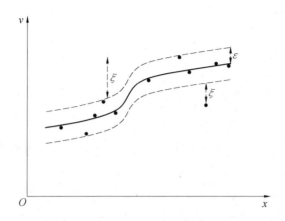

图 10.17　非线性回归函数的不敏感带

$$L_2^{\varepsilon}(x, y, f) = \left| y - f(x) \right|_{\varepsilon}^2 \tag{10.54}$$

如果将这个损失函数同间隔松弛向量做比较,可以直接发现间隔松弛变量 $\xi((x_i y_l), f, \theta, \gamma)$ 满足

$$\xi((x_i y_l), f, \theta, \gamma) = L^{\theta - \gamma}(x_i, y_i, f) \tag{10.55}$$

因此,若使用了 ε 不敏感损失函数,则 $\varepsilon = \theta - \gamma$。图 10.18 和图 10.19 显示函数 $y - f(x)$ 在 ε 为 0 和非 0 时,线性和二次 ε 不敏感损失的形式。

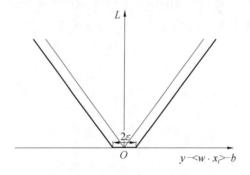

图 10.18　ε 为 0 或非 0 所对应的线性 ε 不敏感损失

通过最小化二次 ε 不敏感损失的和:

$$R^2 \left\| w \right\|^2 + \sum_{i=1}^{l} L_2^{\varepsilon}(x_i, y_i, f) \tag{10.56}$$

可以优化回归器的泛化性。这里 f 是权重 w 定义的函数。最小化这个量的优势是在所有 γ 上可以最小化界,这意味着它在所有 $\theta = \varepsilon + \gamma$ 的值上最小化。如同分类情况下,这里引入参数 C 来度量复杂性和损失的妥协。因此,原问题描述如下:

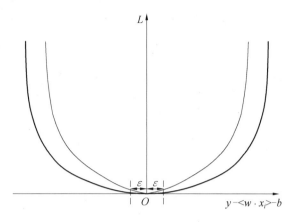

图 10.19　ε 为 0 或非 0 所对应的二次 ε 不敏感损失

$$\begin{cases} \min \ \| w \|^2 + C \sum_{i=1}^{l} (\xi^2 + \hat{\xi}_i^2) \\ \text{s. t.} \ (\langle w \cdot x_i \rangle + b) - y_i \leqslant \varepsilon + \xi_i \quad (i = 1, 2, \cdots, l) \\ y_i - (\langle w \cdot x_i \rangle + b) \leqslant \varepsilon + \hat{\xi}_i \quad (i = 1, 2, \cdots, l) \\ \xi_i, \hat{\xi}_i \geqslant 0 \quad (i = 1, 2, \cdots, l) \end{cases} \tag{10.57}$$

这里引入了两个松弛变量,一个是在目标值之上超出 ε 所设,另一个是在目标值之下超出 ε 所设。考虑为变化的 C 值求解这个方程,然后使用验证的方法选择参数的最优值。可以使用标准方法导出对偶问题,考虑 $\xi_i \hat{\xi}_i = 0$,以及类似的关系 $\alpha_i \hat{\alpha}_i = 0$,下面的拉格朗日乘子成立:

$$\begin{cases} \max \ \sum_{i=1}^{l} y_i (\hat{\alpha}_i - \alpha_i) - \varepsilon \sum_{i=1}^{l} (\hat{\alpha}_i + \alpha_i) - \frac{1}{2} \sum_{i,j=1}^{l} (\hat{\alpha}_i - \alpha_i)(\hat{\alpha}_j - \alpha_j) \left(\langle x_i \cdot x_j \rangle + \frac{1}{C} \delta_{ij} \right) \\ \text{s. t.} \ \sum_{i=1}^{l} (\hat{\alpha}_i - \alpha_i) = 0 \\ \hat{\alpha}_i \geqslant 0, \quad \alpha_i \geqslant 0 \quad (i = 1, 2, \cdots, l) \end{cases}$$

$$\tag{10.58}$$

它对应的 Karush － Kuhn － Tucker 互补条件是

$$\begin{cases} \alpha_i (\langle w \cdot x_i \rangle + b - y_i - \varepsilon - \xi_i) = 0 \quad (i = 1, 2, \cdots, l) \\ \hat{\alpha}_i (y_i - \langle w \cdot x_i \rangle - b - \varepsilon - \hat{\xi}_i) = 0 \quad (i = 1, 2, \cdots, l) \\ \xi_i \hat{\xi}_i = 0, \quad \alpha_i \hat{\alpha}_i = 0 \quad (i = 1, 2, \cdots, l) \end{cases} \tag{10.59}$$

通过替代 $\beta = \hat{\alpha} - \alpha$,并使用关系 $\alpha_i \hat{\alpha}_i = 0$,可以重写对偶问题,使其更接近分类情况下的形式:

$$\begin{cases} \max \ \sum_{i=1}^{l} y_i \beta_i - \varepsilon \sum_{i=1}^{l} |\beta_i| - \frac{1}{2} \sum_{i,j=1}^{l} \beta_i \beta_j \left(\langle x_i \cdot x_j \rangle + \frac{1}{C} \delta_{ij} \right) \\ \text{s. t.} \ \sum_{i=1}^{l} \beta_i = 0 \quad (i = 1, 2, \cdots, l) \end{cases} \tag{10.60}$$

对 $y_i \in \{-1,1\}$，当 $\varepsilon = 0$ 时相似性更加明显，如果使用变量 $\hat{\beta}_i = y_i \beta_i$，仅有的差别是没有限制 $\hat{\beta}_i$ 为正值，而分类情况下 α_i 是正值。事实上，很多情况下使用这种形式时，是用 α 来替代 β 的。

ε 非 0 产生的影响是引入了包含对偶参数的额外权重衰减因子。$\varepsilon = 0$ 的情况对应的是带有由参数 C 控制的权重衰减因子的标准最小二乘线性回归。而当 $C \to \infty$ 时，问题趋向于无约束的最小二乘，这等价于保持内积矩阵对角不变。

在训练集 (10.3a) 上使用核函数 $K(x,z)$ 隐式定义的特征空间做回归，并且假定参数 α^* 是下面二次优化问题的解：

$$\begin{cases} \max W(\alpha) \sum_{i=1}^{l} y_i \alpha_i - \varepsilon \sum_{i=1}^{l} |\alpha_i| - \dfrac{1}{2} \sum_{i,j=1}^{l} \alpha_i \alpha_j \left[K(x_i, x_j) + \dfrac{1}{C} \delta_{ij} \right] \\ \text{s. t. } \sum_{i=1}^{l} \alpha_i = 0 \end{cases} \tag{10.61}$$

令 $f(x) = \sum_{i=1}^{l} \alpha_i^* K(x_i, x) + b^*$，这里选择 b^* 使得 $f(x_i) - y_i = -\varepsilon - \alpha_i^* / C$ 对任意 i 在 $\alpha_i^* > 0$ 下成立，则函数 $f(x)$ 等价于在核函数 $K(x,z)$ 隐式定义的特征空间中求解优化问题 (10.57) 所得到的超平面。

若对参数 C 的某些值最小化线性 ε 不敏感损失的和：

$$\frac{1}{2} \| w \|^2 + C \sum_{i=1}^{l} L^{\varepsilon}(x_i, y_i, f) \tag{10.62}$$

则如同在分类情况下对于固定训练集，参数 C 可以控制 $\| w \|$ 的大小，那么式 (10.62) 等价于：

$$\begin{cases} \min \dfrac{1}{2} \| w \|^2 + C \sum_{i=1}^{l} (\xi_i + \hat{\xi}_i) \\ \text{s. t. } (\langle w \cdot x_i \rangle + b) - y_i \leqslant \varepsilon + \xi_j \\ \xi_i, \hat{\xi}_i \geqslant 0 \quad (i = 1, 2, \cdots, l) \end{cases} \tag{10.63}$$

相应的对偶问题可用标准方法导出：

$$\begin{cases} \max \sum_{i=1}^{l} (\hat{\alpha}_i - \alpha_i) y_i - \varepsilon \sum_{i=1}^{l} (\hat{\alpha}_i + \alpha_i) - \dfrac{1}{2} \sum_{i,j=1}^{l} (\hat{\alpha}_i - \alpha_i)(\hat{\alpha}_j - \alpha_j) \langle x_i \cdot x_j \rangle \\ \text{s. t. } 0 \leqslant \alpha_i, \quad \hat{\alpha}_i \leqslant C \quad (i = 1, 2, \cdots, l) \\ \sum_{i=1}^{l} (\hat{\alpha}_i - \alpha_i) = 0 \quad (i = 1, 2, \cdots, l) \end{cases}$$

$$\tag{10.64}$$

它对应的 Karush－Kuhn－Tucker 互补条件是

$$\begin{cases} \alpha_i (\langle w \cdot x_i \rangle + b - y_i - \varepsilon - \xi_i) = 0 \quad (i = 1, 2, \cdots, l) \\ \hat{\alpha}_i (y_i - \langle w \cdot x_i \rangle - b - \varepsilon - \hat{\xi}_i) = 0 \quad (i = 1, 2, \cdots, l) \\ \xi_i \hat{\xi}_i = 0, \quad \alpha_i \hat{\alpha}_i = 0 \quad (i = 1, 2, \cdots, l) \\ (\alpha_i - C) \xi_i = 0, \quad (\hat{\alpha}_i - C) \hat{\xi}_i = 0 \quad (i = 1, 2, \cdots, l) \end{cases} \tag{10.65}$$

若用 α_i 替代 $\hat{\alpha_i} - \alpha$，并且 $\alpha_i \hat{\alpha_i} = 0$，在训练集(10.3a)上使用核函数 $K(x,z)$ 隐式定义的特征空间做回归，并且假定参数 α^* 是二次优化问题的解：

$$
\begin{cases}
\max w(\alpha) = \sum_{i=1}^{l} y_i \alpha_i - \varepsilon \sum_{i=1}^{l} |\alpha_i| - \frac{1}{2} \sum_{i,j=1}^{l} \alpha_i \alpha_j K(x_i, x_j) \\
\text{s. t. } \sum_{i=1}^{l} \alpha_i = 0, \quad -C \leqslant \alpha_i \leqslant C \quad (i=1,2,\cdots,l)
\end{cases}
$$

令 $f(x) = \sum_{i=1}^{l} \alpha_i^* K(x_i, x) + b^*$，这里选择 b^* 使得 $f(x_i) - y_i = -\varepsilon$ 对任意 i 在 $0 < \alpha_i^* < C$ 下成立，则函数 $f(x)$ 等价于在核函数 $K(x,z)$ 隐式定义的特征空间中求解式(10.63)所得到的超平面。

考虑函数围绕学习算法所输出的 $\pm\varepsilon$ 带，是不严格在 ε 管道内部的点支持向量，那些没有接触 ε 管道的点将存在等于 C 的值。

2. 核岭回归

二次损失函数中 $\varepsilon = 0$ 对应着有权重衰减因子的最小二乘回归，又称为核岭回归。核岭回归忽略了偏置项，可以描述为

$$
\begin{cases}
\min \lambda \parallel w \parallel^2 + \sum_{i=1}^{l} \xi_i^2 \\
\text{s. t. } y_i - \langle w \cdot x_i \rangle = \xi_i \quad (i=1,2,\cdots,l)
\end{cases}
\tag{10.66}
$$

从中可以得到拉格朗日函数：

$$
\min L(w, \xi, \alpha) = \lambda \parallel w \parallel^2 + \sum_{i=1}^{l} \xi_i^2 + \sum_{i=1}^{l} \alpha_i (y_i - \langle w \cdot x_i \rangle - \xi_i) \tag{10.67}
$$

求导数置零，得

$$
w = \frac{1}{2\lambda} \sum_{i=1}^{l} \alpha_i x_i, \quad \xi_i = \frac{\alpha_i}{2} \tag{10.68}
$$

重新替换这些关系，得到下面的对偶问题：

$$
\max \omega(\alpha) \sum_{i=1}^{l} y_i \alpha_i - \frac{1}{4\lambda} \sum_{i,j=1}^{l} \alpha_i \alpha_j \langle x_i, x_j \rangle - \frac{1}{4} \sum_{i=1}^{l} \alpha_i^2 \tag{10.69}
$$

式(10.69)还可以写为

$$
\omega(\alpha) = y'\alpha - \frac{1}{4\lambda} \alpha' \boldsymbol{K} \alpha - \frac{1}{4} \alpha' \alpha \tag{10.70}
$$

这里 $\boldsymbol{K}$ 表示 Gram 矩阵，$K_{ij} = \langle x_i, x_j \rangle$，如果在核特征空间 $\boldsymbol{K}$ 就是核矩阵，$K_{ij} = \langle x_i, x_j \rangle$。对应 α 求导，置零得到下面的条件：

$$
-\frac{1}{2\lambda} \boldsymbol{K} \alpha - \frac{1}{2} \alpha + y = 0 \tag{10.71}
$$

得到解

$$
\alpha = 2\lambda (\boldsymbol{K} + \lambda I)^{-1} \boldsymbol{k} \tag{10.72}
$$

这里 $\boldsymbol{k}$ 是项为 $k_i = \langle x_i, x \rangle, i = 1, \cdots, l$ 的向量。因此，假定在训练集(10.3a)上使用核函数 $K(x,z)$ 隐式定义的特征空间做回归，令 $f(x) = y'(\boldsymbol{K} + \lambda I)^{-1} \boldsymbol{k}$，这里 $\boldsymbol{K}$ 是项为 $K_{ij} = $

$K(x_i,x_j)$ 的 $l \times l$ 的矩阵，$\pmb{k}$ 是项为 $k_i = K\langle x_i, x \rangle$ 的向量。则函数 $f(x)$ 等价于在核函数 $K(x,z)$ 隐式定义的特征空间中求解式(10.66)得到的超平面。

3. 高斯过程

高斯过程的理论是以贝叶斯定理为基础的。贝叶斯定理由参数的先验分布和观察值得到参数的后验分布，这一理论贯穿于高斯过程的全部。在高斯过程回归中，只要假定参数的先验分布和似然都满足高斯分布，则参数的后验分布也满足高斯分布，这使得问题很容易地得到解决。考虑后验分布：

$$P(\iota, t \,|\, x, S) \propto P(y|t) P(\iota, t \,|\, x, X) \tag{10.73}$$

式中，y 为训练集的输出值，假定已被噪声腐蚀；ι 为与 y 相关的目标真实输出值。

则相关性分布为

$$P(y|t) \propto \exp\left[-\frac{1}{2}(y-t)'\Omega'(y-t) \right] \tag{10.74}$$

式中，$\Omega = \sigma^2 I$。

而高斯过程分布为

$$P(\iota, t \mid x, X) = P_{f\Sigma}\big[f(x), f(x_1), \cdots, f(x_t) \big] = (t, t_i, \cdots, t_l) \propto \exp\left(-\frac{1}{2}\hat{t}\hat{\Sigma} - \hat{t} \right) \tag{10.75}$$

这里 $\hat{t} = (\iota, \iota_1, \cdots, \iota_l)'$ 并且 $\hat{\Sigma}$ 行和列的索引都是从 0 到 l。行从 1 到 l 的主子矩阵是矩阵 $\pmb{\Sigma}$，这里对协方差函数 $K(x,z)$ 有 $\Sigma_{ij} = K(x_i, x_j)$，同时项 $\hat{\Sigma}_{00} = K(x,x)$，并且在 0 行和 0 列的项为

$$\hat{\Sigma}_{0i} = \hat{\Sigma}_{i0} = K(x, x_i) \tag{10.76}$$

变量 ι 的分布是预测分布。它是一个均值为 $f(x)$ 方差为 $V(x)$ 的高斯分布：

$$\begin{cases} f(x) = y'\, (\pmb{K} + \sigma^2 I)^{-1} \pmb{k} \\ V(x) = K(x,x) - k'\, (\pmb{K} + \sigma^2 I)^{-1} \pmb{k} \end{cases} \tag{10.77}$$

式中，$\pmb{K}$ 为项为 $K_{ij} = K(x_i, x_j)$ 的 $l \times l$ 的矩阵；$\pmb{k}$ 为项为 $k_i = K(x_i, x)$ 的向量。

因此，高斯过程估计的预测核岭回归函数非常一致，这里参数 λ 选择为噪声分布的方差。这强化了间隔松弛优化和数据中噪声的关系。

高斯过程也以预测分布方差的形式对预测的可靠性做出估计。更重要的是，这一分析可以用来估计支持协方差函数特定选择的证据。并且可以通过最大化这个证据来适应性选择参数化核函数，因此是给定数据的最可能的选择。核函数或者协方差函数可以视为数据的模型，由此提供了一种模型选择的原理性方法。

10.5.4　基于最小二乘支持向量机的振动参数优化

二维低频圆振动金属切削振动参数的优化问题，既有分类问题的特点，又有回归问题的特点，本节在前两节的基础上，采用最小二乘支持向量机分类与回归联合建模法，利用第 5 章所建立的二维低频圆振动金属切削试验系统获得相关数据，以四个主要(特征)振动参数(振幅 $A = A_{mc} = A_{rc}$、振动频率 $f = f_{mc} = f_{rc}$、进给量 f_1 与切削速度 v_l)为主导变量，

以主切削力 F_c 为辅助变量,借助支持向量机构造以辅助变量为输入,以主导变量为输出的数学模型,为二维低频圆振动金属切削振动参数优化与决策提供基础。

1. 振动参数优化模型的建立

以主切削力 F_c 为辅助变量,以振幅($A = A_{mc} = A_{rc}$)、振动频率($f = f_{mc} = f_{rc}$)、进给量 f_1 与切削速度(工件线速度)v_1 这四个(二维低频圆振动金属切削)特征振动参数为主导变量,采用最小二乘支持向量机分类与回归联合建模法,以辅助变量为输入,主导变量为输出,构建二维低频圆振动金属切削振动参数优化模型。

振动参数优化模型构建的总体思路是:对二维低频圆振动金属切削所有工况通过一个图 10.20 所示的最小二乘支持向量机网络结构建立一种非线性映射关系,将主切削力 F_c 作为最小二乘支持向量机的输入因素,将特征振动参数(振幅 A、振动频率 f、进给量 f_1 与切削速度 v_1)作为输出结果。

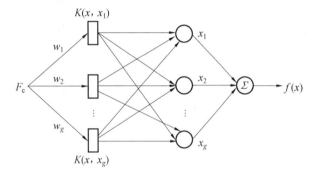

图 10.20　支持向量机网络结构

该最小二乘支持向量机的网络结构有三层:输入(层)为 F_c;输出层节点数为输出向量的维数 d,输出为 $x_1,x_2,\cdots,x_d$;隐层节点个数即为支持向量的个数,且每一个支持向量对应于一个隐层节点。在网络权值方面,隐层与输入层之间的网络连接权值为 w_i,隐层与输出层之间的网络连接权值为 1。

将主切削力 F_c 作为最小二乘支持向量机的输入参数,特征振动参数:振幅 A(视为 x_1)、振动频率 f(视为 x_2)、进给量 f_1(视为 x_3)与切削速度 v_1(视为 x_4)作为目标输出量,则有

$$f(x_1,x_2,x_3,x_4) = F_c \tag{10.78}$$

在切削过程中必定存在噪声,通常是高斯噪声,它将时刻影响着系统的性能,而标准的支持向量机算法抗噪声能力较弱。另外,标准支持向量机算法的速度不依赖输入空间的维数,而依赖样本数据的个数,样本数据越大,求解相应的二次规划问题越复杂,计算速度越慢,花费的时间越长。最小二乘支持向量机分类与回归联合建模法可以很好地解决此类问题,其具体过程为:首先使用最小二乘支持向量机分类器进行分类决策;然后对每一类样本分别建立最小二乘支持向量机回归模型。当对未知样本进行定量分析时,首先经过分类决策,再根据分类信息选择相应的回归模型进行计算。计算过程中,由于优化指标采用了平方项,只有等式约束,而没有不等式约束,从而简化了计算的复杂性。

该最小二乘支持向量机在优化目标中选取了与标准支持向量机算法不同的损失函

数,以误差的二次平方项代替不灵敏损失函数作为损失函数。优化问题在标准支持向量机的基础上进行如下改进:

$$
\begin{cases}
\min J(\boldsymbol{w}, \xi) = \dfrac{1}{2}\langle \boldsymbol{w} \cdot \boldsymbol{w} \rangle + \dfrac{C}{2}\sum_{i=1}^{4}\varepsilon_i^2 \\
\text{s. t. } y_i = \boldsymbol{w}^{\mathrm{T}}\varphi(x_i) + b + \varepsilon_i
\end{cases}
\tag{10.79}
$$

式中,$\varepsilon_i > 0, i = 1, 2, 3, 4$;$C$ 为可调参数;b 为偏差量;ξ 为误差变量,$\xi \in \mathbf{R}$;w 为权重,$w \in \mathbf{R}^{nh}$,$\mathbf{R}^n \rightarrow \mathbf{R}^{nh}$ 为核空间映射函数。

由式(10.30)可得相应的拉格朗日函数为

$$
L = \frac{1}{2}\langle w \cdot w \rangle + \frac{C}{2}\sum_{i=1}^{4}\varepsilon_i^2 - \sum_{i=1}^{4}\alpha_i\big[\boldsymbol{w}^{\mathrm{T}} \cdot \varphi(x_i) + \varepsilon_i + b - y_i\big]
\tag{10.80}
$$

式中,$i = 1, 2, 3, 4$。

化简式(10.80),消去 w,则可将优化问题转化为求解线性方程:

$$
\begin{bmatrix}
0 & 1 & 1 & 1 & 1 \\
1 & K(x_1,x_1) & K(x_1,x_2) & K(x_1,x_3) & K(x_1,x_4) \\
1 & K(x_2,x_1) & K(x_2,x_1)+1/C & K(x_2,x_1) & K(x_2,x_1) \\
1 & K(x_3,x_1) & K(x_3,x_2) & K(x_3,x_2)+1/C & K(x_3,x_2) \\
1 & K(x_4,x_1) & K(x_4,x_1) & K(x_4,x_1) & K(x_4,x_1)+1/C
\end{bmatrix}
\cdot
\begin{bmatrix}
b \\ \alpha_1 \\ \alpha_2 \\ \alpha_3 \\ \alpha_4
\end{bmatrix}
=
\begin{bmatrix}
0 \\ y_1 \\ y_2 \\ y_3 \\ y_4
\end{bmatrix}
\tag{10.81}
$$

式中,核函数 $K(x_i,x_j) = \varphi(x_i)\varphi(x_j)$,$i = 1, 2, 3, 4$,$j = 1, 2, 3, 4$,核函数取高斯核函数(径向基核函数);$K(x_i,x_j) = \exp[-\parallel x_i - x_j \parallel^2/(2\sigma^2)]$。

那么,振动参数优化(决策)模型为

$$
f(x) = \sum_{i=1}^{4}\alpha K(x_i,x_j) + b
\tag{10.82}
$$

式中,$i = 1, 2, 3, 4$;$j = 1, 2, 3, 4$。

应用最小二乘法进行振动参数优化模型辨识时,正则化参数 C 和核参数 σ 的选择是一个重要问题。用网格搜索法先选择参数对 (C, σ),然后,用交叉验证法对目标函数(如均方差最小)进行寻优,直至找到最佳的参数对,交叉验证的精度最高,并且能够避免过拟合问题。选择最佳参数对的过程如下。

(1)确定合适的正则化参数集和核参数集。

实验结果表明,按照指数增长方式生成两种参数集是一种有效的方法,例如,$C = 2^{-2}$,$2^0, \cdots, 2^{10}, \cdots$;$\sigma = 2^{-8}, 2^{-6}, \cdots, 2^{-2}, 2^0, \cdots$。网格搜索简单、直接,因为每一个参数对 (C, σ) 是独立的,可以并行地进行网格搜索。

(2)参数对进行交叉验证。

应用网格搜索法选择 1 个参数对 (C, σ) 进行交叉验证,其交叉验证步骤如下。

① 把样本集 G 分为 I 组验证集,即 $\{G_1, G_2, \cdots, G_i, \cdots, G_I\}$。

② 把任意的 $I-1$ 组作为训练集,剩余的 1 组作为验证集。

③ 选择不同的验证集,重复 S 次,其泛化性能可通过下式评价:

$$E_{\mathrm{MS}} = \frac{1}{N} \sum_{i=1}^{I} \sum_{u \in G_i} \left[y^u - y(x^u | \hat{\theta}_i) \right]^2 \tag{10.83}$$

式中，G_i 为第 i 组验证集；y^u 为验证集的第 u 个样本值；$\hat{\theta}_i$ 为用 $G - G_i$ 作为训练样本时得到的参数向量，即式(10.82)中的 $[\alpha, b]$；$y(x^u | \hat{\theta}_i)$ 为最小二乘支持向量机的输出。

④ 循环选择参数对进行交叉验证，计算每个参数对的 E_{MS}，当 E_{MS} 最小时，该参数对 (C, σ) 是最佳的，网格搜索停止；否则，返回①，继续分组并进行交叉验证。

2. 数据来源

利用第 9 章所建立的实验系统，改变二维低频圆振动金属切削的振动频率($f = f_{\mathrm{mc}} = f_{\mathrm{rc}}$)、振幅($A = A_{\mathrm{mc}} = A_{\mathrm{rc}}$)、切削速度 v_1、进给量 f_1，在二维低频圆振动金属切削过程中读取 20 组(包括振动金属切削力 F_1、振幅 A、振动频率 f、切削速度 v_1 与进给量 f_1)信号数据，二维低频圆振动金属切削试验测量值见表 10.6。

表 10.6　二维低频圆振动金属切削试验测量值

序号	F_c/N	$A/\mu\mathrm{m}$	f/Hz	$v_1/(\mathrm{m} \cdot \mathrm{s}^{-1})$	$f_1/(\mathrm{mm} \cdot \mathrm{r}^{-1})$
1	36.78	11.66	200.0	76.08	0.20
2	42.79	11.56	192.0	72.05	0.19
3	47.89	11.44	184.0	68.05	0.18
4	52.46	11.30	176.0	64.06	0.17
5	56.35	11.16	168.0	60.15	0.16
6	58.45	10.99	160.0	56.19	0.15
7	61.31	10.82	152.0	52.08	0.14
8	66.32	10.64	144.0	48.07	0.13
9	73.00	10.46	136.0	44.15	0.12
10	77.94	10.26	128.0	40.13	0.11
11	82.58	10.03	120.0	36.06	0.10
12	88.86	9.81	112.0	32.07	0.09
13	94.79	9.59	104.0	28.07	0.08
14	100.39	9.35	96.0	24.07	0.07
15	106.17	9.11	88.0	19.99	0.06
16	113.13	8.87	80.0	15.88	0.06
17	119.79	8.62	72.0	11.99	0.05
18	125.66	8.38	64.0	8.15	0.04
19	131.24	8.13	56.0	4.59	0.04
20	136.54	7.89	48.0	0.84	0.03

3. 数据处理及决策

取表 10.6 中前 10 组数据对振动参数优化模型进行训练,并用后 10 组数据对训练后的模型进行检验。运行最小二乘支持向量机程序,绘制出预测误差率等高线图和预测点误差图,如图 10.21 和图 10.22 所示。

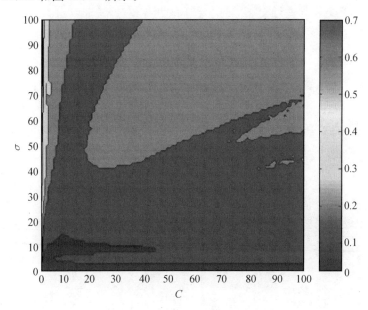

图 10.21　预测误差率等高线图

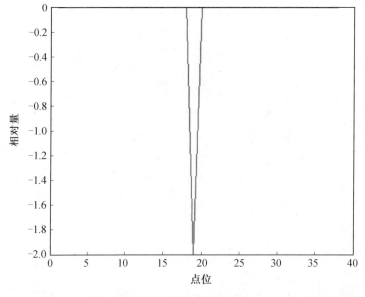

图 10.22　预测点误差图

从图 10.21 及图 10.22 可以看出,基于最小二乘支持向量机分类与回归联合建模法的振动参数优化模型,其建模精度较高,泛化能力较强,预测精度达到 97.29%。

4. 振动参数优化模型的实际应用分析

采用二维低频圆振动车削实验系统,对比分析分别利用振动参数优化模型与随机选取振动参数进行二维低频圆振动金属切削所得到的切削加工工件的加工精度。加工工件圆度误差采用凸轮轴检查仪进行测量,表面粗糙度采用表面粗糙度轮廓仪进行测量。在加工工件上随意选取各 20 个测试点,取式中 7 个最大的数据进行对比分析,振动参数优化模型应用效果如图10.23所示。

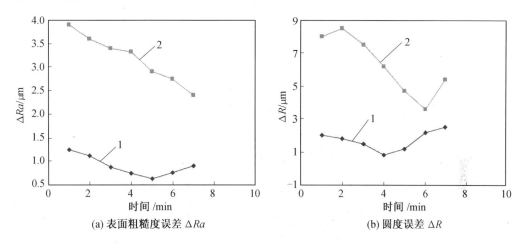

图 10.23　振动参数优化模型应用效果
1—对振动参数进行优化决策;2—未对振动参数进行优化决策

不对振动参数进行优化直接进行二维低频圆振动车削,已加工工件表面粗糙度误差为 $2.4 \sim 3.9 \ \mu m$,对振动参数进行优化决策后,再进行二维低频圆振动车削,已加工工件表面粗糙度误差为 $0.7 \sim 1.3 \ \mu m$;不对振动参数进行优化直接进行二维低频圆振动车削,工件圆度误差为 $3.6 \sim 8.5 \ \mu m$,对振动参数进行优化决策后,再进行二维低频圆振动车削,工件圆度误差为 $0.8 \sim 2.5 \ \mu m$。可见,采用振动参数优化模型对振动参数进行决策,再进行加工,工件加工精度得到较大提高。

本 章 小 结

二维低频圆振动金属切削的实验研究是验证二维低频圆振动金属切削独特工艺效果与加工特性以及实现二维低频圆振动金属切削技术产业化的必然环节。本章以研究二维低频圆振动车削对车削力的影响以及二维低频圆振动车削对已加工工件表面质量的影响为出发点,主要进行了如下工作。

以 CA6140 车床为平台,建立了二维低频圆振动车削实验系统,主要包括:①设计了稀土超磁致伸缩二维低频圆振动车削振动驱动装置(刀架);②设计了二维低频圆振动车削电气控制系统;③设计了二维低频圆振动车削测力系统。

确定了二维低频圆振动车削本征参数,进行了二维低频圆振动车削的正交实验,在此基础上进行了二维低频圆振动车削与普通车削的对比实验。

　　进行了二维低频圆振动车削下和普通车削下的断屑形貌观察与分析,随后对二维低频圆振动车削与普通车削对比实验的一些结果进行了分析。

　　对工件的已加工表面和切屑断面形貌进行了微观观察与研究,主要包括:①切屑根微观观察与分析;②工件已加工表面的微观观察与分析;③切屑断面微观观察与分析。

　　二维低频圆振动金属切削系统是一个包含非线性因素的复杂动力学系统,振动参数以及一些影响切削条件的主要因素(振幅 A、振动频率 f、进给量 f_1 与切削速度 v_1 等)的合理选择是一个复杂的过程。由于各振动参数之间既相互影响,又相对独立,振动参数与工件加工质量之间的联系以及各振动参数之间的匹配关系不易直接找出。采用支持向量机技术可以从既有的振动参数数据中挖掘出有用的信息,从而找出振动参数与工件加工质量之间的联系以及各振动参数之间的匹配关系,进而对振动参数进行优化与决策,由此获得更高的加工质量。考虑到二维低频圆振动金属切削振动参数的优化问题,既有分类问题的特点,又有回归问题的特点,本章首先对支持向量机的分类问题和回归问题进行了深入研究,在此基础上,采用最小二乘支持向量机分类与回归联合建模法,利用所建立的二维低频圆振动金属切削试验系统获得相关数据,以四个主要(特征)振动参数(振幅 $A=A_{mc}=A_{rc}$、振动频率 $f=f_{mc}=f_{rc}$、进给量 f_1 与切削速度 v_1)为主导变量,以主切削力 F_c 为辅助变量,再以辅助变量为输入,主导变量为输出,构建了基于支持向量机的二维低频圆振动金属切削振动参数优化模型,最后对模型进行了验证。结果表明,采用振动参数优化模型对振动参数进行决策,再进行加工,工件加工精度可以得到明显提高。

第 11 章 振动金属切削中的应力波传播与成屑

11.1 振动金属切削运动学特性与动力学特性

在普通切削过程中，切削是靠刀具与工件的相对运动来完成的，切屑和已加工表面的形成过程，本质上是工件材料受到刀具的挤压而产生弹性变形和塑性变形，使切屑与母体分离的过程；而振动金属切削则有所不同，在振动金属切削过程中，刀具周期性地离开和接触工件，周期性地改变其运动速度和加速度的大小、方向，周期地改变刀具工作角度，正是振动金属切削刀具所固有的这个特性才使振动金属切削具有异乎寻常的工艺效果。

11.1.1 振动金属切削过程的运动学特性

振动金属切削是在切削过程中给刀具以一定的振幅和频率的强迫振动，它不同于传统的切削过程，是一种新型的脉冲切削加工方法。设振动金属切削时对刀具的强迫振动为不衰减的简谐振动，即

$$x = A\sin(\omega t + \varphi_0) \tag{11.1}$$

式中，x 为刀具位移；A 为刀具振动幅值；ω 为刀具振动角频率，$\omega = 2\pi f$；f 为刀具振动频率；t 为时间；φ_0 为刀具振动初相位。

刀具振动的速度为

$$v_c = \frac{\mathrm{d}x}{\mathrm{d}t} = A\omega\cos(\omega t + \varphi_0) \tag{11.2}$$

刀具振动的加速度为

$$a_c = \frac{\mathrm{d}v_c}{\mathrm{d}t} = -A\omega^2\sin(\omega t + \varphi_0) \tag{11.3}$$

设工件的线速度（切削速度）为 v_w，不考虑走刀的影响，刀具与工件的相对速度为

$$\boldsymbol{v} = \boldsymbol{v}_c + \boldsymbol{v}_w \tag{11.4}$$

式(11.4)可写成标量形式为

$$v = v_w + A\omega\cos(\omega t + \varphi_0) \tag{11.5}$$

式(11.5)可用图 11.1 表示(设 $\varphi_0 = 0$)。

可见振动金属切削时刀具速度的大小和方向都在改变，所以刀具对加工材料的作用具有动态性质，从图 11.1 可以看出，刀具在 t_1 时刻其前刀面开始脱离切屑并逐渐增大与切屑之间的距离，到达 t_2 时刻时刀具与切屑的距离为最大，之后刀具开始接近切屑，在 t_3 时刻刀具前刀面又重与切屑接触进入切削阶段。刀具与加工材料的接触为冲击式接触，冲击加速度极大，例如，当振动频率为 $f = 200$ Hz，振幅为 $A = 200$ μm，进行振动金属切削

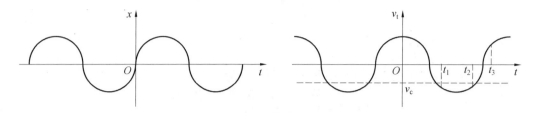

图 11.1　振动金属切削刀具运动规律

时,刀具振动加速度可达 $320g$(g 为重力加速度),即刀具运动的加速度为重力加速度的 320 倍,这是振动金属切削的一个特点。刀具振动速度 v_T 的最大值为 $v_{Tmax}=A\omega$,若切削速度大于等于刀具振动最大速度即 $v_w \geqslant A\omega$ 时,将不出现上述的前刀面与切屑分离的过程。

令

$$k=\frac{v_w}{\omega A} \tag{11.6}$$

称 k 为速度系数。当 $k \geqslant 1$ 时,刀具前刀面与切屑不分离,为不分离型振动金属切削;当 $k<1$ 时,刀具前刀面与切屑将出现分离现象,为分离型振动金属切削。

φ_1 为刀具前刀面与切屑开始分离时的相位,其值由下式计算得到:

$$\varphi_1 = \arccos(-k) \tag{11.7}$$

φ_2 为刀具前刀面与切屑开始接触时的相位,可用下式计算:

$$\varphi_2 = k\varphi_1 + \sin\varphi_1 = k\arccos(-k) + \sqrt{1-k^2} \tag{11.8}$$

φ 为一个周期内刀具与切屑保持接触的相位,其值为

$$\varphi = 1 + \frac{\varphi_1 - \varphi_2}{2\pi} = \frac{t_c}{T} \tag{11.9}$$

式中,t_c 为实际切削时间;T 为振动周期;v_{c_2} 为刀具开始切入工件的瞬时切削速度,即

$$\frac{v_{c_2}}{\omega A} = k + \cos\varphi_2 \tag{11.10}$$

由式(11.3)得到每周期刀具切入工件的瞬时加速度:

$$a_{c_2} = -\omega^2 A \sin\varphi_2 \tag{11.11}$$

刀具离开切屑时的瞬时加速度为

$$a_{c_1} = -\omega^2 A \sin\varphi_1 \tag{11.12}$$

从以上各式中可以看出,不同的速度系数对振动金属切削的切入与切出相位以及相对切削时间的影响是不同的,振动金属切削时应考虑选择较小的相对切削时间和较大的瞬时切入速度,这样有利于减小平均切削力和提高切削效率。

在实际切削区域内,振动刀具的平均切削速度 v_{cm} 为

$$v_{cm}(2\pi + \varphi_1 - \varphi_2) = \int_{\varphi_2}^{2\pi+\varphi_1} (v_w + \omega A\cos\varphi)\mathrm{d}\varphi$$
$$= v_w(2\pi + \varphi_1 - \varphi_2) + \omega A[\sin(2\pi + \varphi_1) - \sin\varphi_2]$$

将式(11.7)~(11.9)代入上式整理得

$$v_{cm} = \frac{v_W}{\varphi} \tag{11.13}$$

式(11.13)说明在实际切削区域内,振动刀具的平均速度为普通切削速度的 $\frac{1}{\varphi}$ 倍,对于 $k < 1$ 的振动金属切削,$\varphi < 1$,一般情况下,$\varphi = \frac{1}{3} \sim \frac{1}{10}$,所以

$$v_{cm} = (3 \sim 10)v_W \tag{11.14}$$

11.1.2　振动金属切削系统的动力学分析

1. 非振动金属切削过程的动力学方程

根据切削理论,传统切削的弹性振动系统如图 11.2 所示。

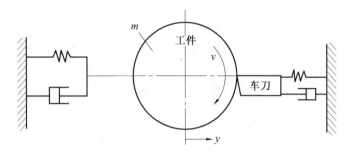

图 11.2　传统切削的弹性振动系统

由该图可写出其动力学方程:

$$m \frac{d^2 y_1}{dt^2} + c_0 \frac{dy_1}{dt} + k_0 y_1 = F_{P0}(t) \tag{11.15}$$

式中,m 为装夹在主轴上工件的等效质量;y_1 为工件在水平方向上的位移;c_0 为阻尼系数;k_0 为系统刚度系数;t 为时间。

令 $F_{P1}(t) = F_{P0} + F_P \sin \omega t$ 为切削抗力,F_{P0} 为静态分量,即 $F_{P1}(t)$ 在一个周期内的平均值。由式(11.15)可得

$$y_1(t) = \frac{F_0}{k_0} + \frac{F_0}{k_0} \frac{1}{\sqrt{\left(1 - \frac{\omega^2}{\omega_0^2}\right)^2 + 4\xi^2 \frac{\omega^2}{\omega_0^2}}} \sin\left(\omega t + \arctan \frac{-2\xi \frac{\omega}{\omega_0}}{1 - \frac{\omega^2}{\omega_0^2}}\right) \tag{11.16}$$

式中,ω_0 为固有角频率;ξ 为阻尼比系数。

2. 振动金属切削时的动力学方程

车刀振动金属切削工件的情形如图 11.3 所示。

由该图可写出其动力学方程:

$$m \frac{d^2 y_2}{dt^2} + c_0 \frac{dy^2}{dt} + k_0 y_2 = F_{P2}(t) \tag{11.17}$$

式中,x_2 为工件在水平方向上的位移;

$$F_{P2}(t) = \frac{t_c}{T} F_0 + \frac{2F_0}{\pi} \sum_{n=1}^{\infty} \frac{1}{n} \sin \frac{nt_c}{T} \pi c \cos n\omega t$$

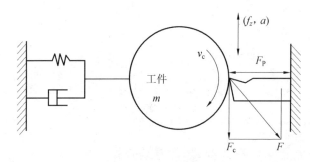

图 11.3　车刀振动金属切削工件的情形

为振动金属切削的脉冲波形吃刀抗力的傅里叶级数展开；t_c 为每周期内的切削时间；T 为振动周期。

由式(11.17)得

$$y_2(t) = \frac{t_c F_{P0}}{T k_0} + \sum_{n=1}^{\infty} \frac{\dfrac{F_{P0}}{k_0} \dfrac{2}{n\pi} \sin \dfrac{n\pi t_c}{T}}{\sqrt{4n^2 \xi^2 \dfrac{\omega^2}{\omega_0^2} + \left(1 - \dfrac{n^2 \omega^2}{\omega_0^2}\right)^2}} \sin\left[\omega t + \arctan \frac{1 - \dfrac{n^2 \omega^2}{\omega_0^2}}{2n\xi \dfrac{\omega}{\omega_0}}\right] \tag{11.18}$$

当 $w \geqslant w_0$ 时，式(11.16)和式(11.18)分别为

$$y_1(t) \approx \frac{F_0}{k_0} \tag{11.19}$$

$$y_2(t) \approx \frac{F_0}{k_0} \frac{t_c}{T} = \varphi \frac{F_0}{k_0} \tag{11.20}$$

由于振动金属切削容易实现 $w \geqslant w_0$ 而进行切削，保证在切削中只有静态分量，即实现加工时只有 $y(t) = \dfrac{F_{P0}}{k_0}$，工件呈刚性化，使切削处于最佳的平稳状态，达到提高生产率，同时提高了工件的加工精度和表面粗糙度。

11.2　连续冲击载荷下激发的应力波及应力波假说

11.2.1　应力波的概念与内涵

在金属切削过程中，切削是靠刀具与工件的相对运动来完成的，切屑与已加工表面的形成过程，本质上是工件材料受到刀具的挤压而产生弹性变形和塑性变形，在剪切滑移面萌生裂纹，如图 11.4 所示，使工件材料在刀尖处分离，分别形成已加工表面和切屑。

这种刀具周期性地离开和冲击式接触工件过程使得加工过程中的冲击加载速率很高，从而在刀具接触工件过程中激发出应力波。弹性力学中给出的应力波的概念：如果在介质的某个地方突然发生了一种状态的扰动，使得该处的应力突然升高，和周围介质之间产生了压力差，这种压力差将导致周围介质质点投入运动，处于运动的质点微团的前进，又进一步把动量传递给后续的质点微团并使后者变形，这样一点的扰动就由近及远地传播出去，不断扩大其影响，这种扰动的传播现象就是应力波。在这种情况下，揭示出振动

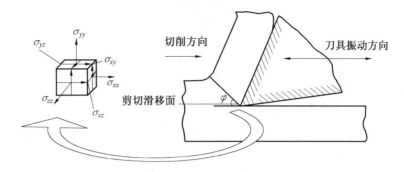

图 11.4　振动金属切削中的剪切滑移面

金属切削微观机理就可以通过分析振动金属切削中工件受冲击载荷作用下所激发出的应力波波动方程来研究。

11.2.2　弹性体在冲击载荷作用下所激发的应力波

设在柱坐标系 (r,θ,z) 下,一质量密度为 ρ,Lame 常数为 λ 和 μ 的弹性半空间 $(z \geqslant 0)$ 作用一阶跃剪切载荷 $H(t)\delta(r-r_0)\tau_0$,其中 $H(t)$ 表示 Heaviside 函数,$\delta(r-r_0)$ 表示 Delta 函数,τ_0 为载荷幅值常数。

根据弹性力学基本理论,可引入两个标量波函数 ψ 和 φ,并满足如下形式的波动方程:

$$\left(\frac{\partial^2}{\partial r^2}+\frac{1}{r}\frac{\partial}{\partial r}+\frac{\partial^2}{\partial z^2}\right)\varphi=\frac{1}{c_d^2}\frac{\partial^2 \varphi}{\partial t^2} \tag{11.21}$$

$$\left(\frac{\partial^2}{\partial r^2}+\frac{1}{r}\frac{\partial}{\partial r}+\frac{\partial^2}{\partial z^2}\right)\psi=\frac{1}{c_s^2}\frac{\partial^2 \psi}{\partial t^2} \tag{11.22}$$

式中,c_d 为拉伸波波速;c_s 为剪切波波速。

$c_d=\sqrt{(\lambda+2\mu)/\rho}$,$c_s=\sqrt{\mu/\rho}$,于是,问题中的两个非零位移分量可表示为

$$\begin{cases} u_s(r,z,t)=\dfrac{\partial \varphi}{\partial z}-\dfrac{1}{r}\dfrac{\partial}{\partial r}\left(r\dfrac{\partial \psi}{\partial r}\right) \\[3mm] u_r(r,z,t)=\dfrac{\partial \varphi}{\partial r}+\dfrac{\partial^2 \psi}{\partial r\partial z} \end{cases} \tag{11.23}$$

四个非零应力分量表示为

$$\sigma_s(r,z,t)=\frac{\lambda}{c_d^2}\frac{\partial^2 \varphi}{\partial t^2}+2\mu\left\{\frac{\partial^2 \varphi}{\partial z^2}-\frac{\partial}{\partial z}\left[\frac{1}{r}\frac{\partial}{\partial r}\left(r\frac{\partial \psi}{\partial r}\right)\right]\right\} \tag{11.24}$$

$$\sigma_{rs}(r,z,t)=\mu\left\{2\frac{\partial^2 \varphi}{\partial r\partial z}+\frac{\partial^3 \psi}{\partial r\partial^2 z}-\frac{\partial}{\partial z}\left[\frac{1}{r}\frac{\partial}{\partial r}\left(r\frac{\partial \psi}{\partial r}\right)\right]\right\} \tag{11.25}$$

$$\sigma_\theta(r,z,t)=\frac{\lambda}{c_d^2}\frac{\partial^2 \varphi}{\partial t^2}+\frac{2\mu}{r}\left(\frac{\partial \varphi}{\partial r}+\frac{\partial^2 \psi}{\partial r\partial z}\right) \tag{11.26}$$

$$\sigma_r(r,z,t)=\frac{\lambda}{c_d^2}\frac{\partial^2 \varphi}{\partial t^2}+2\mu\left(\frac{\partial^2 \varphi}{\partial r^2}+\frac{\partial^2 \psi}{\partial r\partial z}\right) \tag{11.27}$$

边界条件和初值条件可表示为

$$\begin{cases} \sigma_s(r,0,t)=0 \\ \sigma_{rs}(r,0,t)=-\tau_0\delta(r-r_0)H(t) \\ \varphi(r,z,0)=\left[\dfrac{\partial\varphi(r,z,t)}{\partial t}\right]_{t=0}=0 \\ \psi(r,z,0)=\left[\dfrac{\partial\psi(r,z,t)}{\partial t}\right]_{t=0}=0 \end{cases} \tag{11.28}$$

此外,还有两个附加条件为

$$\lim_{s\to\infty}\left[\varphi(r,z,t),\psi(r,z,t),\dfrac{\partial\varphi(r,z,t)}{\partial r},\cdots\right]=0 \tag{11.29}$$

$$\lim_{r\to 0,\infty} r\left[\varphi(r,z,t),\psi(r,z,t),\dfrac{\partial\varphi(r,z,t)}{\partial r},\cdots\right]=0 \tag{11.30}$$

对方程做 Laplace－Hankel 变换,并考虑边界条件和初值条件,最终结果为

$$\sigma_\theta(r,0,t)=\dfrac{4\lambda\tau_0 r_0}{\pi\mu k^2 c_s^2}\left\{\int_0^\Delta \delta^2 \mathrm{Im}[n(i\delta)]f_1(\delta)\mathrm{d}\delta+\dfrac{c_s^3 t}{a\sqrt{rr_0\,(r-r_0)^2}}\mathrm{Im}[n(i\delta)]\right\}-$$
$$\dfrac{4\tau_0 r_0}{\pi r c_s}\int_0^\Delta \delta^2\mathrm{Im}[n(i\delta)]f_2(\delta)\mathrm{d}\delta \quad (r\neq r_0) \tag{11.31}$$

$$\sigma_r(r,0,t)=\dfrac{4\tau_0 r_0}{\pi c_s^2}\left(\dfrac{1}{k^2}\dfrac{\lambda}{\mu}+1\right)\left\{\int_0^\Delta \delta^2\mathrm{Im}[n(i\delta)]f_1(\delta)\mathrm{d}\delta+\dfrac{c_s^3 t}{a\sqrt{rr_0\,(r-r_0)^2}}\mathrm{Im}[n(i\Delta)]\right\}-$$
$$\dfrac{4\tau_0 r_0}{\pi r c_s}\int_0^\Delta \delta^2\mathrm{Im}[n(i\delta)]f_2(\delta)\mathrm{d}\delta \quad (r\neq r_0) \tag{11.32}$$

式中,$f_1(\delta)$、$f_2(\delta)$ 均为 δ 的分段函数。

基于式(11.31)和式(11.32),可直接对波阵面可能引起的表面应力奇异性做出精确分析。分析可知,有且仅如下两个时刻会导致表面应力奇异性:

$$\begin{cases} t_1=|r-r_0|\gamma/c_d \\ t_2=|r+r_0|\gamma/c_s \end{cases} \tag{11.33}$$

式中,γ 为 Rayleigh 根。

为直观反映应力波的传播特性,图 11.5 给出了在线源之外一个观测点处无量纲化的表面周向应力波响应。图中,P、S、R 分别表示拉伸波、剪切波及 Rayleigh 波,它们的角标 1、2 分别表示近点波和远点波。

冲击载荷作用于弹性体所激发的应力波,导致距作用点不远处的点 x 的最大应力值也随之增加,远离作用点处,冲击产生的应力波在波动中耗散。

振动金属切削时,被加工工件的受力是变化的,微裂纹主要是在交变应力场中形成,正是应力波的叠加及反复作用导致材料的疲劳破坏。为了揭示振动金属切削时应力波作用在被加工工件上的效果和反应,冲击载荷作用下工件中的应力和应变的随变过程,本节基于低频振动金属切削系统,采用有限元分析软件 ANSYS 对振动金属切削时工件的受力过程进行有限元分析,从而揭示振动金属切削的微观机理,表明振动金属切削加工方法有利于微裂纹的萌生与扩展,并降低了刀－屑间的摩擦,使切削力降低,加工精度提高。

11.2.3　振动金属切削成屑机理探究

振动金属切削以其优异的工艺效果在实际生产中得到了很好的应用。日本学者隈部

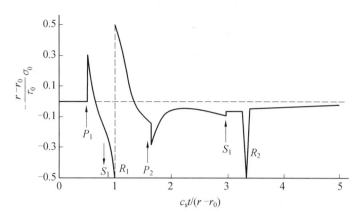

图 11.5　周向应力波响应

淳一郎等人首先比较系统地研究了振动金属切削理论,公布了研究成果。但是,一段时间以来,由于实验手段等条件限制,对振动金属切削的本质特征研究甚少。人们对振动金属切削的工艺效果已认同,但为什么振动金属切削会有如此工艺效果? 振动金属切削与常规切削有哪些不同? 本质区别是什么? 这些问题尚无明确答案。这里,在理论分析和实验研究的基础上,提出作者的假说。

1. 应力波传播与成屑微观机理

在金属切削过程中,切削是依靠刀具与工件的相对运动实现的。切屑与已加工表面的形成过程,本质上是工件材料受到刀具的挤压而产生弹性变形和塑性变形,萌生裂纹后,使切屑与母体分离的过程。

在振动金属切削中,刀具周期性地离开和冲击式地接触工件,其瞬时冲击加载速率很高,工件材料的惯性效应对切削裂纹形成的影响就不能忽略,应力波对切削裂纹形成的影响及作用是改善切削效果的一个主要因素。在此种情况下,一些小型裂纹的动态响应需要通过应力波来研究,问题的控制方程应具有波动的形式。

金属切削过程中,切削力作用于切削区金属,使微观金属晶格发生剪切滑移和转动,产生宏观上的弹—塑性变形、切屑并形成已加工表面。金属切削过程中各种物理现象,如切削力、切削热、刀具磨损以及已加工表面质量,均与切削变形过程有关。振动金属切削中,刀具周期性地离开和接触工件,其运动速度的大小和方向不断变化,切削速度周期性变化和切削加速度的出现,使得振动金属切削加工方法有着若干特有而显著的特征。

2. 振动金属切削中的切削能量分配

切削时,如果忽略进给运动的能耗,则单位时间内总能耗 U 为

$$U = F_c v_c \tag{11.34}$$

切下单位体积金属的能耗为

$$U_v = \frac{U}{v_c b_D h_D} = \frac{F_c}{b_D h_D} \tag{11.35}$$

式中,b_D 为切削宽度;h_D 为切削厚度。

式(11.35)表示切除单位体积金属的能耗可分配为如下几个方面。

（1）在剪切面上消耗的剪切能 U_S。

（2）在前刀面上消耗的摩擦能 U_F。

（3）由于形成新表面所消耗的表面能 U_A。

（4）金属跨越剪切面由于动量的改变而消耗的能量 U_M。

则有

$$U_v = U_S + U_F + U_A + U_M \tag{11.36}$$

另外，每单位体积被切金属获得的剪切能为

$$U_S = \frac{F_S v_S}{v_c b_D h_D} = \tau_S \frac{v_S}{v_c \sin \varphi} \tag{11.37}$$

即

$$U_S = \tau_S \varepsilon \tag{11.38}$$

同理，每单位体积被切金属的摩擦能为

$$U_F = \frac{F_f v_F}{v_c b_D h_D} \tag{11.39}$$

即

$$U_F = \frac{F_f}{\Lambda_h b_D h_D} \tag{11.40}$$

式中，F_f 为摩擦力；Λ_h 为变形系数。

切削时将切削层金属从工件上分离开来，形成了两个新的表面，即已加工表面和切屑底面。形成新表面所需要的能量等于被切金属的表面能量。单位面积的表面能 T 的单位是 $N \cdot cm/cm^2$。切削单位体积金属的表面能为

$$U_A = \frac{T \cdot 2v_c b_D}{v_c b_D h_D} = \frac{2T}{h_D} \tag{11.41}$$

式中，数字 2 为切削时同时生成的新表面数。

对于绝大多数金属而言，T 值为 $0.0105 \ N \cdot cm/cm^2$。

当切削层金属通过剪切面时，沿着剪切面进行滑移，从而造成动量的改变，因此需要加一个作用力 F_M，在单位时间内有

$$F_M = \rho v_c b_D h_D [v_F \sin(\varphi - \gamma_O) + v_c \cos \varphi] \tag{11.42}$$

式中，ρ 为切削层金属密度。

整理得

$$F_M = \rho v_c^2 b_D h_D \varepsilon \sin \varphi \tag{11.43}$$

因此，每单位体积的动量能为

$$U_M = \frac{F_M v_S}{v_c b_D h_D} = \rho v_c \varepsilon v_S \sin \varphi \tag{11.44}$$

即

$$U_M = \rho v_c^2 \varepsilon^2 v_S \sin^2 \varphi \tag{11.45}$$

一般来说，每单位体积的被切金属表面能耗 U_A 和动量能耗 U_M 相对于每单位体积的被切金属的总能耗 U_v 小得多，可以忽略。故可以认为切削时几乎全部能量消耗在塑性变形和摩擦两个方面，即

$$U_v = U_S + U_F \tag{11.46}$$

并且剪切能占总能耗的大部分,对于车削而言,摩擦能约为剪切能的 1/3。由上述分析可知,金属切削加工过程中被切材料的塑性变形以及刀-屑间的摩擦力两方面因素是影响切削过程的主要因素。

3. 振动金属切削应力波作用下的塑性变形

所有金属均为结晶性物体,且通常是由许多不同位向的小晶体组成,形成多晶体。当一晶体变形时,用 X 射线衍射法测得,晶体内的原子之间只在很小程度上被拉开或被挤拢,晶体内的空间点阵原子间距在显著变形前后相差不超过 1%。由此可见,晶体的大变形不是由于晶体内原子发生运动所造成的。有三种变形机理能在不改变空间点阵原子间距的情况下允许相当大的变形:第一种变形机理是滑移;第二种变形机理是孪变;第三种变形机理是扭折。在切削塑性金属时,切削层的变形主要是滑移。

在金属切削过程中,切削力通过刀具作用于被加工工件,接触区首先发生弹性变形,当金属内应力达到屈服极限时,便发生塑性变形,切屑形成。此时,一部分金属原子沿着滑移面做相对于另一部分原子的移动。在多晶金属内部,晶粒滑移的取向是随机的,而最大剪应力的方向是固定的。凡是滑移面取向与最大剪应力方向一致的晶粒,如图 11.6 中的 C,最易变形,因而使得与它毗邻的晶粒发生畸变。当然,这些毗邻的晶粒只能沿着自己的滑移面进行滑移。不同取向的晶粒其滑移时,需要的拉应力 σ 是不同的。

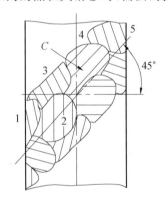

图 11.6　金属多晶体的剪切变形

图 11.6 表示两行原子受到足够大的剪应力 τ 的作用,以致上面一行相对于下面一行向右滑移。假设黑色原子从初始位置 1 运动至终了位置 5。从对称观点看,该原子只有在位置 1、3 和 5 时才处于平衡状态,处于其他位置都是不平衡的。可以假设原子从位置 1 运动到位置 5 时,剪应力按照锯齿波(亦可为正弦波)的规律变化。从图 11.6 中可以看出,在达到相当于位置 2 的变形之前,晶体表现为弹性;一旦到达位置 2,对应的变形使系统失去控制。此种现象对应于晶体发生滑移。晶体发生滑移前所受到的最大剪应力的理论值为 τ_0,因此剪应力可表述为

$$\tau = \tau_0 \frac{x}{a_1/4} \tag{11.47}$$

如果变形很小,根据胡克定律

$$\tau = G\gamma \qquad\qquad (11.48)$$

式中,G 为剪切模量。

根据定义

$$\gamma = \frac{x}{a_2} \qquad\qquad (11.49)$$

得

$$\tau = G\frac{x}{a_2} = \tau_。\frac{4x}{a_1} \qquad\qquad (11.50)$$

$$\tau_。 = \frac{Ga_1}{4a_2} \qquad\qquad (11.51)$$

4. 应力波作用下切削裂纹萌生理论研究

应力波对切削裂纹的影响具有显著性,形成裂纹的动态过程是应力波传播、叠加和持续作用的过程,因此,采用波动方程描述和刻划裂纹的形成过程是适宜的。

(1)影响裂纹萌生的应力波。

如果在介质的某个地方突然发生了一种状态的扰动,使得该处的应力突然升高,并和周围介质之间产生压力差,这种压力差将导致周围介质质点运动,多个相邻质点形成质点微团。当某一质点微团向前运动时,又进一步把动量传给毗邻的质点微团并使后者变形。如此,一点的扰动就由近及远地传播出去并在一定能量作用下不断扩大其影响,从而形成应力波。

应力波按照波的物理性质分为纵波和横波。纵波引起介质中小单元体体积的改变,又称为膨胀波,其方向与波阵面的法线方向一致,通常记为 P 波。横波引起介质中小单元体形状的改变,又称为畸变波(或剪切波),其传播方向在波阵面内,所以同波阵面法线方向垂直,通常记为 S 波。横波在波阵面内又可分为两个相互垂直的分量,一个与铅直方向一致,记为 S_V 波,另一个沿水平方向,记为 S_H 波,P 波、S_V 波与 S_H 波同如图 11.7 所示。

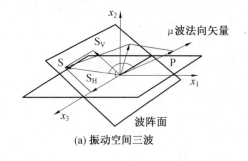

(a) 振动空间三波

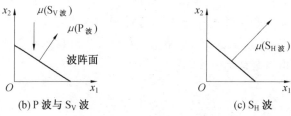

(b)P 波与 S_V 波   (c) S_H 波

图 11.7　P 波、S_V 波与 S_H 波

P 波和 S 波与位移 μ_x 和 μ_y 有关,由波动方程组描述为

$$\nabla^2 \varphi = \frac{1}{c_1^2} \frac{\partial^2 \varphi}{\partial t^2}, \quad \nabla^2 \psi = \frac{1}{c_2^2} \frac{\partial^2 \psi}{\partial t^2} \tag{11.52}$$

而 S_H 波仅与 μ_z 有关,S_H 波由方程描写为

$$\nabla^2 \mu_z = \frac{1}{c_2^2} \frac{\partial^2 \mu_z}{\partial t^2} \tag{11.53}$$

式中

$$\nabla^2 = \partial^2 / \partial x^2 + \partial^2 / \partial y^2 \tag{11.54}$$

φ 与 ψ 为 Lame' 势,

$$\mu_x = \frac{\partial \varphi}{\partial x} + \frac{\partial \psi}{\partial y}, \quad \mu_y = \frac{\partial \varphi}{\partial y} + \frac{\partial \psi}{\partial x} \tag{11.55}$$

c_1 为纵波波速,

$$c_1 = \left(\frac{\lambda + 2\mu}{\rho} \right)^{1/2} \tag{11.56}$$

c_2 为横波波速,

$$c_2 = \sqrt{\frac{\mu}{\rho}} \tag{11.57}$$

(2)裂纹萌生—扩展判据。

对于由式(11.52)和式(11.53)所描述的平面问题,在某一瞬时裂纹顶端附近,有应力分量

$$\sigma_{yy}(x,0) \propto r^{-\frac{1}{2}} \tag{11.58}$$

此种现象称为在裂纹顶端区域应力场具有 $r^{-\frac{1}{2}}$ 阶的奇异性。

由式(11.58)可以得到

$$r^{\frac{1}{2}} \sigma_{yy} = C \quad (r \to 0, \quad C \text{ 为常数}) \tag{11.59}$$

式中,右端的常数代表了应力场 $r^{-\frac{1}{2}}$ 阶奇异性强弱的程度,因而亦被称之为应力场奇异性强度因子,简称为应力强度因子,记为 K^s:

$$K^s = \lim_{r \to 0} \sqrt{2\pi} \sigma_{yy}(r,0) \tag{11.60}$$

实验表明,对于同种材料,K^s 存在一个临界值,记为 K_c,是一个材料强度,即材料抵抗裂纹扩展的能力,若

$$K^s > K_c \tag{11.61}$$

裂纹就扩展,导致物体破坏。就一般切削(如静态加载)而言,切削裂纹的起始扩展的判据为式(11.61)。图 11.8 所描述的是裂纹顶端区域场。

在振动金属切削中,使裂纹萌发的载荷为动态的冲击,加载速率 σ 较高,它将显著影响裂纹驱动力 K,此时 K 为动态应力强度因子 $K(t)$,且为时间的函数:

$$K(t) = \lim_{r \to 0} \sqrt{2\pi r} \sigma_{yy}(r,0,t) \tag{11.62}$$

较高的加载速率必将影响材料的性能,包括材料的抗断裂阻力 K_c。为了与静态裂纹韧性相区别,把动态加载下的断裂韧性,记为 $K_d(\sigma)$,或简写为 K_d。

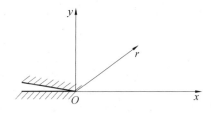

图 11.8 裂纹顶端区域场

如此,对于振动金属切削,切削裂纹的起始扩展判据为

$$K(t)=K_d(\sigma) \tag{11.63}$$

在断裂力学中,更常用 K 代表裂纹式样的加载速率,两种合金钢断裂韧性随 K 的变化如图 11.9 所示。当 K 值增大时,$K_d(\sigma)$ 开始下降,即 $K_d(\sigma) < K_c$。而加载速率的提高及应力波的产生将提高 $K(t)$。主要表现为,当动态载荷的幅值与静态载荷的幅值相等时,前者引起的位移与应力比对应于静态载荷下的位移与应力值都大,即 $K(t) > K^s$。

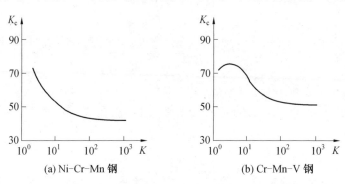

(a) Ni–Cr–Mn 钢　　　　(b) Cr–Mn–V 钢

图 11.9　两种合金钢断裂韧性随 K 的变化

显然,使用动态断裂判据式(11.63)作为振动金属切削时的裂纹起裂依据,左端 $K(t) > K^s$,右端 $K_d(\sigma) < K_c$,裂纹较普通切削更易于发生起始扩展而成屑。

(3)动态应力强度因子数学模型研究。

在振动金属切削中,工件材料在刀具冲击切削力的作用下转变为切屑的瞬时,其变形区局部区域经受弹性变形和塑性变形,然后达到破坏极限,萌生裂纹,如图 11.10 所示,使工件材料在刀尖处分离,分别形成已加工表面和切屑。

断裂以 Ⅱ 型(滑开型)裂纹为主,裂纹在满足动态断裂判据:

$$K_{\mathrm{II}}(t) \geqslant K_{\mathrm{II}d}(\sigma)$$

时萌生。因此,裂纹扩展的驱动力——动态应力强度因子的确定极为重要。

据此,作者提出的振动金属切削应力波假说如下。

①振动金属切削与非振动金属切削的区别在于刀具作用于切削变形区的独特方式——定向持续微位移冲击,形成应力波及其累积效应——产生特别的裂纹萌发和成屑机理。

②定向持续微位移冲击形成应力波及其持续叠加作用,产生远大于静态断裂强度的动态应力强度因子,利于裂纹萌发和成屑,使得切削力和切削温度显著低于非振动金属切削。

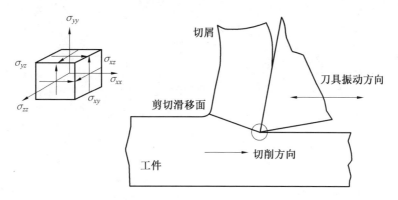

图 11.10　振动金属切削中的剪切滑移面与微元体

③在切削赋能一定的情况下,振动金属切削聚能于变形区有限空间,能量间歇可控式释放,在已加工表面形成致密浅微韧窝,显著抑制撕裂等变形。

11.3　应力波累积影响下动态应力强度因子数学模型构建

11.3.1　应力波传播与动态应力强度因子

由胡克定律可知,在弹性变形范围内,有应力

$$\begin{cases} \sigma_{xx} = \lambda \, \nabla^2 \varphi + 2\mu \left(\dfrac{\partial^2 \varphi}{\partial x^2} + \dfrac{\partial^2 \psi}{\partial x \partial y} \right) \\[2mm] \sigma_{yy} = \lambda \, \nabla^2 \varphi + 2\mu \left(\dfrac{\partial^2 \varphi}{\partial y^2} + \dfrac{\partial^2 \psi}{\partial x \partial y} \right) \\[2mm] \sigma_{zz} = \mu \left(2 \times \dfrac{\partial^2 \varphi}{\partial x \partial y} - \dfrac{\partial^2 \psi}{\partial x^2} + \dfrac{\partial^2 \psi}{\partial y^2} \right) \end{cases} \tag{11.64}$$

引进 Lamé 势 $\varphi(x, y, t)$ 与 $\psi(x, y, t)$,位移为

$$\begin{cases} \mu_x(x, y, t) = \dfrac{\partial \varphi}{\partial x} + \dfrac{\partial \psi}{\partial y} \\[2mm] \mu_y(x, y, t) = \dfrac{\partial \varphi}{\partial y} + \dfrac{\partial \psi}{\partial x} \end{cases} \tag{11.65}$$

则控制波动方程为

$$\nabla^2 \varphi = \frac{1}{c_2^2} \frac{\partial^2 \varphi}{\partial t^2}, \quad \nabla^2 \psi = \frac{1}{c_2^2} \frac{\partial^2 \psi}{\partial t^2} \tag{11.66}$$

式中,c_1、c_2 为介质应力波的纵波波速和横波波速,由式(11.64)和式(11.65)确定;λ、μ 分别为 Lamé 常数:

$$\lambda = \frac{\nu E}{(1+\nu)(1-2\nu)}, \quad \mu = \frac{E}{2(1+\nu)} \tag{11.67}$$

式中,ν 为材料的 Poisson 系数;ρ 为材料密度。

为计算方便,本书把裂纹简化为 Ⅱ 型无限大物体中的有限尺寸裂纹,受冲击载荷作用的切削区裂纹如图 11.11 所示。

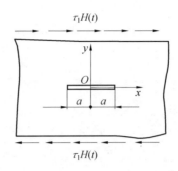

图 11.11 受冲击载荷作用的切削区裂纹

如果把裂纹的中点取为坐标原点,裂纹面沿 x 轴方向,即垂直于 y 轴方向,则在动态切削冲击载荷下,在裂纹面上作用一对冲击剪应力:

$$\sigma_{xy}(x,0,t) = -\tau_1 H(t) \tag{11.68}$$

而工件其他部分不受力,那么有如下边界条件:

$$\begin{cases} \sigma_{xy}(x,0,t) = -\tau_1 H(t), \quad \sigma_{yy}(x,0,t) = 0 \quad (|x| < a, \quad t > 0) \\ \mu_x(x,0,t) = 0, \quad \sigma_{yy}(x,0,t) = 0 \quad (|x| > a, \quad t > 0) \\ \sigma_{ij} = 0, \quad \sqrt{x^2 + y^2} \to \infty \quad (t > 0) \end{cases} \tag{11.69}$$

式中,$H(t)$ 为 Heaviside 单位阶跃函数,即

$$H(t) = \begin{cases} 0 \quad (t < 0) \\ 1 \quad (t > 0) \end{cases} \tag{11.70}$$

初始条件为

$$\mu_i(x,y,0) = 0, \quad \left. \frac{\partial \mu_i}{\partial t} \right|_{t=0} = 0 \quad (i = x, y) \tag{11.71}$$

用 Laplace 变换与傅里叶变换求解控制波动方程(11.66),考虑到初始条件(11.69),得到解

$$\begin{cases} \varphi^*(x,y,p) = \dfrac{2}{\pi} \displaystyle\int_0^\infty A_1(s,p)\cos sx \exp(-r_1 y)\mathrm{d}s \\ \psi^*(x,y,p) = \dfrac{2}{\pi} \displaystyle\int_0^\infty A_2(s,p)\sin sx \exp(-r_2 y)\mathrm{d}s \end{cases} \tag{11.72}$$

式中,r_1、r_2 为

$$r_1 = \left[s^2 + \left(\frac{p}{c_1} \right)^2 \right]^{\frac{1}{2}} \tag{11.73}$$

$$r_2 = \left[s^2 + \left(\frac{p}{c_2} \right)^2 \right]^{\frac{1}{2}} \tag{11.74}$$

以上解满足了初始条件和无限远处的边界条件,由裂纹面上及其外侧的条件得到

$$\begin{cases} A_1(s,p) = -\dfrac{1}{2r_1} \left[2s^2 + \left(\dfrac{p}{c_2} \right)^2 A(s,p) \right] \\ A_2(s,p) = sA(s,p) \end{cases} \tag{11.75}$$

以及对偶积分方程:

$$\begin{cases} \int_0^\infty A(s,p)\cos sx\,\mathrm{d}s = 0 & (x > a) \\ \int_0^\infty sf(s,p)A(s,p)\cos sx\,\mathrm{d}s = \dfrac{\pi a_0 c_2^2}{2\mu p^2(1-k^2)} & (0 < x < a) \end{cases} \tag{11.76}$$

式中，$f(s,p)$ 已知，即

$$\begin{cases} f(s,p) = \dfrac{1}{2sr_1(1-k^2)}\left\{\left[2s^2 + \left(\dfrac{p}{c_2}\right)^2\right]^2 - 4s^2 r_1 r_2\right\}\left(\dfrac{c_2}{p}\right)^2 \\ k = \left(\dfrac{c_1}{c_2}\right)^{\frac{1}{2}} \end{cases} \tag{11.77}$$

将式(11.76)中的待定函数 $A(s,p)$ 表示为

$$A(s,p) = \frac{\pi\sigma_0 a_2 c_2}{2\mu p^2(1-k^2)}\int_0^1 \sqrt{\xi}\,\varphi_2^*(\xi,p)J_0(sa\xi)\,\mathrm{d}\xi \tag{11.78}$$

式中，$\varphi_2^*(\xi,p)$ 为一新的未知函数；$J_0(sa\xi)$ 为第一类零阶 Bessel 函数。

把式(11.78)代入式(11.76)，同时注意到 Bessel 函数的积分公式，第一式自动满足；由第二式导出下列 Fredholm 积分方程：

$$\varphi_2^*(\xi,p) + \int_0^1 K_2(\xi,\eta,p)\varphi_1^*(\eta,p)\,\mathrm{d}\eta = \sqrt{\xi} \tag{11.79}$$

式中，$K_2(\xi,\mu,p)$ 为积分方程的核：

$$K_{II}(\xi,\mu,p) = (\xi\mu)^{\frac{1}{2}}\int_0^\infty s\left[f_1\left(\frac{s}{a},p\right) - 1\right]J_0(s\xi)J_0(s\eta)\,\mathrm{d}s \tag{11.80}$$

式中，$f_1\left(\dfrac{s}{a},p\right)$ 即为式(11.77)中的 $f_1(s,p)$。

由于核(11.80)过于复杂，式(11.80)采用 Sih 方法解出，经变换得到物理时间—空间中的应力强度因子：

$$K_{II}(t) = \sigma_0\sqrt{\pi a}\left[\frac{1}{2\pi i}\int_{-\infty}^{+\infty}\varphi_2^*(1,p)\exp(pt)\,\mathrm{d}p\right] \tag{11.81}$$

此式右端方括号是函数 $\varphi_2^*(1,p)/p$ 的 Laplace 反演，可用数值方法求出 $\varphi_2^*(1,p)$ 并代入上述反演公式，进而用雅可比多项式方法计算出 $K_{II}(t)$ 的近似值，得到 $K_{II}(t)/\sqrt{\pi a}\tau_1$（$K_{II}^s = \sqrt{\pi a}\tau_1$）随 $c_2 t/a$ 的变化曲线，受冲击 Griffith 裂纹动态应力强度因子 $K_{II}(t)$ 随时间的变化，如图 11.12 所示。

同时，可以得到渐进应力场，即裂纹尖端的应力场，它控制着裂纹尖端附近所发生的断裂过程：

$$\begin{cases} \sigma_{xx}(r_1,\theta_1,t) = \dfrac{K_{II}(t)}{\sqrt{2\pi r_1}}\sin\dfrac{\theta_1}{2}\left(2 + \cos\dfrac{\theta_1}{2}\cos\dfrac{3\theta_1}{2}\right) \\[2mm] \sigma_{yy}(r_i,\theta_1,t) = \dfrac{K_{II}(t)}{\sqrt{2\pi r_1}}\sin\dfrac{\theta_1}{2}\cos\dfrac{\theta_1}{2}\cos\dfrac{3\theta_1}{2} \\[2mm] \sigma_{zz}(r_1,\theta_1,t) = \dfrac{K_{II}(t)}{\sqrt{2\pi r_1}}\cos\dfrac{\theta_1}{2}\left(1 - \sin\dfrac{\theta_1}{2}\sin\dfrac{3\theta_1}{2}\right) \end{cases} \tag{11.82}$$

11.3.2　动态应力强度因子数学模型讨论

(1)振动金属切削过程的断裂以 II 型裂纹为主，对 II—Griffith 裂纹在 $c_2 t/a = 2.0$ 处

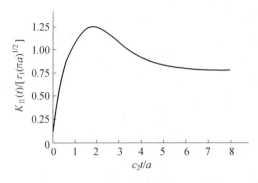

图 11.12 受冲击 Griffith 裂纹动态应力强度因子 $K_{II}(t)$ 随时间的变化

上升至最大值。若取 $a=1$，对于钢件而言，$c_1 t=1$ 对应的 t 大约为 $t=0.8\times10^{-5}$ s，则 $K_{II}(t)$ 最大值发生时刻大约为 1.6×10^{-5} s 表明，在刀具的 Heaviside 冲击载荷的作用下，裂纹的动态应力强度因子变化极快，其最大值超过静态应力强度因子指的 25% 左右。然而，随着时间的增长，动态应力强度因子趋于静态应力强度因子的值。

（2）如果振动刀具的波形不是方波，而是其他振动波形，即加载函数不是 Heaviside 函数，而是其他函数，则动态应力强度因子的曲线与图 11.12 有所不同，其最大值抑或比静态应力强度因子 K_{II}^s 大得更多。

（3）在建立数学模型时，为了简化过程，假设物体为无限大平面，而实际工件是有限尺寸物体，$K_{II}(t)$ 的最大值比 $K_{II}^s = \sqrt{\pi a \tau_1}$ 大得更多。

（4）在振动金属切削中，动态应力波及其传播对切削裂纹形成的影响显著，是改善切削效果的主要因素。

11.4 低频振动金属切削实验对比研究

采用相同几何参数的车刀进行低频振动金属切削，以振幅和切削速度为变化因素，观察切削过程和影响效果——切削力和已加工表面粗糙度，同时，与相同切削条件下的非振动金属切削实验对比，揭示在振动金属切削中冲击载荷作用下裂纹萌生的机理。

11.4.1 实验系统设计

1. 压电振动金属切削驱动系统

实验系统主要由刀具、压电陶瓷、刀架、压电陶瓷驱动器和计算机组成，压电振动金属切削驱动系统如图 11.13 所示。计算机通过时钟脉冲对压电陶瓷驱动电源进行控制，产生相应的振动频率；由计算机输入振动幅值对压电陶瓷驱动电源的输出电压进行控制，产生相应的振幅。压电陶瓷电源输出信号经压电陶瓷产生机械伸缩振动，驱动刀架做周期性运动，实现振动金属切削加工。

2. 振动金属切削反馈信号测量系统

振动金属切削系统反馈信号是指给定压电陶瓷信号的情况下，测定刀尖振动的振幅

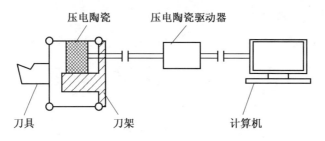

图 11.13　压电振动金属切削驱动系统

和频率,得到真实的刀尖运动参数,以便修正理论给定参数值。振动金属切削反馈信号测量系统由示波器、DWS 型超精密振动－位移测量仪、电涡流传感器、刀具和磁力表座组成,振动金属切削反馈信号测量系统如图 11.14 所示。

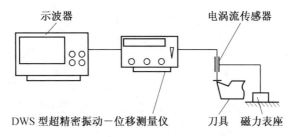

图 11.14　振动金属切削反馈信号测量系统

3. 振动金属切削测力系统

振动金属切削测力系统由测力仪(SDC 系列测力仪)、外接式电桥、动态应变仪、A/D 转换板及计算机组成,如图 11.15 所示。测力系统通过传感器测量车刀刀尖处 x、y 和 z 轴三个方向切削力的大小。基本原理是通过切削刀具受力,经与刀具相连的刀架上的压电陶瓷驱动器将力信号转变成电信号,再经动态应变仪将电信号进行处理,而 A/D 转换板将电信号传给计算机,由数据采集和处理软件获得切削力的大小。

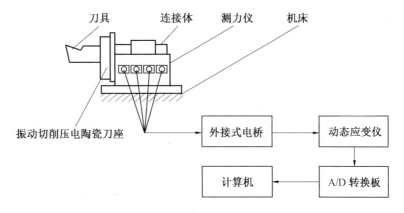

图 11.15　振动金属切削测力系统

4. 振动金属切削表面粗糙度测量系统

图 11.16 为低频振动金属切削获得工件的表面粗糙度测量系统。

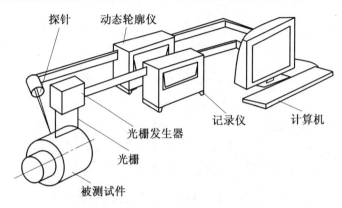

图 11.16　表面粗糙度测量系统

11.4.2　实验条件与要求

根据振动金属切削的特点,对被加工工件进行 2D 建模,并根据实验时所采用参数和通过测力系统测得的数据对模型进行加载并求解。

1. 具体加工条件

工件材料为黄铜,试件尺寸 $\phi6$ mm。

切削用量:切削深度 $a_p=0.5$ mm,进给量 $f=0.153$ mm/r。

机床转速:$n=14$ r/min(切削速度 $v=264$ mm/min)。

刀具:前角 $\gamma=15°$,后角 $\alpha_0=6°$,主偏角 $\kappa_r=90°$,副偏角 $\kappa'_r=5°$,刃倾角 $\lambda_s=0°$,刀尖圆弧半径 $r_s=0.5$ mm。

振动参数:振幅 $A=10$ μm,频率为 150 Hz。

对应测得切削力均值:45 N。

2. 切削过程分析

加工过程中工件的线速度为

$$v_W=\omega_W r=2\pi nr=2\times3.14\times14\times3=263.76(\text{mm/min})$$

临界切削速度为

$$v_c=2\pi fA=2\times3.14\times150\times10\times10^{-3}\times60=565.2(\text{mm/min})$$

速度系数为

$$k=\frac{v_W}{v_c}=\frac{263.76}{565.2}=0.467$$

此时 $k<1$,这时振动金属切削为分离型振动金属切削。切削时,切削力以冲击载荷的形式作用于工件。

3. ANSYS 仿真分析

采用 ANSYS 软件的分析功能,更直观地对振动金属切削过程中工件受冲击载荷作用时在切削区的应力波传播进行求解。

（1）几何建模、单元类型及材料特性。

为了能够揭示振动金属切削的微观机理,本书对低频振动金属切削过程中工件受力进行了简化处理。当工件受到冲击载荷作用时,被切材料的裂纹深度比在采用相同切削参数的普通切削长度大很多。当切削时刀具的切削速度小于临界切削速度时,能使刀一屑实现分离,净切削时间降低,刀具动态冲击效果明显。同时,振动金属切削使切削力和能量集中在切削刃前方工件材料很小的范围内。根据振动金属切削的特点和加工时所采用的刀具情况建立振动金属切削时的工件的几何模型,被加工工件实体模型如图 11.17所示。

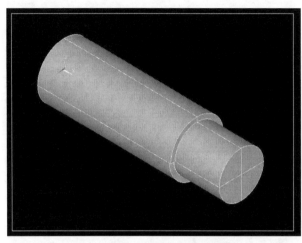

图 11.17　被加工工件实体模型

在切削过程中,刀具作用于工件,应力波的产生和影响主要是在切削区内,所以为了简化分析过程,同时减少在有限元分析计算时所用的时间(利用该实体模型,网格化后加载求解大概需要 2 h),减少在求解过程中由于所受约束力的影响,分析结果过于复杂,所以采用如图 11.18 所示的工件切削区简化模型网格化。该模型主要反映工件在受冲击载荷作用时切削区内的应力值的变化和应力波传播情况。由于所分析的模型是三维实体结构,采用 ANSYS 的自适应网格划分功能,指定单元类型为 SOLID45,对实体模型进行网格化处理(图 11.19),共产生 2 993 个节点。

所加工件为黄铜,其材料属性如下。

弹性模量:$E=1.17×10^{11}$ Pa。

屈服强度:$\sigma_s=0.9×10^9$ Pa。

切变模量:$G=1.17×10^{10}$ Pa。

材料密度:$\rho=8\,900$ kg/m³。

泊松比:$\varepsilon=0.3$。

（2）几何模型加载并求解。

对于所建立的几何模型而言,所受的主切削力均值 F_c 为 45 N,且加载频率为150 Hz,在求解时,所取时间历程为 0.05 s,即为 7.5 个加载周期,并在每一个拐点处设为

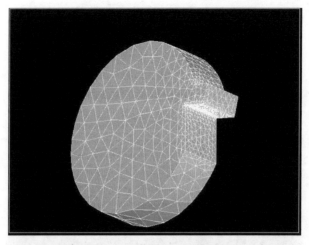

图 11.18　工件切削区简化模型网格化

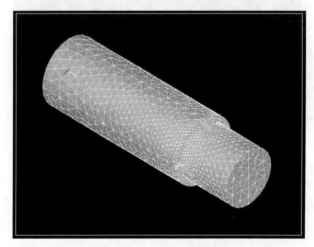

图 11.19　被加工工件实体模型网格化

一个载荷步,共有 15 个载荷步。压电振动金属切削系统在切削过程中工件所受脉冲力如图 11.20 所示。

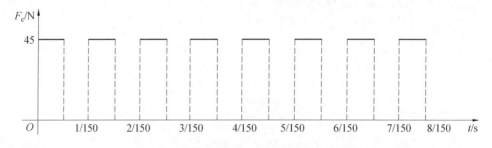

图 11.20　振动金属切削系统在切削过程中工件所受脉冲力

在进行 ANSYS 分析时,经 15 个载荷步为工件加载并求解。

在进给量 $f=0.153$ mm/r、机床转速 $n=14$ r/min 时,在经过 0.05 s 的时间历程里,机床转过 0.001 167 r,进给了 0.001 785 mm。在有限元分析时只考虑工件受冲击载荷的作用,而不考虑工件的进给。

由图 11.21 可知,在切削过程中,切削力主要是作用在切屑根部的切削区内,所以工件与刀具的接触部分是与切屑形态相关的。在冲击载荷作用下,远离切屑根部的切屑部分会产生变形较大,裂纹较小,而在切屑根部峰点处受力较大、较集中。所以在有限元分析时,取点以切屑根部为主,并且在对模型网格化处理时在该区域内进行细化处理。

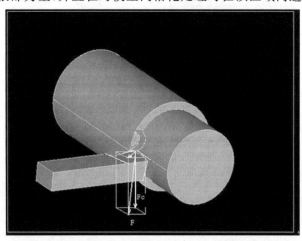

图 11.21　切削刀具与工件的受力情况

在切削过程中,工件所受载荷主要以面载荷为主。而且根据金属切削原理,切削时,前刀面与切屑的接触状态直接影响到切削力的变化。对于切削时形成带状切屑的普通切削而言,近刀尖处刀-屑接触类型以紧密型接触为主,远离刀尖处以峰点型接触为主。而对于振动金属切削,由于在切削时刀-屑接触过程总是处于一种冲、触、离的动态过程。所以在对模型进行加载分析时,对于接触平面要加以分割后,再分别加载求解。在如图 11.18 所示的简化模型中的刀-屑接触面进行分割后,相对刀尖由近到远分别为 A10、A1、A6、A7、A9。所建模型中接触面 S:0.001×0.001 5。

将模型加载按图 11.20 所示的冲击载荷转化为面载荷,切削区分割面所加面载荷见表 11.1。

表 11.1　切削区分割面所加面载荷

N	P_{A10}	P_{A1}	P_{A6}	P_{A7}	P_{A9}	SUM(N)
1	35	40	35	30	15	44.919
2	0.05	0.05	0.05	0.05	0.05	0.072 45
3	40	40	35	25	15	44.919
4	0.05	0.05	0.05	0.05	0.05	0.072 45
5	45	35	35	25	15	44.919
6	0.05	0.05	0.05	0.05	0.05	0.072 45
7	30	40	45	35	15	47.817
8	0.05	0.05	0.05	0.05	0.05	0.072 45

续表11.1

N	P_{A10}	P_{A1}	P_{A6}	P_{A7}	P_{A9}	SUM(N)
9	35	35	35	30	20	44.919
10	0.05	0.05	0.05	0.05	0.05	0.072 45
11	40	40	35	25	15	44.919
12	0.05	0.05	0.05	0.05	0.05	0.072 45
13	45	40	40	25	15	47.817
14	0.05	0.05	0.05	0.05	0.05	0.072 45
15	40	40	40	25	20	47.817

表11.1 中, N 为载荷步, 由于当所受外载荷为零时, 工件切削区表面还有一定的残余应力, 所以当载荷步为偶数时, 对模型进行预应力处理, 以 0.05 MPa 的压力作用于已加工表面; P 为分割面所加面载荷值; SUM(N) 为切削面所受合外力, SUM(N) = $S/5\times$ ($P_{A10}+P_{A1}+P_{A6}+P_{A7}+P_{A9}$)cos γ。

在图 11.18 所示的简化的模型中, 在切削区域内取出相应节点进行分步加载求解。切削区内单元和节点如图 11.22 所示。

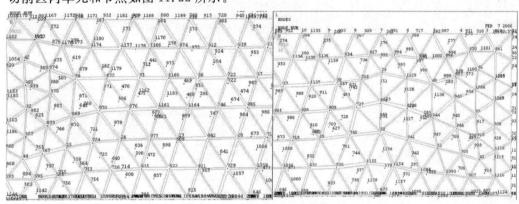

图 11.22　切削区内单元和节点

加载后通过 ANSYS 进行求解(需要大概 20 min)。可以调出如图 11.23 所示载荷步对话框, 选取相应的载荷步查看模型中的任一节点和单元的应力、位移情况。可以用应力云图来显示每一个载荷步的最后一个子步的应力波传播情况。图 11.24 所示为第 5 载荷步作用后的切削区应力云图。为了更直观地显示在整个加载过程中应力波的传播情况, 可以用动画显示出来。

模型中的任一节点的应力随时间的变化情况可以通过设定相应变量来绘出应力—时间关系图, 选取节点的变量名如图 11.25 所示, 选取节点的位置图如图 11.26 所示。

4. 结果分析

当外加载荷随时间周期变化时, 各节点的应力值也随周期变化。且各节点的应力变化幅值与受力面的距离成反比。图中, 节点 1 100 与受力点最远, 其应力变化幅值最小,

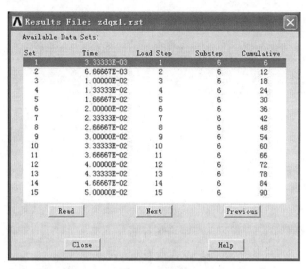

图 11.23　载荷步

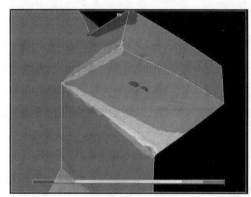

(a) 切削区各节点 σ_x 等高线

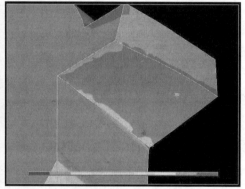

(b) 切削区各节点 σ_y 等高线

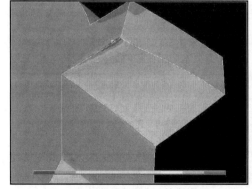

(c) 切削区各节点 σ_z 等高线

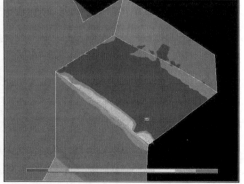

(d) 切削区各节点 τ_{xy} 等高线

图 11.24　在第 5 载荷步作用后的切削区应力云图

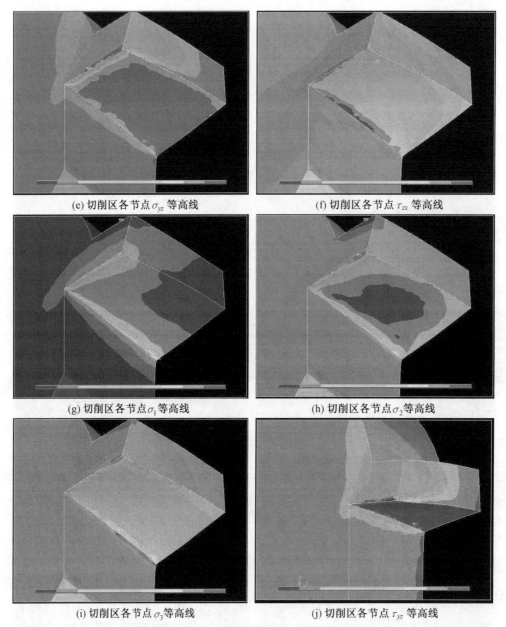

(e) 切削区各节点 σ_{yz} 等高线 (f) 切削区各节点 τ_{zx} 等高线

(g) 切削区各节点 σ_1 等高线 (h) 切削区各节点 σ_2 等高线

(i) 切削区各节点 σ_3 等高线 (j) 切削区各节点 τ_{yz} 等高线

续图 11.24

几乎为零;而节点 2 944 的应力变化幅值最大;其他在受力面附近的节点应力变化幅值也很大。正如在 11.2 节分析的弹性体在连续冲击载荷的作用下所激发的应力波,导致距作用点不远处点的最大应力值也随之增加,远离作用点处,与冲击产生的应力波在波动中耗散的理论分析是一致的。而在刀尖处,正是切削裂纹形成最集中处,根据应力集中效应,这些裂纹处再次受到冲击载荷作用时,会更易产生应力集中,有利于切削裂纹的形成。

在 POST1 中可以观察结果,通过将结果数据存入数据库,可以对特定节点进行分析。选取节点 1 990 进行结果分析。

```
Variable List

Name      Node      Result Item              Minimum           Maximum
TIME                Time                     0.00333333        0.05
SY_2      2944      Y-Component of stress     128473            9.38362e+007
SY_6      1577      Y-Component of stress    -419550           -7769.77
SY_10     253       Y-Component of stress    -1.21668e+007     -34882.1
SY_3      1901      Y-Component of stress    -20177.2           8.58765e+006
SY_7      116       Y-Component of stress     49904.6           4.96182e+007
SY_4      1990      Y-Component of stress     98852.8           7.38833e+007
SY_8      1         Y-Component of stress     83726.3           4.98328e+007
SY_5      217       Y-Component of stress     3899.29           1.21745e+007
SY_9      2         Y-Component of stress    -1.87389e+007     -50161.2
SY_11     1100      Y-Component of stress    -146195           -10434.7
```

图 11.25　选取节点的变量名

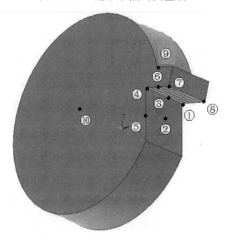

图 11.26　选取节点的位置图

表 11.2　在各载荷步节点 1 990 的应力值

载荷步	S_X	S_Y	S_Z	S_{XY}	S_{YZ}	S_{XZ}
1	$0.130\ 38\times10^9$	$0.904\ 51\times10^8$	$0.637\ 47\times10^8$	$0.518\ 54\times10^8$	$-0.150\ 08\times10^8$	$-0.287\ 43\times10^8$
2	$0.181\ 82\times10^6$	$0.132\ 64\times10^6$	$54\ 539$	$85\ 085$	$-12\ 745$	$-30\ 741$
3	$0.127\ 71\times10^9$	$0.899\ 08\times10^8$	$0.629\ 84\times10^8$	$0.530\ 26\times10^8$	$-0.149\ 92\times10^8$	$-0.281\ 48\times10^8$
4	$0.181\ 82\times10^6$	$0.132\ 64\times10^6$	$54\ 539$	$85\ 085$	$-12\ 745$	$-30\ 741$
5	$0.126\ 50\times10^9$	$0.894\ 67\times10^8$	$0.625\ 92\times10^8$	$0.540\ 97\times10^8$	$-0.150\ 31\times10^8$	$-0.278\ 95\times10^8$
6	$0.181\ 82\times10^6$	$0.132\ 64\times10^6$	$54\ 539$	$85\ 085$	$-12\ 745$	$-30\ 741$
7	$0.141\ 94\times10^9$	$0.968\ 97\times10^8$	$0.687\ 46\times10^8$	$0.534\ 35\times10^8$	$-0.159\ 93\times10^8$	$-0.313\ 71\times10^8$
8	$0.181\ 82\times10^6$	$0.132\ 64\times10^6$	$54\ 539$	$85\ 085$	$-12\ 745$	$-30\ 741$
9	$0.132\ 78\times10^9$	$0.907\ 43\times10^8$	$0.644\ 00\times10^8$	$0.517\ 80\times10^8$	$-0.150\ 73\times10^8$	$-0.292\ 13\times10^8$
10	$0.181\ 82\times10^6$	$0.132\ 64\times10^6$	$54\ 539$	$85\ 085$	$-12\ 745$	$-30\ 741$

续表11.2

载荷步	S_X	S_Y	S_Z	S_{XY}	S_{YZ}	S_{XZ}
11	$0.127\ 71\times10^9$	$0.899\ 08\times10^8$	$0.629\ 84\times10^8$	$0.530\ 26\times10^8$	$-0.149\ 92\times10^8$	$-0.281\ 48\times10^8$
12	$0.181\ 82\times10^6$	$0.132\ 64\times10^6$	$54\ 539$	$85\ 085$	$-12\ 745$	$-30\ 741$
13	$0.134\ 77\times10^9$	$0.953\ 94\times10^8$	$0.666\ 91\times10^8$	$0.569\ 55\times10^8$	$-0.159\ 67\times10^8$	$-0.297\ 43\times10^8$
14	$0.181\ 82\times10^6$	$0.132\ 64\times10^6$	$54\ 539$	$85\ 085$	$-12\ 745$	$-30\ 741$
15	$0.138\ 40\times10^9$	$0.961\ 27\times10^8$	$0.677\ 36\times10^8$	$0.558\ 10\times10^8$	$-0.159\ 92\times10^8$	$-0.304\ 66\times10^8$

通过读取以上数据进入 POST26，可以绘出 1 990 节点的正应力和切应力的时间历程曲线。

在工件受冲击载荷时，1 990 节点处的正应力和切应力均随之呈周期变化。

11.5 振动金属切削中应力波传播过程分析

在金属切削过程中，工件与刀具的接触并不是单纯的线和面的接触，而是一种包含了点线面等综合作用的结果。由于在振动金属切削过程中，尤其在工件处于刀具的切削速度小于临界切削速度加工状态时，此时能使刀—屑实现分离，所以工件所受的切削力是以断续冲击载荷为主，工件在这种动载荷和突加载荷所引起的应力波和应变波的互相影响下产生弹性变形、塑性变形、切削裂纹等变化。这种动载荷和突加载荷所引起的局部应力和应变比相同值静载荷下产生的应力和应变大许多倍。被切削金属在第一变形区所产生的裂纹数量和深度会显著增加。根据应力集中效应，这些裂纹处再次受到冲击载荷作用时会更易产生应力集中。

同时，冲击载荷加载的方向性会使切屑沿其切线方向较易产生断裂，这样所得的切屑减少了与工件本体的拉挤、撕裂等作用，裂纹断裂面相对平滑，从而提高了加工表面质量。

由于振动金属切削中刀头的冲击作用，热激活过程被抑制，因此裂纹尖端的位错难以发射，塑性变形过程受到了约束和限制，裂尖区域的断裂韧性大大低于相同切削条件下非振动金属切削的情形，只需克服较小的塑性变形就能断裂成屑，有利于取得良好的切削效果。

根据应力波的概念，如果在介质的某个地方突然发生了一种状态的扰动，使得该处的应力突然升高，和周围介质之间产生了压力差，这种压力差将导致周围介质质点投入运动，处于运动的质点微团的前进，又进一步把动量传递给后续的质点微团并使后者变形，这样一点的扰动就由近及远地传播出去不断扩大其影响，这种扰动的传播现象就是应力波。在振动金属切削过程中，工件上的各点之间的应力波是相互作用的，在应力波叠加处会增大振动金属切削的效果，使邻近的某点处的应力和应变值加大，同时，在应力波相互抵消处会减小应力和应变的值。而对于被加工工件，当某处的应力值大于该材料的极限应力值时，此时就会产生变形和断裂。随着载荷的变化，各点处的应力波也随之变化。当一点的邻近处产生新的变形和裂纹时，加工区域内的受力情况也随时变化，新的应力波在前期应力波的基础上又产生。切削区域内受力点变化的随机性导致了切削区域内应力波的传播的叠加效应和复杂性。

本 章 小 结

　　振动金属切削过程中,工件在冲击载荷的作用下产生应力波,工件切削区金属的某个地方突然发生了一种状态的扰动,使得该处的应力突然升高,和周围金属之间产生了压力差,这种压力差导致周围金属质点投入运动,处于运动的质点微团的前进,又进一步把动量传递给后续的质点微团并使后者变形,这样一点的扰动就由近及远地传播出去不断扩大其影响,完成金属振动金属切削中的应力波传播。

　　应力波不仅与所加载荷的特性有关,而且与被加工工件的特性有关。本章基于压电振动金属切削系统产生的一定振幅和频率的低频振动金属切削系统,产生的分离型振动金属切削。采用有限元分析软件 ANSYS 对给定的工件在振动金属切削时受冲击载荷作用下的切削过程进行有限元分析,从而对所产生的应力波传播过程进行计算机仿真。通过分析揭示振动金属切削的微观机理,表明振动金属切削加方法有利于微裂纹的萌生与扩展,并降低了刀一屑间的摩擦,使切削力降低,加工精度提高。

第12章 振动金属切削技术应用研究

12.1 难加工材料 Inconel 718 振动车削实验研究与切削优化

12.1.1 试验方法与步骤

Inconel 718 是典型的高温合金,难加工材料,在航空领域具有广泛应用。以振动车削系统实验平台为基础,对该合金进行非振动车削和振动车削,改变切削参数对其切削力、表面粗糙度和刀具磨损的变化进行分析比对,通过振动车削,变难为易,实现切削优化。Inconel 718 基本化学成分见表 12.1。

表 12.1　Inconel 718 基本化学成分

元素	C	Si	Mn	Cr	Mo	Ti	Al	Ni	Fe
$w/\%$	0.037	0.18	0.05	19.11	3.08	0.92	0.56	51.62	余量

实验测量内容与流程如图 12.1 所示。

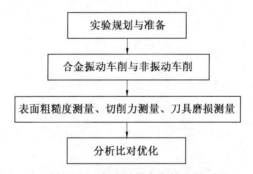

图 12.1　实验测量内容与流程

本实验是车削 Inconel 718 合金,同时施以非振动车削和振动车削,观察车削中切削力、表面粗糙度和刀具磨损的变化。振动车削参数设计见表 12.2,包括 3 种进给量、2 种切削速度、3 种切削深度和有无使用振动车削两种方式,因此,切削组合共有 $2\times3\times3\times2=36$ 种。进行全因子实验设计,利用实验所测量结果,比较非振动振动车削和振动车削在各种切削条件下对切削力、表面粗糙度和刀具磨损的影响。

表 12.2　振动车削参数设计

切削速度/(m · min⁻¹)	125,188
进给量/(mm · r⁻¹)	0.06,0.08,0.1
切削深度/mm	0.1,0.15,0.2
振动金属切削频率(切线方向)/Hz	0,200
振幅/mm	0.2

实验时首先在某一种切削速度下,对振动车削和非振动车削分别搭配一种主轴转速、一种进给量和一种切深度进行,并使用一片刀具进行车削,因此需要使用 18 片刀具来完成某一切削速度下的实验。实验首先用切削速度为 188 m/min 的 18 组组合(即用 18 片刀具)进行实验,然后再将已用的这 18 片刀具进行切削速度为 125 m/min 的 18 组组合实验,以完成 36 组组合的实验。其详细的步骤如下。

(1)准备试件,并将试件及实验仪器搭建调好。

(2)进行不同切削参数组合的车削,在实验过程中,测量其切削力。

(3)车削完成后,将试件及刀具取下,分别测量试件已加工表面粗糙度及刀具磨损情况。

(4)以相同的切削条件进行非振动车削,按对照组记录相关数据。

(5)反复进行第 2 及第 3 步,直至完成所规划的 36 组实验。

利用所测量得到的切削力、表面粗糙度以及刀具磨损情况,进行分析。在非振动车削过程中,利用加速度测力计测量切削力,经由信号放大器将信号放大,采集数据,连接至计算机进行转换处理与分析。在表面车削完成后,将工件取下量测其表面粗糙度,利用工具显微镜来观察刀片磨损并记录,刀具磨损则是以切削速度为 188 m/min 的 18 片刀具进行观察,因在切削速度 188 m/min 时所使用的刀具都是新的,易于比较出差异性。根据记录数据,分析振动车削情况,综合评价切削力与表面粗糙度,以实现切削优化。

12.1.2　实验平台构建

实验所采用的工件材料为镍基超合金 Inconel 718,由于此实验的切削工件材料为高温耐热超合金,因此刀具选用 CBN 车刀片,主轴最高转速为 1 500 r/min,振动方向为切线方向,振动车削系统如图 12.2 所示。

图 12.2　振动车削系统

系统设备仪器配置主要如下。

(1)机床 CA6140,将车床刀架改装为低频振动车削装置;实验材料工件。

(2)CBN 车刀,前角 4°、后角 10°、副后角 10°、刃倾角 0°、刀尖圆弧半径 $R0.5 \sim 0.6$ mm。

（3）压电陶瓷微位移驱动的振动金属切削设备（包括变频器），振动频率覆盖 0～200 Hz，振幅在 0～3 mm 可调。

（4）YD 系列的压电式加速度测力计，型号 YD10D，电荷灵敏度为 0.002 PC/ms^{-2}，频率范围为 1～20 000 Hz，量程为（1±10%）×300 000 ms^{-2}。

（5）INV－4 多功能抗混滤波放大器，精度 2%，电荷输入时频率范围为 0.1～20 kHz。

（6）智能信号采集处理分析仪，型号：INV3060F－5120。

（7）三丰 SV－3100 系列表面粗糙度测量仪，测定范围：x 轴为 100 mm、z 轴为 500 mm；测量速度为 0.02～5 mm/s；驱动速度为 0～80 mm/s；滤波器：高斯/2CR；尺寸为 756 mm×482 mm×1 166 mm。

（8）奥林巴斯工具显微镜，载物台行程为 50 mm×50 mm，测量物镜采用 10 倍，拍照采用 5 倍物镜，精度范围：X 为（3+3L）/100 μm，Y 为（3+2L）/50 μm。

主要测量参数：刀具的振动频率与振动幅值，切削工件的粗糙度以及刀具磨损照片。

振动车削电气控制系统是在指定切削参数和振幅、振频的情况下进行振动车削而设计的。它是由测试仪、变频器、刀具、电源以及测力系统等组成。

编码器接线应注意：

（1）变频器电源线：380 V，接 R、S、T。

（2）电机电源线与编码器相接于：U、V、W。

其他注意事项：

（1）测试仪应接地，避免干扰。

（2）通过变换电机接线，可改变电机转向。

12.1.3　实验结果与分析

1. 切削力对比

本车削实验共测量 36 组实验数据，经过分析研究，本实验将所测量到三个轴向（切线方向、轴向、径向）的切削力，根据公式（12.1）计算切削合力：

$$F = \sqrt{F_x^2 + F_y^2 + F_z^2} \tag{12.1}$$

图 12.3 和图 12.4 分别记录部分非振动金属切削与振动金属切削进给量，切削速度与切削力的关系。在非振动车削和振动车削的情况下，切削力会随着切削速度的增加而降低，随着切削深度和进给量的增加而增加。将观察所得到的数据进行比对，非振动车削时的切削力比振动车削时的切削力大，上述结果表明，振动车削可以有效降低切削力。

2. 表面粗糙度对比

图 12.5 和图 12.6 对比了非振动切削与振动切削对表面粗糙度的影响。以图 12.6 可以看出在振动车削时，表面粗糙度会随着切削速度和径向切削深度的增加而降低，随着进给量的增加而增加。在切削速度为 188 m/min、进给量为 0.06 mm/r 和径向切削深度为 0.2 mm 时，可以获得较好的表面粗糙度。

由表 12.3 和表 12.4 可知，当切削速度为 125 m/min 时，使用振动车削对表面粗糙度值降低了 0～25%；在切削速度 188 m/min 时，使用超声波辅助对表面粗糙度值降低了

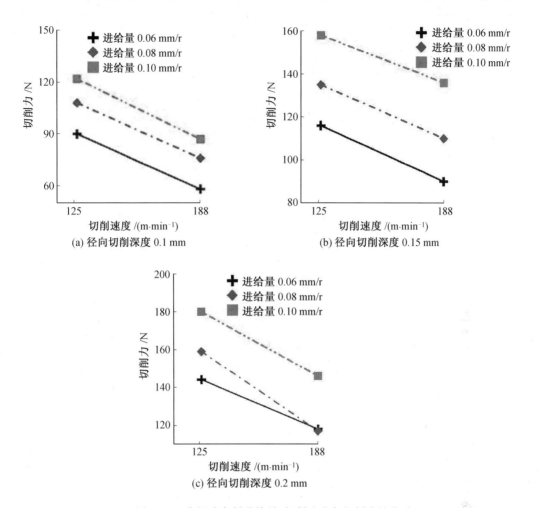

图 12.3　非振动车削进给量、切削速度与切削力的关系

20%～61%。这些实验数据说明,使用振动车削对于降低表面粗糙度、提高表面质量的作用显著。

表 12.3　切削速度 125 m/min 时振动车削对表面粗糙度的降低率

切削速度 /(m · min⁻¹)	进给量 /(mm · r⁻¹)	径向切削深度 /mm	是否振动 金属切削	表面粗糙度 /μm	降低率 /%
125	0.1	0.2	否 是	1.2 0.9	25
		0.1	否 是	0.98	0

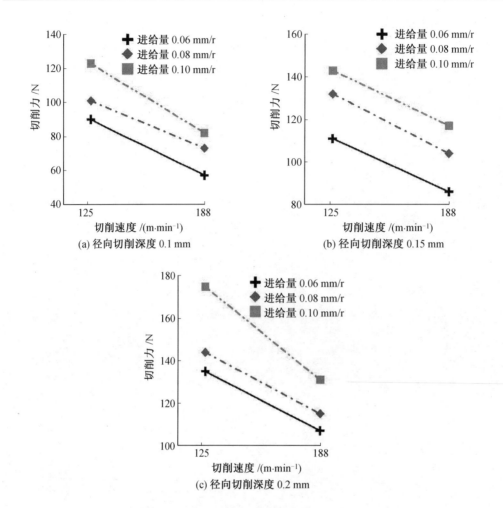

图 12.4　振动车削进给量、切削速度与切削力的关系

表 12.4　切削速度 188 m/min 时振动车削对表面粗糙度的降低率

切削速度 /(m·min⁻¹)	进给量 /(mm·r⁻¹)	径向切削深度 /mm	是否振动 金属切削	表面粗糙度 /μm	降低率 /%
188	0.1	0.2	否	1.50	61
			是	0.58	
		0.1	否	1.22	20
			是	1.20	

图 12.7(a)、图 12.7(b)为 CBN 车刀对合金 Inconel 718 工件在切削速度 125 m/min、切削深度 0.2 mm 条件下进行的一组振动车削和非振动车削后工件表面微观形貌图。可以清楚地观察到非振动车削表面上留下很多积压形成的堆积物、微坑和裂纹，而振动车削的表面留下的堆积物和微坑明显减少，从而降低粗糙度。

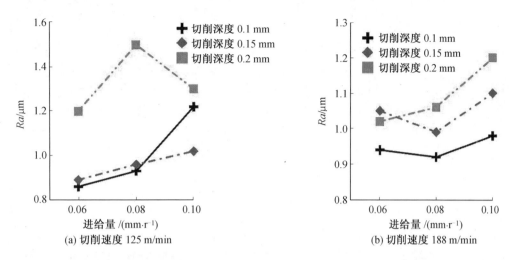

图 12.5 非振动车削切削深度、进给量与表面粗糙度的关系

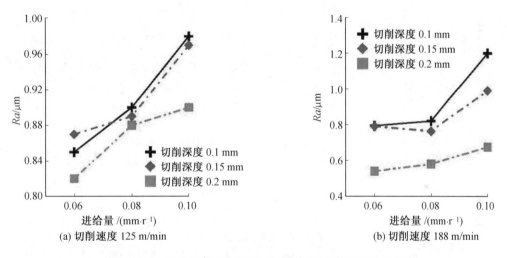

图 12.6 振动车削切削深度、进给量与表面粗糙度的关系

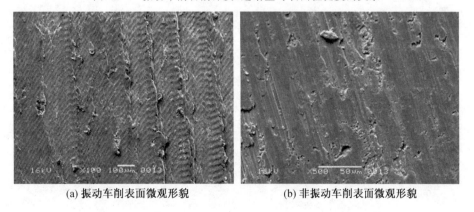

(a) 振动车削表面微观形貌 　　　(b) 非振动车削表面微观形貌

图 12.7 CBN 车刀车削合金 Inconel 718 的表面微观形貌

3. 刀具磨损观测与对比分析

图 12.8～12.13 表明,在任何车削加工参数下都会产生刀面凹窝磨损和黏结磨损,这些现象的形成原因主要为切屑快速流动,使切屑与刀面摩擦增加,切屑与刀面的温度也随之提高,经由切屑导出的热量也随之增加。因此,切屑内大部分热量流经接触面时温度升高,使刀具及切屑均产生原子的扩散,形成两者的合金,因而降低刀具材料熔点及减弱硬度,使刀具材料微粒被切屑带走形成凹窝磨损。

后刀面磨损的产生则是因为刀具在切削工件时刀面与加工面间的接触摩擦而渐渐磨损,故磨损区域紧邻刃口。刃口则因磨损而先产生微小的磨损带,然后逐渐扩大,使切削力及切削热骤增,引起刀具磨损。观察图 12.8、图 12.11、图 12.12 和图 12.13,刀面凹窝磨损和刃口磨损会随着进给量的增加而增加。图 12.9 和图 12.10 则是在进给量为 0.08 mm/r 时,产生较严重的前刀面凹窝磨损和刃口磨损。非振动车削和振动车削凹窝磨损比较结果表明,振动车削时前刀面凹窝磨损较振动车削严重。非振动车削在进行较大的径向切削深度、进给率 0.08 mm/r 时,凹窝磨损较为严重;振动车削则是在较大进给量(0.1 mm/r)时,凹窝磨损较为严重。

(a) 进给量 0.06 mm/r　　　(b) 进给量 0.08 mm/r　　　(c) 进给量 0.10 mm/r

图 12.8　非振动金属切削:径向切削速度 188 m/min、径向切削深度 0.1 mm 前刀面磨损情况

(a) 进给量 0.06 mm/r　　　(b) 进给量 0.08 mm/r　　　(c) 进给量 0.10 mm/r

图 12.9　非振动金属切削:径向切削速度 188 m/min、径向切削深度 0.15 mm 前刀面磨损情况

(a) 进给量 0.06 mm/r　　　(b) 进给量 0.08 mm/r　　　(c) 进给量 0.10 mm/r

图 12.10　非振动金属切削:径向切削速度 188 m/min、径向切削深度 0.2 mm 时前刀面磨损情况

(a) 进给量 0.06 mm/r　　　　　　(b) 进给量 0.08 mm/r　　　　　　(c) 进给量 0.10 mm/r

图 12.11　振动金属切削：径向切削速度 188 m/min、径向切削深度 0.1 mm 时前刀面磨损情况

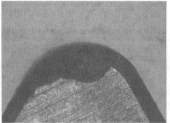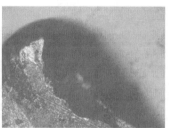

(a) 进给量 0.06 mm/r　　　　　　(b) 进给量 0.08 mm/r　　　　　　(c) 进给量 0.10 mm/r

图 12.12　振动金属切削：径向切削速度 188 m/min、径向径向切削深度 0.15 mm 前刀面磨损情况

(a) 进给量 0.06 mm/r　　　　　　(b) 进给量 0.08 mm/r　　　　　　(c) 进给量 0.10 mm/r

图 12.13　振动金属切削：径向切削速度 188 m/min、径向切削深度 0.2 mm 时前刀面磨损情况

　　为了进一步了解振动和非振动车削合金 Inconel 718 过程中对刀具的后刀面产生的磨损，可以借助扫描电镜（SEM）进行放大 100 倍的扫描拍照，观察刀具后刀面经过车削合金 Inconel 718 后的微观形貌特征。

　　刀具切削合金 Inconel 718 的后刀面磨损，在切削初期观察不明显，只有在后刀面靠近刀尖的部位磨损较为明显。图 12.14(a) 和图 12.14(b) 分别为振动车削和非振动车削在切削速度为 188 m/min、径向切削深度为 0.15 mm、进给量为 0.08 mm/r 的条件下后刀面磨损的 SEM 形貌照片。照片显示出，振动金属切削刀具的后刀面磨损程度比非振动金属切削的磨损程度低。切削过程中，后刀面靠近切削刃附近磨损程度较大，磨损区域形状呈三角形，距离切削刃越远，刀具磨损程度越小。

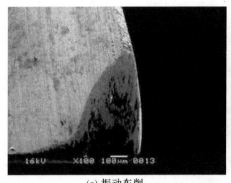

(a) 振动车削   (b) 非振动车削

图 12.14   刀具车削合金 Inconel 718 后刀面磨损

12.1.4   分析对比与优化

本节对难加工材料 Inconel 718 合金的切削加工特性及其应用做了阐述,根据以前的研究成果和文献对振动与非振动车削 Inconel 718 合金实验进行了预测。

本实验主要通过设置 4 个关键切削参数变量(振动金属切削频率、进给量、径向切削深度、切削速度),进行了 36 组实验数据的测量,观察测量出在不同的切削参数变量的组合下,各组合的切削力、表面粗糙度以及刀具磨损状况,并对振动金属切削和非振动金属切削的切削效果进行比对分析。分析研究了振动车削与非振动车削 Inconel 718 合金时,主要切削参数对其切削性能的影响。

拓展实验(用更小的振动频率)表明,在振幅和切削用量控制不变的情况下,随着振动车削振动频率的减小,振动车削的加工效果趋近普通车削,其振动车削效果将消失;振动频率介于 10~20 Hz 时,将出现振动车削与普通车削的临界值点,此点以后(大于此点的值)振动车削的效果明显,临界值点以前(小于此点的值)可能出现振动车削的效果与普通车削的车削效果趋于一致,也可能出现振动车削的车削效果差于普通切削,究其原因,此时振动车削的振动效果相当于普通车削的自身振动,一般认为不具备振动车削的工艺效果。此种情况有待深入研究。

如图 12.15 所示,振动金属切削时,根据刀具振动速度和工件运动速度的关系,均等地分割出工件上的 l_T 大小,使这一部分有规律地产生剪切变形,成为切屑,并且只能沿刀具的前刀面滑动排出。这时,l_T 越短,切屑越容易变形。对于 l_T 来说,由于 $l_T = v_c/f_r$,那么降低 v_c 或者增大 f_r 都能够自由地改变其长度,即在一定范围内,降低 v_c 或者增大 f_r 都能改善振动金属切削的效果。

综合上面的分析可知,当振动频率、振幅和切削用量保持一定的关系时,振动车削的加工效果最佳,即振动车削和普通车削临界值点的问题。在切削速度 v_c 保持 $v_c < 2\pi a f_r$ 的前提下,可得到,振动频率 f_r 在给定的范围内增大,车削的加工效果越好;切削速度 v_c 在一定的范围内增大,车削的加工效果越差;进给量 f 和背吃刀量 a_p 一般认为越大,加工效果越差;那么可推出振幅在给定的范围内的振动效果系数公式:

$$\delta = \frac{k f_r}{v_c^a f^b a_p^c}$$

式中,δ 为振动效果系数;v_c 为切削速度;f 为进给量;a_p 为背吃刀量;f_r 为振动频率;a、b、c 为实验系数,由实验测得;k 为修正系数。

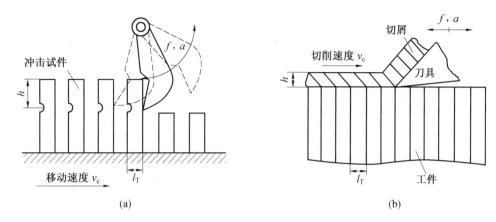

图 12.15　振动金属切削加工中冲击特性简图

参量 v_c、f、a_p、f_r 在给定的值域内,满足基本搭配情况下,δ 越大,振动加工效果越好,即切削力和表面粗糙度值等越小。

由实验结果可知,在给定实验条件下,当振频 f_r 大于 18 Hz 时,车削呈振动车削所固有的效果;而小于 18 Hz 时,则失去振动车削效果。从主切削力与振动频率之间的关系还可知,当振频 f_r 大于 10 Hz 时,车削呈振动车削所固有的效果。考虑到实验的保守性和误差,给出如下低频振动车削本征参数:

$f_r>15$ Hz,$a=30$ μm,当 $v_c=37.68$ m/min,$f=0.12$ mm/r,$a_p=0.5$ mm;

$f_r>15$ Hz,$a=20$ μm,当 $v_c=42.39$ m/min,$f=0.08$ mm/r,$a_p=0.5$ mm 为振动车削。

$$\delta=\frac{kf_r}{v_c^a f^b a_p^c}$$

即满足基本搭配情况下,δ 越大,切削力和表面粗糙度值等越小,振动加工效果越好,更有利于振动车削中裂纹的萌生及成屑。

12.2　振动钻削研究与切削优化

振动钻削与传统钻削相比,有着许多优良的加工效果,首先得从其特殊的运动模式研究开始。本节从振动参数和切削参数入手,以轴向振动麻花钻为分析对象,主要分析了振动参数和切削参数在振动过程中对断屑的影响和对刀具的工作状态的影响,分别模拟了分离和不分离振动钻削条件下的麻花钻刀刃运动轨迹和切削层厚度,确定了各种情况下参数的选择范围,为振动钻削参数的优化选择奠定理论基础。普通钻削时,钻头的两个切削刃顺次切削工件材料,运动轨迹几乎认为是在空间中平行不相交的,切屑厚度几乎不发生改变。轴向振动钻削钻孔时,在刀具(或工件)上人为地施加一个沿刀具轴线方向的可控的振动,使得钻头的两个切削刃产生波动轨迹,刀刃轨迹的波动使麻花钻两个切削刃运动轨迹不平行,从而使切削厚度周期性改变。因此,合理的匹配振动参数和切削参数是达到优良切削效果的关键。

所加轴向振动方程为

$$z(t) = A\sin 2\pi ft \tag{12.2}$$

式中,f 为振动频率;A 为振幅;t 为时间。

振动钻削轴向任意一点的运动方程为

$$u(t) = \frac{n}{60} f_r t + z(t) \tag{12.3}$$

$$u(t) = A\sin 2\pi ft + \frac{n}{60} f_r t \tag{12.4}$$

式中,f_r 为每转进给量(mm/r);n 为每分钟主轴转速(r/min)。

则这一点的轴向速度为

$$v_f = 2\pi Af\cos 2\pi ft + \frac{n}{60} f_r \tag{12.5}$$

12.2.1　轴向切削运动轨迹分析

假设一主切削刃(A)上任意一点的轴向运动位置为

$$u(t_1) = A\sin 2\pi ft_1 + \frac{n}{60} f_r t_1$$

而另一主切削刃(B)在切削时与前一主切削刃上相同位置的点转动角度只相差 π,所用时间相差 $\dfrac{30}{n}$ s,则上式可以用 t_1 表示为

$$u_2(t_1) = A\sin 2\pi f\left(t_1 + \frac{30}{n}\right) + \frac{n}{60} f_r\left(t_1 + \frac{30}{n}\right)$$

相邻两切削刃的轴向轨迹差可表示为

$$h = \frac{f_r}{2} + A\sin 2\pi f\left(t_1 + \frac{30}{n}\right) - A\sin 2\pi ft_1 \tag{12.6}$$

令 $\dfrac{60f}{n} = 2(k+i) = \omega$(其中,$k$ 为整数,$|i| < 0.5$,$2(k+i) = \omega$ 称为频转比,$k+i$ 表示主轴转动角度 π 时所施加振动信号振动的次数),主轴转动角度可表示为 $\theta = 2\pi\left(\dfrac{n}{60}\right)t$(工件随机床主轴转动,而钻头只做轴向运动),代入式(12.6),消去 t,则可得相邻两条切削刃轨迹可表示为

$$u_1 = A\sin \frac{60f\theta}{n} + \frac{f_r\theta}{2\pi} = A\sin 2(k+i)\theta + \frac{f_r\theta}{2\pi} \tag{12.7}$$

$$u_2 = A\sin \frac{60f}{n}(\theta+\pi) + \frac{f_r}{2\pi}(\theta+\pi)$$

$$= A\sin \omega(\theta+\pi) + \frac{f_r}{2\pi}(\theta+\pi) \tag{12.8}$$

因此,两切削刃间切削厚度为

$$h = \frac{f_r}{2} + 2A\cos(\omega\theta + i\pi)\sin i\pi \tag{12.9}$$

切削厚度变化如图 12.16 所示。观察式(12.9)可知，$i\pi = \varphi$ 为主轴转动角度 π 时的相差角，$2(k+i)$ 为频转比，而 f_r、A、i 三个量在加工过程中是可以控制的量，因此可以通过调整这三个量的值来得到想要的切削厚度。

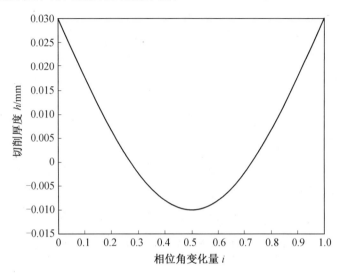

图 12.16 切削厚度随 $i(0<i<1)$ 的变化情况

由式(12.7)可知，切削层最小厚度可以达到

$$h_{\min} = \frac{f_r}{2} - 2A\,|\sin i\pi| \tag{12.10}$$

12.2.2 不分离型振动钻削

当 $h_{\min} > 0$，即 $\frac{f_r}{2} > 2A\,|\sin i\pi|$ 时，切削刃一直保持与工件材料相接触并切削工件材料，称为不分离型振动钻削削。不分离型振动钻削主要有两种情况。

(1)当相差角 $i\pi = 0$，即 $i = 0$ 时，$h = \frac{f_r}{2}$ 为一定值，此时相邻两条切削轨迹平行，如图 12.17 所示为振动钻削相邻切削刃的轨迹，轨迹中间部分为切削厚度。切削厚度恒为 0.04 mm。

(2)当 $i \neq 0$，$f_r > 4A$ 时，不分离切削的情况用 MATLAB 绘出其相邻两条轨迹和切削厚度如图 12.18 所示，从图中可以看出，切削轨迹不平行，两切削刃轨迹所夹的部分为切削厚度，还可以看出切削厚度并不均匀，而是呈周期性变化的，存在相对薄弱环节，为断屑提供条件。

在振动钻削中，以上两种情况刀刃轨迹不相交，切削厚度在切削过程中不为零，因此其断屑过程被定义为不完全几何断屑。以日本足立胜重教授为代表的学者认为，在振动钻削加工中，若不满足 $f_s \leqslant 0$（f_s 为实际瞬间进给量）的条件时，不加强制手段不可能实现断屑，当相位差($i=0$)的情况尤其如此。但大量实验证明，振动钻削的不完全几何断屑范围，不加强制手段，也经常能实现可靠断屑。

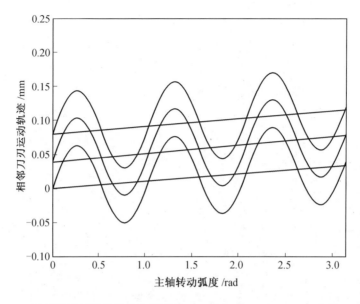

图 12.17 振动钻削相邻切削刃的轨迹($i=0,k=3,A=0.06$ mm,$f_{\mathrm{r}}=0.08$ mm/r)

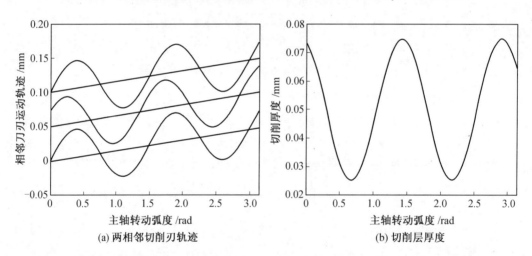

(a) 两相邻切削刃轨迹

(b) 切削层厚度

图 12.18 相邻两条轨迹和切削厚度($A=0.04$ mm,$f_{\mathrm{r}}=0.10$ mm/r,$k=2$,$i=0.1$)

12.2.3 分离型振动钻削

当 $h_{\min}\leqslant 0$,即 $\dfrac{f_{\mathrm{r}}}{2}\leqslant 2A\,|\sin i\pi|$ 时,钻头切削刃不是一直保持切削工件材料,而是时而切削工件材料,时而与其分离,称为分离型振动钻削。这种形式的钻削更能体现振动钻削的特征。在钻削过程中,普通钻削,切削刃始终和工件材料保持切削状态,切削刃轨迹不相交,切削层厚度在同一切削过程几乎保持不变,使断屑变得困难,而钻头切削刃时切时离,相邻两条切削刃的轨迹反复相交,使得切削层厚度呈周期性变化,当分离切削时厚度为 0,实现切削过程中的几何断屑。分离型振动钻削也可分两种情况讨论。

（1）当 $i \neq 0, \dfrac{f_r}{4} < A \sin i\pi < \dfrac{f_r}{2}$ 时,只有相邻两条切削刃轨迹相交,形成切削层厚度只与相邻切削刃轨迹有关,相邻切削刃轨迹与切削层厚度如图 12.19 所示。

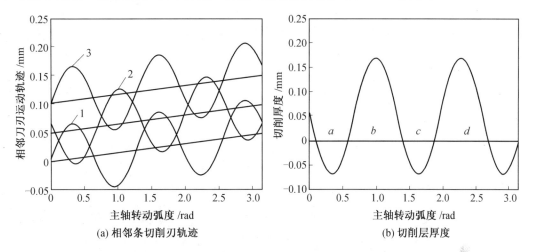

(a) 相邻条切削刃轨迹　　　　　　　(b) 切削层厚度

图 12.19　相邻切削刃轨迹与切削层厚度($f_r = 0.10$ mm/r, $A = 0.06$ mm, $k = 1, i = 0.45$)

如图 12.19(a)所示,两轨迹相交时切削厚度变为 0,轨迹 2 在轨迹 1 下面的部分表示切削刃与工件材料分离的部分,即空切过程,轨迹 3 和轨迹 2 相交的部分同样,它们只有相邻两条轨迹相交,形成切屑。从图 12.19(b)可以看出,切削层厚度呈周期性变化,0 刻度线上的点表示刀刃和工件材料分离点和接触点,0 刻度线以下的部分表示空切部分。而要使相邻两条切削刃轨迹相交产生完全几何断屑,必须使 $h_{\min} \leqslant 0$,则有

$$\frac{f_r}{4A} \leqslant \sin |i\pi| \tag{12.11}$$

又因为 $|i| < 0.5$,则当相邻两刀刃轨迹形成完全几何断屑时, i 值必须满足以下条件:

$$-0.5 < i \leqslant -\frac{1}{\pi} \arcsin \frac{f_r}{4A} \text{ 或 } \frac{1}{\pi} \arcsin \frac{f_r}{4A} \leqslant i < 0.5 \tag{12.12}$$

在实际振动钻削过程中,可以根据实际加工环境先确定其中进给量 f_r 和振幅 A,而 i 由不等式(12.12)来选择,进而选择主轴转速 n 和振动频率 f。

（2）当 $i \neq 0, A \sin i\pi > \dfrac{f_r}{2}$ 时,多条切削轨迹相干涉,影响切削层厚度和长度的不仅与切削刃相邻两条运动轨迹有关,而是相邻多条运动轨迹的影响,往往这种情况钻头的振幅比较大。由式(12.7)、式(12.8)可推导出第 m 条切削轨迹可表示为

$$u_m = A \sin \omega(\theta + m\pi) + \frac{f_r}{2\pi}(\theta + m\pi) \tag{12.13}$$

则 $m(m$ 为 $1, 2, 3, 4, \cdots)$ 条轨迹干涉的振动钻削切削厚度可表示为

$$h_m = \frac{(m-1)f_r}{2} + 2A \cos[\omega\theta + (m-1)i\pi] \sin(m-1)i\pi \tag{12.14}$$

多条轨迹干涉振动钻削最小切削厚度为

$$h_{m\min} = \frac{(m-1)f_r}{2} - 2A|\sin(m-1)i\pi| \tag{12.15}$$

则在振动周期内实现完全几何断屑的条件为

$$\frac{(m-1)f_r}{4A} \leqslant |\sin (m-1)i\pi| \tag{12.16}$$

可以确定 i 的范围为

$$|i| \leqslant \frac{1}{(m-1)\pi}\arcsin \frac{(m-1)f_r}{4A} \tag{12.17}$$

式中，m 为切削刃相交轨迹的条数。

而能使断屑条件(12.16)成立的最大 m 值被定义为轨迹相交波纹数，其值可以根据不等式(12.17)振动参数和切削参数推算。

由以上分析可知，分离型振动钻削可以实现完全几何断屑，其断屑过程不需要另外加强制手段，由切削刃特殊的运动轨迹就可以完成。

12.2.4　完全几何断屑条件下理论切屑长度

在分离型振动钻削条件下，同一个周期中总有切削厚度为零的位置，即 $h_m=0$ 时，振动金属切削实现自动断屑，而由于切削厚度呈周期性变化，切削过程可分为空切和实切两部分，而 $h_m=0$ 时的切削刃切削实切材料运动轨迹的长度（忽略这部分材料的变形）即为理论切屑长度。结合图 12.20(a)，观察图 12.19(b) 和图 12.20(b)，可以看出，图中 a 点和 c 点均为切削刃切入点，b 点和 d 点均为切出点，而相邻切入点和切出点之间的部分为切屑的理论长度。

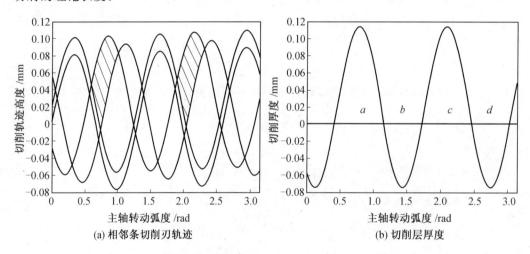

(a) 相邻条切削刃轨迹　　　　　　　　(b) 切削层厚度

图 12.20　相邻两条切削刃轨迹与切削层厚度($A=0.1$ mm,$f_r=0.02$ mm/r,$k=2$,$i=0.4$,$m=3$)

令 $h_m=0$ 得

$$\frac{(m-1)f_r}{4A\sin (m-1)i\pi} = -\cos[\omega\theta+(m-1)i\pi] \tag{12.18}$$

上式还可用时间 t 变量表示，则第 m 条切削轨迹运动时间 $t_m=t+\dfrac{n}{30}(m-1)$ 代入得

$$\frac{(m-1)f_r}{4A\sin (m-1)i\pi} = -\cos[2\pi f t_m-(m-1)i\pi] \tag{12.19}$$

则第 m 条切削轨迹中切入切出时间点为

$$t_{m(\text{out,in})} = \frac{(m-1)i\pi \pm \arccos\left[-\dfrac{(m-1)f_{\text{r}}}{4A\sin(m-1)i\pi}\right]}{2\pi f} \tag{12.20}$$

观察式(12.19)可知，$2\pi ft = \varphi$ 为钻头振动的相位角度，则在一个振动周期中切入和切除振动相位角为

$$\varphi_{(\text{out,in})} = (m-1)i\pi \pm \arccos\left[-\frac{(m-1)f_{\text{r}}}{4A\sin(m-1)i\pi}\right] \tag{12.21}$$

则切削时间和切削时钻头振动相位差角分别可表示为

$$t_{\text{c}} = t_{\text{out}} - t_{\text{in}}$$

$$\varphi_{\Delta} = \varphi_{\text{out}} - \varphi_{\text{in}}$$

理论切屑长度为

$$l_{\text{c}} = \frac{n\pi}{30}Rt = \frac{\varphi_{\Delta}R}{\omega} \tag{12.22}$$

对于不完全几何断屑中 $i \neq 0$ 的情况，其切削厚度呈周期性变化，存在薄弱环节，假设在振动周期内在最薄弱环节折断，此时振动相位差角 $\varphi_{\Delta} = 2\pi$，则其长度为

$$l_{\text{c}} = \frac{2\pi R}{\omega} \tag{12.23}$$

由上两式可以看出，频转比 ω 越大，切屑长度越短，因此可以通过控制频转比来得到理想的切屑长度。

12.2.5　刀具动态角度分析

1. 动态角度的变化量

普通钻削的切削角度的大小相对于切削的工件来说是相对稳定的，而振动钻削因为所加振动信号的影响，使得刀具轴向切削速度的大小和方向在不停地改变，导致刀具切削角也不停地变化。刀具轴向瞬时切削速度由式(12.5)给出为

$$v_{\text{f}} = 2\pi Af\cos 2\pi ft + \frac{n}{60}f_{\text{r}}$$

而刀具切削刃上任意一点的切向速度为

$$v_{\tau} = \frac{n}{60}(2\pi r)$$

则振动钻削切削刃上半径为 r 点的合速度为

$$v_{\text{h}} = \sqrt{v_{\tau}^2 + v_{\text{f}}^2} \tag{12.24}$$

因此由图 12.21 可知，振动钻削在起钻时的入切角度比普通钻削的入切角度大，所以入切不易打滑，比普通钻削容易起钻。

刀刃上半径为 r 的点的动态变化角度可表示为

$$\Delta\beta = \arctan\left(\frac{f_{\text{r}}}{2\pi r} + \frac{\omega A\cos 2\pi ft}{r}\right) \tag{12.25}$$

从上式可以看出，当相关参数确定后 $\dfrac{f_{\text{r}}}{2\pi r}$ 项为常数项，与普通切削相同，而 $\dfrac{fA\cos 2\pi ft}{rn}$ 则

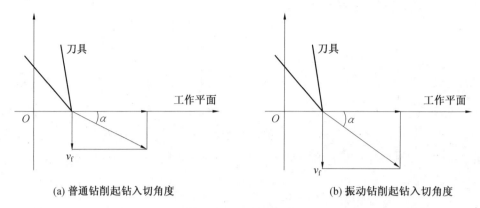

(a) 普通钻削起钻入切角度   (b) 振动钻削起钻入切角度

图 12.21　起钻入切角

随时间不停变化,是振动有关的量。因此,当切削刃上某点的动态角度变化量只随振动相位角呈周期性变化,角度变化如图 12.22 所示。

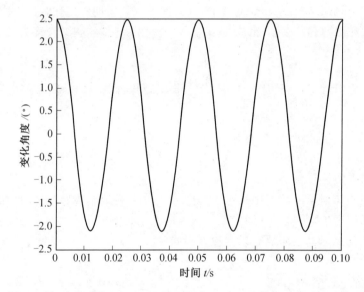

图 12.22　角度变化 $\Delta\beta(f_r=0.08$ mm/r, $r=4$ mm, $n=900$ r/min, $f=40$ mm/r, $A=0.06$ mm, $t\subset(0,0.1)$s)

由图 12.22 可以看出,由于振动的存在,刀具工作角度变化量 $\Delta\beta$ 在某一个区间内随时间呈周期性变化,因此振动钻削刀具角度变化情况如图 12.23 所示。

2. 实际工作角度控制

在振动钻削过程中,刀具实际工作情况如图 12.23 所示,刀具刃磨前角为 γ_0,刃磨后角为 α_0,在进给平面坐标系内,刀具前角和后角存在以下关系(β_0 表示刀刃任意点制造楔角):

$$\gamma+\alpha+\beta=90°$$

因此,动态前角和后角呈线性关系,则刀刃上半径为 r 点的实际工作角度可以表示为

$$\gamma_{0e}=\gamma_0+\Delta\beta \tag{12.26}$$

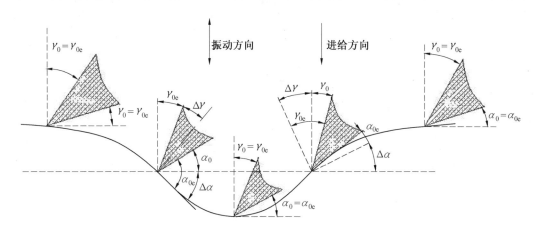

图 12.23　振动钻削刀具角度变化情况

$$\alpha_{0e} = \alpha_0 - \Delta\beta \tag{12.27}$$

由图 12.23 可知刀刃在工作过程中的角度变化情况,这种变化是可以通过调节振动参数和切削参数来控制的。而工作前角和工作后角的变化范围由动态角度的变化量的最大值 $\Delta\beta_m$ 来确定,而最大变化角度可表示为

$$\Delta\beta_m = \arctan\left(\frac{f_r}{2\pi r} + \frac{\omega A}{r}\right) \tag{12.28}$$

图 12.24 表示 $\Delta\beta_m$ 随 r 的变化情况,图中的曲线分别表示不同振幅下动态最大变化角度随离钻头轴心距离的变化情况,表明最大角度变化量 $\Delta\beta_m$ 随离切削刃上的点距离钻头中心轴线远近的变化而变化,离轴线越近,角度变化量越大,距离越远,变化量越小,同时 $\Delta\beta_m$ 也随频转比 ω 和振幅 A 的增大而增大。同样,动态工作前角和工作后角的最值与 $\Delta\beta_m$ 具有线性关系。因此,可以通过以上参数来控制工作前角和工作后角的大小,从而达到更优化的钻削效果。

在实际加工过程中,工作后角的最小值直接关系着钻头后到面的磨损,当后角过小甚至小于等于零时,其对钻削过程的影响极为恶劣,因此,加工过程中必须控制工作后角大于零,于是有 $\Delta\beta_m < \alpha_0$,即

$$\arctan\left(\frac{f_r}{2\pi r} + \frac{\omega A}{r}\right) < \alpha_0$$

进一步推算得

$$\frac{f_r}{2\pi} + \omega A < \alpha_0 r \tag{12.29}$$

因此,可以根据实际加工情况,先确定其中两个参数,再由上式来推算另外的加工参数,控制实际加工后角的大小,避免在加工过程中造成后刀面严重磨损。

3. 基本结论

从轴向振动钻削的运动轨迹入手,着重分析钻削刃的相邻运动轨迹之间的相互关系,揭示切削厚度的变化规律;分别讨论不分离型振动钻削和分离型振动钻削切屑的形成和断屑特点:

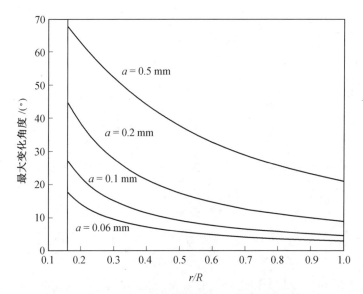

图 12.24　最大变化角度随 r/R 的变化曲线

$(f_r=0.8 \text{ mm/r}, n=900 \text{ r/min}, f=40 \text{ mm/r}, R=3 \text{ mm})$

不分离型切削为 $h_{\min}>0$，即 $\dfrac{f_r}{2}>2A|\sin i\pi|$ ：

(1)当 $i=0$ 时，切削厚度不变恒为 $h=f_r/2$。

(2)当 $i\neq0$ 时，切削厚度呈周期性变化，存在薄弱环节。

分离型切削为 $h_{\min}\leqslant0$：

(1)仅相邻两条切削刃轨迹相干涉时，$\dfrac{f_r}{4A}\leqslant\sin|i\pi|$，而 i 的取值范围为 $-0.5<i\leqslant$

$-\dfrac{1}{\pi}\arcsin\dfrac{f_r}{4A}$ 或 $\dfrac{1}{\pi}\arcsin\dfrac{f_r}{4A}\leqslant i<0.5$。

(2)当 $m(m>2)$ 条切削刃相干涉时，$\dfrac{(m-1)f_r}{4A}\leqslant|\sin(m-1)i\pi|$，而 i 的取值范围为

$|i|\leqslant\dfrac{1}{(m-1)\pi}\arcsin\dfrac{(m-1)f_r}{4A}$。

进一步推算出两种切削类型的理论切削长度，不足的是在不分离型振动钻削中 $i=0$ 的断屑情况还无法解释。两种类型切屑理论长度分别总结如下。

(1)分离型切屑理论长度：$l_c=\dfrac{n\pi}{30}Rt=\dfrac{\varphi_\Delta R}{\omega}$。

(2)不分离型切屑理论长度：$l_c=\dfrac{2\pi R}{\omega}$。

另外，从另一角度出发，探讨钻削过程中切削刃动态角度的变化，$\Delta\beta=$ $\arctan\left(\dfrac{f_r}{2\pi r}+\dfrac{\omega A\cos 2\pi ft}{r}\right)$，并分析工作角度变化量与相关参数的关系，着重分析动态工作后角工作时参数的选取情况，为变参数钻削加工提供理论依据。

12.3　基于二进小波理论的超声波振动金属切削技术与应用

超声波振动金属切削是振动金属切削的另一种有效技术。

12.3.1　测力系统组成原理

超声波振动金属切削测力系统,如图 12.25 所示。在水套筒上粘贴合适的应变片,通过导线连接到电桥盒形成电桥,通过 YD－28 型动态应变仪将测量信号放大,再由 A/D 板与计算机相连。

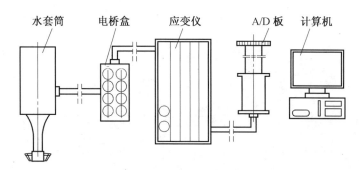

图 12.25　超声波振动金属切削测力系统

应变片电阻变化和应变的关系是通过灵敏系数 K 表示的。一般应变片的 K 值很小;机械应变通常在 $10^{-6} \sim 10^{-3}$ 范围内,因此测量电路应当能够精确测量这样小的电阻变化。桥式电路常用的电桥为惠斯顿电桥,它有四个电阻,其中任意一个都可以是应变片电阻。

电桥的一个对角接入输入电压 U,另一对角用来测量输出电压 E,如图 12.26 和图 12.27 所示。

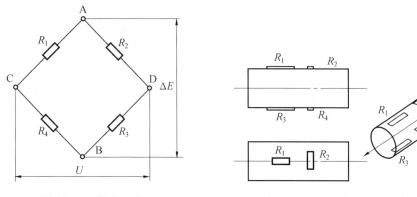

图 12.26　桥式电路　　　　图 12.27　全桥四应变片测拉力

输入与输出电压的关系为

$$E = \frac{R_1 R_3 - R_2 R_4}{(R_1 + R_2)(R_3 + R_4)} U$$

为了使测量的输出为零,即电桥平衡,应使 $R_1 R_3 = R_2 R_4$,则有

$$\Delta E = \frac{R_1 R_2}{(R_1 + R_2)^2} \left(\frac{\Delta R_1}{R_1} - \frac{\Delta R_2}{R_2} + \frac{\Delta R_3}{R_3} - \frac{\Delta R_4}{R_4} \right) V(1 - \eta)$$

式中，$\eta = \dfrac{1}{1 + \dfrac{R_2/R_1 + 1}{\Delta R_1/R_1 + \Delta R_4/R_4 + R_2/R_1(\Delta R_2/R_2 + \Delta R_3/R_3)}}$；$1 - \eta$ 为非线性系数。

当电阻应变片较小时，η 值接近于零，可以忽略不计，电压的输入输出接近线性关系。如果用半导体应变片测量较大的应变时，一般非线性不能忽略。

12.3.2　二进小波理论分析

一个函数 $\psi \in L_2(R)$ 满足条件

$$A \leqslant \sum_{j=-\infty}^{+\infty} |\hat{\psi}(2^{-j}\omega)|^2 \leqslant B$$

时，称 $\psi(t)$ 是一个二进小波。

对信号 $f \in L^2(R)$，记为

$$W_f^{(k)}(b) = f \cdot \psi^{2^k}(b) = 2^{-k} \sum_{-\infty}^{+\infty} f(t) \psi \left(\frac{b-t}{2^k} \right) \mathrm{d}t \tag{12.30}$$

式中，$\psi^{2^k}(t) = \dfrac{1}{2^k} \psi \left(\dfrac{t}{2^k} \right)$。

称函数列 $\{ \hat{W}_f^{(k)}(b), k \in \mathbf{Z} \}$ 为信号 $f \in L^2(R)$ 的二进小波变换。

由卷积定理知：

$$\hat{W}_f^{(k)}(\omega) = \hat{f}(\omega) \hat{\psi}(2^k \omega)$$

如此，二进小波的条件就可以等价地表示为 $\forall f \in L^2(R)$，总有关系式：

$$A \| f \|_2^2 \leqslant \sum_{k=-\infty}^{+\infty} \| W_f^{(k)} \|_2^2 \leqslant B \| f \|_2^2 \tag{12.31}$$

由积分变换知：

$$\int_1^2 \frac{|\hat{\psi}(2^{-j}\omega)|^2}{\omega} \mathrm{d}\omega = \int_{2^{-j}}^{2^{-j+1}} \frac{|\hat{\psi}(\omega)|^2}{\omega} \mathrm{d}\omega \tag{12.32}$$

对一切 $j \in \mathbf{Z}$ 都成立时，两边都乘以 $1/\omega$，并在区间 $(1,2)$ 上对 ω 进行积分，得

$$A\ln 2 \leqslant \int_0^\infty \frac{|\hat{\psi}(\omega)|^2}{\omega} \mathrm{d}\omega \leqslant B\ln 2 \tag{12.33}$$

类似地，

$$A\ln 2 \leqslant \int_0^\infty \frac{|\hat{\psi}(-\omega)|^2}{\omega} \mathrm{d}\omega \leqslant B\ln 2 \tag{12.34}$$

总之，此时 $\tau(t)$ 满足小波母函数的要求，即二进小波必为基本小波。

对于函数 $\tau = \in L^2(R)$ 满足：

$$\sum_{-\infty}^{+\infty} \hat{\psi}(2^k \omega) \hat{\tau}(2^k \omega) = 1$$

则称 $\psi(t)$ 为对应于二进小波 $\psi(t)$ 的重构小波。

若取 $\hat{\tau}(t)$ 为

$$\hat{\tau}(t) = \hat{\psi}(\bar{\omega}) / \sum_{-\infty}^{+\infty} \left| \hat{\psi}(2^k \omega) \right|^2$$

则 $\tau(t)$ 为一个重构小波。

对 $\forall f \in L^2(R)$ 的任何重构小波 $\tau(t)$ 在法 $f(t)$ 的连续点 t_0 有

$$\sum_{j=-\infty}^{+\infty} \int_{-\infty}^{+\infty} W_f^{(k)}(b) \cdot 2^j \tau \left[2^j (t_0 - b) \right] \mathrm{d}\tau$$

$$= \sum_{j=-\infty}^{+\infty} \frac{1}{2\pi} \int_{-\infty}^{+\infty} \hat{f}(\omega) \hat{\psi}(2^{-j}\omega) \hat{\tau}(2^{-j}) e^{i\omega t_0} \mathrm{d}\omega$$

$$= \frac{1}{2\pi} \int_{-\infty}^{+\infty} \hat{f}(\omega) e^{i\omega t_0} \mathrm{d}\omega = f(x_0) \tag{12.35}$$

这就是二进小波变换的反演公式。

12.3.3　振动金属切削模型的改进

原有超声波振动金属切削力模型是利用傅里叶级数描述的,脉冲切削力波形如图 12.28 所示。

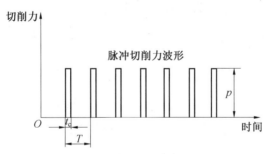

图 12.28　振动金属切削力的波形

此时,振动金属切削力模型为

$$p(t) = \frac{t_c}{T} p + \frac{2}{\pi} p \sum_{n=1}^{\infty} \frac{1}{n} \sin \frac{t_c}{T} \pi \cos n\omega t$$

傅里叶级数分析时,把切削力理想化为周期性的脉冲力,看作平稳信号的叠加。对于非平稳信号,即使知道它过去的历史状况,都将出现不可预报的突发事件,因此采用傅里叶分析方法是有缺陷的。采用小波分析,即时间－频度方法可以有效地描述脉冲状态的切削力历程。

1. 振动金属切削小波描述

从切削力测得的结果看,脉冲力出现的周期 T 不再是常值,而总是在移动范围内变动,脉冲力的大小亦不是典型的矩形波。振动频率是时间的函数。从高频示波器观察到的振动金属切削力波形如图 12.29 所示。

信号的傅里叶分析显示不了信号每一分量发射的瞬时位置和持续时间,一种比较恰当的表示应当集两种互补描述的优点,并用一个离散的刻画表示,以适应计算处理的需要。

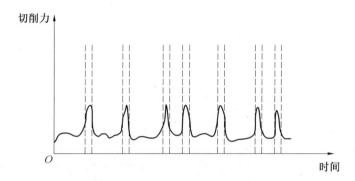

图 12.29　振动金属切削力波形

小波理论将信号在时间－频率相平面展开,导致时间－频率原子的调制描述,同时时间－频率原子的选择取决于信号在时间－频率相平面上的能量分布。

时间－频率原子:

$$W(t) = h^{1/2} g\left(\frac{t-t_0}{h}\right) \exp(i\omega t)$$

式中,$g(t) = \pi^{-1/4} \exp\left(-\frac{1}{2}t^2\right)$;$\omega$ 为 $W(t)$ 的平均频率;h 为 $\omega(t)$ 的持续时间。

$t_0 - h$、$t_0 + h$ 分别为 $\omega(t)$ 的起点和终点。

$W(t)$ 记为 $W(t,\omega,t_0,h)$,这样基本原子族$\{W(t,\omega,t_0,h);\omega \in R, t_0 \in R, h > 0\}$ 是如此丰富,每个信号分解成时间－频率原子的线性组合时都有无穷多种描述,并因此允许根据某种原则选择其中的最优描述。小波理论所描述的数学模型为

$$p(t) = f(t) = p^{-1/4} g\left(\frac{t-t_0}{\sqrt{p}}\right) \exp\left(i \frac{h}{2p}t^2\right) \tag{12.36}$$

2. 实验原理与方法

机床:CK6142。

主轴转速:30～630 r/min。

振动参数:频率 17.8～21.8 kHz。

振幅:$a = 10 \sim 15\ \mu$m。

加工试件:ϕ42 mm×200 mm,其上制有退刀槽。

材料:45(正火),20CrMnTi。

切削用量:$v_c = 3.76 \sim 79.13$ m/min。

$f = 0.04 \sim 0.15$ mm/r。

$a_p = 0.02 \sim 2.0$ mm。

刀具几何参数:$\gamma = 15° \sim 5°$,$\alpha_0 = 6°$,$\alpha_0' = 10°$,$\lambda_s = 0°$,$K_r = 75°$。

部分加工程序如下,加工试件工作图如图 12.30 所示。

3. 试件圆度误差测量

对轴类零件,如图 12.30 所示,其圆度误差的测量可用两中心孔的轴线 A—B 为公共基准,直接测量圆柱体截面轮廓上各点到基准轴线的半径差,按最小区域法或最小二乘法

计算出圆度误差值。圆度误差可用凸轮轴检查仪测量。

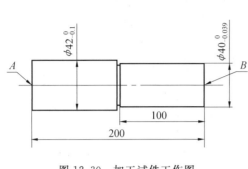

图 12.30　加工试件工作图

M26
S205
M03
T101
G04
X3.0
G00 X5.0 Z5.0
G77 X－1.5 Z－100,F0.2
X－0.589
G00 X150.0 Z200
M05
M30

（1）按最小区域法评定圆度误差。

最小区域法是指包容实际轮廓的两个半径差为最小的同心圆,包容时至少应有四个实测点内外相间地分别分布在两个圆上,如图 12.31 所示。具体方法如下。

①将所测各值均减去最小值,如此各相对读数均为正值。

按适当比例放大后,将各相对读数依次标记在极坐标纸上。

②将透明的同心圆模版覆盖在极坐标图上,在图上移动该模版,使某两个同心圆包容所标记的各点,而且此两圆之间的距离为最小。此时至少应有四个点顺次交替地落在两个圆的圆周上。图中,a、c 两点在内接圆上,b、d 两点在外接圆上,其余各点均被包容在两圆之间,则此两圆形成最小区域圆,圆心在 O 点,两圆之间的距离为 3 格。若每个标定值为 2,则此圆度误差为 6 μm。

（2）按最小二乘法评定圆度误差。

最小二乘法是指实际轮廓上各点到此圆的距离之平方和为最小。此圆的中心为圆心,作两圆包围的实际轮廓,两圆上至少应各有一个实测点。取两圆的半径差作为圆度误差。

设以各测点的度数代表实际轮廓上各点到回转中心的距离 r_i。测点数 n,其余符号同图 12.32。计算步骤如下。

求最小二乘圆,确定其圆心 (a,b) 与半径 R：

$$a = \frac{1}{n} \sum_{i=1}^{n} r_i \cos \theta_i \quad \left(\theta_i = i\theta = i\frac{360°}{n} \right)$$

$$b = \frac{1}{n} \sum_{i=1}^{n} r_i \sin \theta_i \quad \left(\theta_i = i\frac{360°}{n} \right)$$

$$R = \frac{1}{n} \sum_{i=1}^{n} r_i \quad (i = 1,2,3,\cdots,n)$$

求实际轮廓上各点与最小二乘圆的距离：

$$\Delta R_i = r_i - (R + a\cos\theta_i + b\sin\theta_i)$$

计算圆度误差：

$$f = \max\{\Delta R_i\} - \min\{\Delta R_i\}$$

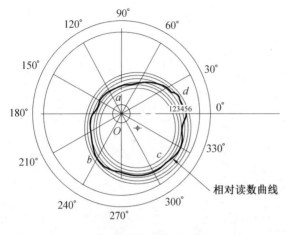

图 12.31　最小区域法

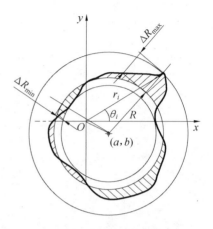

图 12.32　最小二乘法

4. 测量结果与分析

对试件 45 钢振动金属切削圆度误差测得结果见表 12.5。

表 12.5　圆度误差*

切削速度 v_c/(m·min^{-1})	进给量 f/(mm·r^{-1})	切削深度 a_p/mm	圆度误差/μm
3.77	0.1	0.5	2.0
5.65	0.1	0.5	1.8
8.16	0.1	0.5	1.5
11.93	0.1	0.5	0.9
17.58	0.1	0.5	1.2
25.75	0.1	0.5	2.2
37.68	0.1	0.5	2.6
54.01	0.1	0.5	3.7
79.13	0.1	0.5	5.3

* 注：振动参数 f_r＝17.8～21.8 kHz；振幅 a＝10～15 mm。

（1）表面粗糙度测量。

运用电感式轮廓仪进行测量，电感式轮廓仪组成与工作原理如图 12.33 所示。当传感器的触针沿工件表面均匀滑动时，工件表面的微观不平度使针尖上下移动。传感器把触针的运动转变成电信号，经电放大，再运算处理，可在记录仪上画出工件表面轮廓的放大图，或由平均表直接读出表面粗糙度 Ra 的数值。轮廓仪的放大比及取样长度参照表12.6。

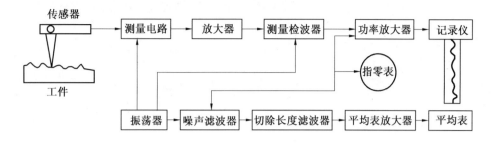

图 12.33 电感式轮廓仪组成与工作原理

表 12.6 轮廓仪的放大比及取样长度选择

表面粗糙度预期范围 Ra/μm	用指示表读数			用记录仪时垂直放大倍数
	垂直放大倍数	取样长度/mm	有效行程长度/mm	
6.3	×500	2.5	7	×500~×1 000
3.2	×500~×1 000			
1.6	×1 000~×2 000	0.8	4	×500~×2 000
0.8	×2 000~×5 000			×2 000~×5 000
0.4	×5 000~×10 000			×2 000~×10 000
0.2	×10 000~×20 000	0.25	2	×5 000~×20 000
0.1	×20 000~×50 000			×10 000~×50 000
0.050	×50 000			×20 000~×100 000
0.025	×100 000			

(2)记录图形的数学处理。

① 在取样长度 L 范围内,用目估法作出一条与轮廓中线平行的直线定为 Ox' 轴。

② 将 Ox 轴等分若干段(一般在一个峰谷间至少包含 5 个以上的点),量取从 Ox' 轴至轮廓曲线的垂直距离,记为 h_i,取 h_i 的平均值 a 为中线坐标(图 12.34):

$$a = \frac{1}{n}(h_1 + h_2 + \cdots + h_n) = \frac{\sum_{i=1}^{n} h_i}{n}$$

式中,n 为分段数。

轮廓上各点至中线的距离为

$$y_i = h_i - a$$

③ 计算 Ra 值。

$$Ra = \frac{1\,000 \times \sum_{i=1}^{n} |y_i|}{Mn}$$

式中,M 为轮廓图的垂直放大倍数。

④按上述方法求出取样长度上 5 个 Ra 值,取其平均值,得出在取样长度上的粗糙度。表面粗糙度部分测量结果及与非振动金属切削的比较(切 45 钢),见表 12.7。

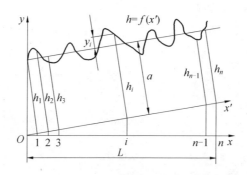

图 12.34　用目估法求轮廓中线

表 12.7　部分粗糙度测量值及与非振动金属切削的比较

切削速度 $v_c/(\text{m} \cdot \text{min}^{-1})$	进给量 $f/(\text{mm} \cdot \text{r}^{-1})$	切削深度 a_p/mm	表面粗糙度 $Ra/\mu\text{m}$	
			振动金属切削	非振动金属切削
3.77	0.1	0.5	1.25	3.89
5.65	0.1	0.5	1.13	3.63
8.16	0.1	0.5	0.86	3.41
11.93	0.1	0.5	0.74	3.28
17.58	0.1	0.5	0.64	2.91
25.75	0.1	0.5	0.75	2.77
37.68	0.1	0.5	0.89	2.42
54.01	0.1	0.5	2.50	1.86
79.13	0.1	0.5	3.70	1.54

（3）主切削力测量。

先观察一下测量结果，见表 12.8。

表 12.8　切 45 钢时主切削力

切削速度 $v_c/(\text{m} \cdot \text{min}^{-1})$	进给量 $f/(\text{mm} \cdot \text{r}^{-1})$	切削深度 a_p/mm	主切削力 F_z/N	
			振动金属切削	非振动金属切削
3.77	0.1	0.5	46	97
5.65	0.1	0.5	60	117
8.16	0.1	0.5	63	126
11.93	0.1	0.5	70	143
17.58	0.1	0.5	77	155
25.75	0.1	0.5	84	173
37.68	0.1	0.5	102	215
54.01	0.1	0.5	115	245
79.13	0.1	0.5	130	272

（4）运用小波理论的实验分析。

机械加工时通常避免工艺系统产生振动，那么，为什么人为设置振源让系统振起来？

通常把要用动力学研究的切削现象进行平均化，再用静力学方法进行分析。也就是说，在切削动力计算时，测出一个可能是恰当的数值——平均切削力，把图中所示实际切削力理想化，再试图静力学分析之，是不合理的，因而是不可行的。实际情况是振动金属切削巧妙地利用了过渡现象，它所形成的脉冲切削力和切削热带来了各种良好的切削效果。

振动金属切削力度化规律如图 12.35 所示。虽然振动金属切削周期和脉冲切削力发生微量变化，刀具在每一个振动周期内的纯切削时间是非常短的，刀具沿切削方向的实际切削长度非常小，在极短时间内完成微量切削，而刀具在很小位移上得到很大的瞬时速度和加速度，在局部产生很高的能量，切削力减小到非振动金属切削的 1/3。

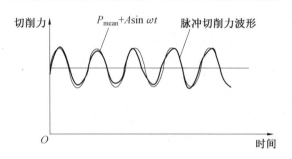

图 12.35　振动金属切削力波形与描述

由于振动金属切削过程中引起试件弹－塑性变形小和接触表面的摩擦系数显著下降，切削力与切削热都以脉冲形式出现，切屑变形小，切屑几乎不氧化变色，已加工表面粗糙度下降，圆度误差减小。

本 章 小 结

本章主要在振动金属切削理论研究、连续冲击载荷作用下激发应力波和应力波的累积作用助力裂纹生长而成屑机理探索的基础上，通过低频振动在车削、钻孔和超声波振动金属切削中的应用技术，连同相应的振动金属切削试验，不仅证明了振动金属切削的独特工艺效果，而且直接或间接揭示出振动金属切削在使能相同的情况下，比照非振动金属切削，通过持续冲击载荷，形成应力波传播累积效应，获得切削能量相对集中、显著超越静态断裂强度的局部动态应力强度因子，从而在宏观上提高系统刚度，降低切削力，易于成屑，已加工表面集聚微小韧窝。

参 考 文 献

[1] MILTON C. Metal cutting principles[M]. Oxford:Oxford University Press，1984:
126-232.

[2] 陶乾. 金属切削原理[M].北京:中国工业出版社,1962:1-24.

[3] SHORE H. Tool and chip temperatures in machine shop practice[D]. Cambridge:
MIT,1925.

[4] 刘宜,王划一. 热电偶的温度特性[J]. 山东工业大学学报,1991, 21(3):48-52.

[5] 黎志仁.重型车削测力仪的研制[J]. 哈尔滨科学技术大学学报,1989(3):1-9.

[6] 袁哲俊.电阻应变片式测力仪设计中几个问题的探讨[J].哈尔滨工业大学学报,1979
(3):31-51.

[7] STEPHENSON D A，BANDYOPADHYAY P. Process independent force charac-
terization for metal cutting simulation[J]. ASME Journal of Engineer Materials and
Technology, 1997,119:86-94.

[8] BHDAK E, ALATINTAS Y, ARMERAGO E J. Prediction of milling force
coefficients from orthogonal cutting data[J]. ASME Journal of Manufacturing
Science and Engineering, 1996,118:216-224.

[9] ARSECULARATNE J A, FOWLE R F，MATHEW P. Prediction of cutting forces
in machining with restricted contact tools[J]. International Journal of Machine
Tools and Manufacture, 1997, 1(1):95-112.

[10] DAVIES M A, CHOU Y, EVANS C J. On chip morphology tool wear and
cutting mechanics in finish hard turning[J]. Annals of the CIRP, 1996, 41(1):
77-82.

[11] HURTADO J F, MELKOTE S N. A model for the prediction of reaction forces
on a 3-2-1 machining fixture[J]. Trans NAMRI/SME,1998(26):335-340.

[12] FINNRE I, SHAW M C. The friction process in metal cutting[J]. ASME, 1956
(78):1649-1657.

[13] BOWDEN F P, TABOR D. The friction and lubrication of solids[M]. New York:
Oxford University Press, 1954:90-121.

[14] JOHNSON K L. Adhesion and friction between a smooth elastic asperity and a
plane surface[J]. Pro R Soc, 1997(453):163-179.

[15] JOHNSON K L. The contribution of micro/nano tribology to the interprediction
of dry friction[J]. Proceedings of the Institution of Mechanical Engineers and Me-
chanical Engineering Science, Part C, 2000, 214(C1):11-22.

[16] SMITHEY D W. Prediction of worn tool forces in metal cutting with tool flank contact analysis[D]. Champaign：University of Illinois at Urbaba-Champaign，1999.

[17] ARSECULARATNE J A，FOWLE R F，MATHEW P，et al. Prediction of tool life in oblique machining with nose radius tools[J]. Wear，1996，198：220-228.

[18] DAS S，ROY R，CHATTOPADHYAY A B. Evaluation of wear of turning carbide inserts using neural networks[J]. International Journal of Machine Tools and Manufacture，1996，36(7)：789-798.

[19] AKL JAMES，ALLADKANI FADI，CALLI BERK. Towards robotic metal scrap cutting：A novel workflow and pipeline for cutting path generation[C]. Lyon：Proceedings of IEEE International Conference on Automation Science and Engineering，2021.

[20] KOBAYASHI S，THOMEN E G. The role of friction in metal cutting[J]. ASME Journal of Engineering for Industry，1960，82：324-332.

[21] 朱名鲁. 刀具磨损估计的多信号人工神经网络方法研究[J]. 工具技术，1995，11：35-38.

[22] TANSEL I N，ARKAN T T，BAO W Y，et al. Tool wear estimation in micro-machining. Part I：Tool usage-cutting force relationship[J]. International Journal of Machine Tools and Manufacture，2000，40(4)：597-608.

[23] 袁哲俊. 金属切削试验技术[M]. 北京：机械工业出版社，1987：12-84.

[24] LI H，LI X. Modeling and simulation of chatter in milling using a prediction force model[J]. International Journal of Machine Tools and Manufacture，2000，40(14)：2047-2071.

[25] MORI K，MIGAZAKI M，OSAKADA K. Prediction of fracture in sintering of ceramic powder compact[J]. International Journal of Machine Tools and Manufacture，1997，37(3)：1327-1336.

[26] KISHAWY H A，ELBESTAWA M A，On the mechanics and properties of chip formation during machining of hardened steel[J]. International Proceedings of the Int MATADOR Conference，1997，9-10：253-258.

[27] LEE E H ，SHAFFER B W. The theory of plasticity applied to a problem of machining[J]. Journal of Applied Mechanics，1951，18：405-413.

[28] JOHSON W，MELLOR P B. Engineering plasticity [M]. New York：Van Nostrand Reinhold，1973：383-387.

[29] JIANG Xudong，XIAO Dehan，TENG Xiaoyan. Influence of vibration parameters on ultrasonic vibration cutting micro-particles reinforced SiC/Al metal matrix composites[J]. International Journal of Advanced Manufacturing Technology，2022，119(9-10)：6057-6071.

[30] 张合义. 一种新的光弹应力分析方法[J]. 力学学报，1980，3：289-292.

[31] ZOREV N N. Inter-relationship between shear processes occurring along tool face

and shear plane in metal cutting[M]. New York:ASME, 1963:42-49.

[32] USUI E, SHIRAKASHI T. Mechanics of machining from descriptive predictive theory: On the art of cutting metals—75 years later[G]. New York: ASME Publication PEDT, 1982:13-35.

[33] FENTON R G, OXLEY P L B. Mechanics of orthogonal machining predicting chip geometry and cutting forces from work-material properties and cutting conditions[J]. Proceedings of Institute of Mechanical Engineering, 1970, 184: 927-942.

[34] 魏庆同. 关于应力切削的研究[J]. 甘肃工业大学学报, 1990(4):24-29.

[35] OEZEL T, ALTAN T. Determination of a workpiece flow stress and friction at the chip-tool contact for high-speed cutting[J]. International Journal of Machine Tools & Manufacture, 2000, 40(1):133-152.

[36] KIM K, SIN H. Development of a thermo-visco-plastic cutting model using finite element method[J]. International Journal of Machine Tools & Manufacture, 1996, 36(3):379-397.

[37] SHELBOURN A M, ROBERTS W T, TRENT E M. Structures of machine steel chips[J]. Materials Science and Technology, 1985, 1(2):187-192.

[38] KOBAYASHI S, OH S, ALTAN T. Metal forming and the finite element method [M]. New York:Oxford University Press,1989:112-176.

[39] WENG C I, LIN J S. A nonlinear dynamic model of cutting[J]. International Journal of Machine Tools & Manufacture, 1990, 30(1):53-64.

[40] HILL R. Some basic principles in the mechanics of solids without a natural time [J]. Journal of Mechanical Solids, 1959, 7:209-225.

[41] CHILDS T H C, MAEKAWA K. A computer simulation approach towards the determination of optimum cutting conditions [C]. USA: Proceedings of International Conference of Strategies for Automation in Machining, ASM, 1987.

[42] JOHN T, JOHN S. Finite element models of orthogonal cutting with application to single point diamond turning[J]. International Journal of Mechanical Science, 1990, 30(12):899-908.

[43] GU Lizhi. The modified lagrangian finite element method for predicting shear angle in orthogonal metal machining[G]. Khabarovsk:The Technical Process Problems of the Far East Region,Press of Khabarovsk State Technical University, 1993:73-78.

[44] 郭强,董丽华,李振加. 不同槽型铣刀片的切削温度分析[J]. 工具技术, 2000,34 (9):3-5.

[45] 董丽华. 三维槽型刀片面铣刀切削机理及其 CAD/CAM 的研究[D]. 哈尔滨:哈尔滨工业大学,1999.

[46] STRENKOWSKI J S, MOON K J. Finite element prediction of chip geometry and

tool and workpiece temperature distribution in orthogonal metal cutting[J]. Journal of Industrial Engineering, Trans of ASME, 1990,1129:313-318.

[47] MURARKA P D, BARROW G, HINDUJA S. Influence of the process variables on temperature distribution in orthogonal machining using finite element method [J]. International Journal of Mechanical Science, 1979, 21(8): 445-456.

[48] TAY A O, STEVENSON M G, VAHL D G. Using the finite element method to determine temperature distributions in orthogonal machining [C]. [S. l.]: Proceedings of Institution for Mechanical Engineers,1974,188:627-638.

[49] SARATH S,PAUL P S, SHYLU D S, et al. Study on the effect of polyurethane-based magnetorheological foam damper on cutting performance during hard turning process[J]. Smart and Sustainable Manufacturing Systems, 2022, 6(1): 37-52.

[50] BRUNOT A W, BUCKLAND F F. Thermal contact resistance of laminated and machined joints[J]. Trans ASME, 1949,71: 253-257.

[51] ERNST H, MERCHANT M E. Chip formation friction and high quality machined surface[J]. ASM, 1941, 29: 786-795.

[52] ZHOU Jiakang, LU Mingming, LIN Jieqiong, et al. Elliptic vibration assisted cutting of metal matrix composite reinforced by silicon carbide: An investigation of machining mechanisms and surface integrity[J]. Journal of Materials Research and Technology, 2021, 15: 1115-1129.

[53] GU Lizhi, LIU Xiuqin. The study on computer simulation of tool crater[C]. Nanjing:Proceedings of the International Symposium on IKIM'95, 1995:125-132.

[54] HIBBITT H D, MARCAL P V, RICE J R. A finite element formulation for problems of large strains and large displacement[J]. International Journal of Solids and Structures, 1970, 6:1069-1078.

[55] HILL R. Some basic principle in mechanics of solids without a natural time[J]. Journal of Mechanics of Solids,1959,7:209-218.

[56] BLACK J T. On the fundamental mechanism of large strain plastic deformation [J]. Trans of the ASME, Series B, 1971,63(2):168-179.

[57] KATY Z, RUBESTAIN C. The influence of tool-chip contact length on cutting behaviour and its use in tool selection[J]. Annals of the CIRP, 1976, 25(1): 34-39.

[58] JAWAHIR I S, VAN LUTTERVELT C A. Recent developments in chip control research and applications[J]. Annals of the CIRP, 1993,42(92):659-693.

[59] PYTTEL T, JOHN R, HOOGEN M. A finite element base for the description of aluminium sheet blanking [J]. International Journal of Machine Tools & Manufacture, 2000, 40(14):1993-2002.

[60] GU Lizhi, ZHAO Lijie, LONG Zheming, et al. The finite element method for

metal machining and its convergent iteration[G]. Harbin: Harbin Engineering U-
niversity Press, 1994:49-54.

[61] GU Lizhi. Process orientated metal machining expert system[C]. Beijing: China
Machine Press, 1995: 326-330.

[62] GU Lizhi. Study on computer system for decision-making of metal machining[C].
Beijing: China Machine Press, 1995: 25-27.

[63] MCMEEKING R M, RICE J R. Finite element formulations for problems of large
elastic-plastic deformation[J]. International Journal of Solids and Structures,
1975, 11:49-54.

[64] ELBESTAWI M A, SRIVASTAVA A K, EL-WARDARY T I. A model of chip
formation during machining of hardened steel[J]. Annals of the CIRP, 1996, 45
(1):71-76.

[65] FU Jianzhong. Fuzzy predictive modeling of thermal errors of machining Process
[M]. Beijing: China Machine Press, 1995:585-586.

[66] GERALD G, TRANINA G. The modeling of a plastic data base[J]. Mechanical
Engineering, 1988, 110(6):82-86.

[67] YANG Duan, LI Hou, SONG Leng. A novel cutting tool selection approach based
on a metal cutting process knowledge graph[J]. International Journal of Advanced
Manufacturing Technology, 2021, 112(11-12): 3201-3214.

[68] MAEKAWA K, SHIRAKASHI T. Using flow stress of low carbon steel at high
temperature and strain rate (Part 2)[J]. Bulletin of Span Society of Precision En-
gineering, 1983, 17(3):167-172.

[69] YAGHMAI S, POPOV E P. Incremented analysis of large deflections of shells of
revolution[J]. International Journal of Solids and Structures, 1971, 7(10):
1375-1393.

[70] MASALIMOV K A, MUNASYPOV R A, FETSAK S I, et al. Diagnostics of the
tool condition in metal-cutting machines by means of recurrent neural networks
[J]. Russian Engineering Research, 2021, 41(3):252-256.

[71] ARGYRS J H, BUCK K E, GRIEGER I, et al. Application of the matrix
displacement method to the analysis of pressure vessels [J]. Journal of
Engineering, Industrial Transactions, ASME, 1970, B(2):317-329.

[72] VITKU S. Explicit expressions for triangular element stiffness matrix[J]. AIAA
Journal, 1968, 6:1174-1176.

[73] BELYSCHKO T. Finite elements for axisymmetric solid under arbitrary loadings
with nodes on origin[J]. AIAA Journal, 1972, 10:1532-1533.

[74] SARORIS S, BALSAM A. A mathematical model of thermal deformations in
cartesian coordinate machines[J]. Acta/MEKO, 1991:820-825.

[75] BALSAM A, MARQUES D, SARTORIS S. A Method for thermal-deformation

corrections of CMMS[J]. Annals of the CIRP，1990,39(1):557-560.

[76] KIM Y，SHIN S，CHO H. Predictive modeling for machining power based on multi-source transfer learning in metal cutting［J］. International Journal of Precision Engineering and Manufacturing-Green Technology，2022，9（1）：107-125.

[77] STRENKOWSKI J S,MOON K J. Finite element prediction of chip geometry and tool/workpiece temperature distribution in orthogonal metal cutting[J]. J Engi, Ind Trans of AMSE，1990,112(4):313-318.

[78] 虞万钟,王镇. 有限元法计算热浸度 55Al－Zn 钢丝的温度分布[J]. 山东工业大学学报,1991,21(1):40-45.

[79] REDDY，CHAITANYA M，VENKATA RAO，et al. An experimental investigation and optimization of energy consumption and surface defects in wire cut electric discharge machining［J］. Journal of Alloys and Compounds，2021，861:158582.

[80] HONG S Y，DING Y，EKKENS R G. Improving low carbon steel chip breakability by cryogenic chip cooling[J]. International Journal of Machine Tools & Manufacture，1999，39(7):1065-1086.

[81] WANG Taiyong，MENG Changhong. Function and architecture of intelligent metal cutting data base system［C］. Shanghai:Proceedings of ICC&IE'95,1995:569-571.

[82] PEREIR A，JUAN C，ZUBIRI F，et al. Study of laser metal deposition additive manufacturing，CNC milling，and NDT ultrasonic inspection of IN718 alloy preforms［J］. International Journal of Advanced Manufacturing Technology，2022，120(3-4)：2385-2406.

[83] VICKERS G W，PLUMTREE A，SOWERBY R，et al. Simulation of heading press[M]. [S. l.]:Trans ASME J Eng Mater Technical，1975:126-135.

[84] 韩继曼,王岩,王淮. 面向制造的箱体类零件 CAPP 工艺决策优化方法[J]. 制造自动化现代技术研究,1999(8):61-64.

[85] CHITKARA N R，BHUTTA M A. Computer simulation to predict stress，working pressures and deformation models in near-net shape heading of a tapered circular bolt with a square head[J]. International Journal of Machine Tools & Manufacture，2000，40(13) :1849-1878.

[86] OEZEL T，ALTAN T. Modeling of high speed machining processes for predicted tool forces，stress，and temperatures using FEM simulation[C]. GA:Proceedings of CIRP，International Work Shop on Modeling of Machining Operations，Atlanta，1998,2B(s):1-10.

[87] LIAO Y J，HU S J，STEPHENSON D A. Fixture layout optimization:Simulation results[J]. Trans NAMRI/SME，1998,26:341-346.

[88] KISHAWY H A, ELBESTAWI M A. Effects of process parameters on material side flow during hard turning[J]. International Journal of Machine Tools & Manufacture, 1999, 39(7):1017-1030.

[89] RAO S S, HATI S K. Computerized selection of optimum machining conditions [J]. Trans ASME, J Eng Industry, 1978,100:356-362.

[90] 张军,唐文彦.切削振动条件下的表面轮廓仿真分析[J].工具技术,2000,34(2):44-46.

[91] LEI S, SHIN Y C, INCROPERA F P. Thermo-mechanical modeling of orthogonal machining process by finite element analysis[J]. International Journal of Machine Tools & Manufacture, 1995, 39 (5):731-750.

[92] STRENKOWSKI J S, CARROLL J T. A finite element model of orthogonal metal cutting[J]. ASME, Journal of Engineering for Industry, 1985,107:346-354.

[93] DOSKO S, UTENCOV V, SPASENOV A, et al. Automation of the monitoring in metal cutting operations as fast-variable processes using artificial intelligence methods [J]. Lecture Notes on Data Engineering and Communications Technologies, 2022, 119:170-180.

[94] THIMM B, STEDEN J, GLAVAS A. Modeling of thermally induced material softening in uncoupled constitutive equations for the application in metal cutting simulations[C]. Proceedings of CIRP, 18th CIRP Conference on Modeling of Machining Operations, CMMO 2021, 102: 417-422.

[95] KOMVOPOULOS K, ERPENBECK S A. Finite element modeling of orthogonal metal cutting [J]. ASME, Journal of Engineering for Industry, 1991, 113:253-267.

[96] 顾立志,刘宇辉.基于刀具耐用度的切削用量优化[M]. 北京:机械工业出版社,1995:375-378.

[97] MAEKAWA K, OHHATA H, KITIGAWA T, et al. Simulation analysis of machinability of leaded Cr-Mo and Mn-B structural steels[J]. Journal of Materials Processing Technology, 1996,62:363-369.

[98] ORTIZ DE ZARATE GORKA, MADARIAGA AITOR, ARRAZOLA PEDRO J, et al. A novel methodology to characterize tool-chip contact in metal cutting using partially restricted contact length tools[J]. CIRP Annals, 2021, 70(1): 61-64.

[99] AFRASIABI M,KLIPPEL H,ROETHLIN M, et al. An improved thermal model for SPH metal cutting simulations on GPU[J]. Applied Mathematical Modelling, 2021,100: 728-750.

[100] LI X P, NEE A Y C, WONG YS, et al. Theoretical modeling and simulation of milling forces[J]. Journal of Materials Processing Technology, 1999, 89-90:266-272.

[101] SHIH A J, CHANDRASEKAR S, YANG H T. Finite element simulation of

metal cutting process with strain-rate and temperature effects［J］. ASME Publication PED,1990,43:11-24.

［102］ ONONIWU N, OZOEGWU H, CHIGBOGU G, et al. Characterization, machinability studies, and multi-response optimization of AA 6082 hybrid metal matrix composite ［J］. International Journal of Advanced Manufacturing Technology,2021, 116(5-6): 1555-1573.

［103］刘维民,薛群基.摩擦学研究及发展趋势［J］.中国机械工程,2000,11(2):77-79.

［104］BERGS T. Digital image correlation analysis and modelling of the strain rate in metal cutting［J］. CIRP Annals, 2021, 70(1): 45-48.

［105］ ZHUANG Kejia, FU Changni, WENG Jian, et al. Cutting edge micro geometries in metal cutting: A review［J］. International Journal of Advanced Manufacturing Technology, 2021, 116(7-8): 2045-2092.

［106］GRIGORIEV S, VERESCHAKA A, MILOVICH F, et al. Investigation of the tribological properties of Ti-TiN-(Ti, Al, Nb, Zr)N composite coating and its efficiency in increasing wear resistance of metal cutting tools［J］. Tribology, International, 2021, 164:127236.

［107］ABOURIDOUANE M, BERGS T, SCHRAKNEPPER D, et al. Friction behavior in metal cutting: Modeling and simulation ［J］. Procedia CIRP, 2021, 102: 405-410.

［108］ KISHAWY H A, AHMED W, MOHANY A. Analytical modeling of metal cutting process with self-propelled rotary tools ［J］. CIRP Journal of Manufacturing Science and Technology, 2021, 33: 115-122.

［109］LI Junli, HUANG Ziru, LIU Gang, et al. An experimental and finite element investigation of chip separation criteria in metal cutting process［J］. International Journal of Advanced Manufacturing Technology, 2021, 116(11-12): 3877-3889.

［110］KOLHATKAR A, PANDEY A. Experimental and computational investigation of the impact of geometry variation on rollover in sheet metal cutting［J］. Lecture Notes in Engineering and Computer Science, 2021, 2242:241-246.

［111］ NAIK S, DAS S R, DHUPAL D. Experimental investigation, predictive modeling, parametric optimization and cost analysis in electrical discharge machining of Al － SiC metal matrix composite［J］. Silicon, 2021, 13 (4): 1017-1040.

［112］MOKHTARI A, JALILI M M, MAZIDI A. Optimization of different parameters related to milling tools to maximize the allowable cutting depth for chatter-free machining［J］. Proceedings of the Institution of Mechanical Engineers, Part B: Journal of Engineering Manufacture, 2021, 235(1-2): 230-241.

［113］AFRASIABI M, KLIPPEL H, ROETHLIN M, et al. An improved thermal model for SPH metal cutting simulations on GPU［J］. Applied Mathematical

Modelling，2021，100：728-750.

[114] MOHANTA D K, PANI B, SAHOO B，et al. A critical study on computation of cutting forces in metal cutting ［C］. India：Journal of Physics：Conference Series，2021.

[115] DUAN Yang，HOU Li，LENG Song. Building and application of metal cutting knowledge graph［J］. Journal of Jilin University（Engineering and Technology Edition），2021，51(1)：122-133.

[116] HSIAO TE-CHING，VU NGOC-CHIEN，TSAI MING-CHANG，et al. Modeling and optimization of machining parameters in milling of INCONEL-800 super alloy considering energy，productivity，and quality using nanoparticle suspended lubrication［J］. Measurement and Control（United Kingdom），2021，54(5-6)：880-894.

[117] YANG Haidong，WU Yusong，ZHANG Junsheng，et al. Study on the cutting characteristics of high-speed machining Zr-based bulk metallic glass ［J］. International Journal of Advanced Manufacturing Technology，2022，119(5-6)：3533-3544.

[118] DAVIS R，SINGH A，AMORIM F L，et al. Effect of tool geometry on the machining characteristics amid SiC powder mixed electric discharge drilling of hybrid metal matrix composite［J］. Silicon，2022，14(1)：27-45.

名 词 索 引